AF360763

Bibliothèque de Philosophie scientifique

YVES DELAGE

Membre de l'Institut, professeur à la Sorbonne.

et M. GOLDSMITH

Secrétaire de « l'Année biologique ».

Les Théories

de

l'Évolution

PARIS

ERNEST FLAMMARION, ÉDITEUR

26, RUE RACINE, 26

Bibliothèque de Philosophie scientifique

DIRIGÉE PAR LE Dr GUSTAVE LE BON

1° SCIENCES PHYSIQUES ET NATURELLES

La Science et l'Hypothèse, par H. Poincaré, membre de l'Institut (16e mille).

La Valeur de la Science, par H. Poincaré (14e mille).

La Vie et la Mort, par le Dr A. Dastre, membre de l'Institut, professeur de physiologie à la Sorbonne (10e mille).

Nature et Sciences naturelles, par F. Houssay, prof à la Sorbonne (6e mille).

Les Frontières de la Maladie, par le Dr J. Héricourt (6e mille).

Les Influences ancestrales, par Félix Le Dantec, chargé de cours à la Sorbonne (9e mille).

Les Doctrines médicales, par le Dr E. Boiser, prof de clinique médicale (5e mille).

L'Évolution de la Matière, par le Dr Gustave Le Bon, avec 63 figures (18e mille).

La Science moderne et son état actuel, par Émile Picard, membre de l'Institut, professeur à la Sorbonne (10e mille)

La Lutte universelle, par Félix Le Dantec, chargé de cours à la Sorbonne (8e mille).

La Physique moderne, par Lucien Poincaré, Inspecteur général de l'Instruction publique (11e mille).

L'Histoire de la Terre, par L. de Launay, professeur à l'École supérieure des Mines (8e mille).

La Musique, par J. Combarieu, chargé de cours au Collège de France (7e mille).

L'Hygiène moderne, par le Dr J. Héricourt (8e mille).

L'Électricité, par Lucien Poincaré, Inspecteur général de l'Instruction publique (8e mille).

L'Évolution des Forces, par le Dr Gustave Le Bon, avec 42 figures (10e mille).

Le Monde végétal, par Gaston Bonnier, membre de l'Institut, professeur à la Sorbonne, avec 230 figures (8e mille).

Les Transformations du Monde animal, par Charles Depéret, correspondant de l'Institut, doyen de la Faculté des Sciences de Lyon (7e mille).

De l'Homme à la Science, par Félix Le Dantec (6e mille).

L'Évolution souterraine, par E.-A. Martel, directeur de *La Nature* (80 figures).

La Vérité scientifique, sa poursuite, par Edmond Bouty, membre de l'Institut, professeur de Physique à la Sorbonne.

La Conquête minérale, par L. de Launay, professeur à l'École des Mines.

La Dégradation de l'Énergie, par Bernard Brunhes, directeur de l'Observatoire du Puy de Dôme (6e mille).

Science et Méthode, par H. Poincaré, membre de l'Institut (9e mille).

L'Aéronautique, par le Cel Paul Renard (6e mille).

L'Évolution d'une Science, la Chimie, par W. Ostwald, professeur de chimie à l'Université de Leipzig.

Les Théories de l'Évolution, par Yves Delage, membre de l'Institut, et M. Goldsmith.

2° PSYCHOLOGIE ET HISTOIRE

La Philosophie moderne, par Abel Rey, professeur agrégé de Philosophie (6e mille).

L'Ame et le Corps, par A. Binet, directeur du Laboratoire de psychologie à la Sorbonne (6e mille).

Les grands Inspirés devant la Science, par le colonel Biottot.

La Connaissance et l'Erreur, par Ernst Mach, prof à l'Université de Vienne.

L'Athéisme, par Félix Le Dantec, chargé de cours à la Sorbonne (10e mille).

Science et Conscience, par Félix Le Dantec (6e mille).

Science et Religion dans la Philosophie contemporaine, par Émile Boutroux, membre de l'Institut (10e mille).

La Valeur de l'Art, par Guillaume Dubufe.

Psychologie de l'Éducation, par le Dr Gustave Le Bon (11e mille).

La Vie du Droit et l'Impuissance des Lois, par J. Cruet, avocat à la Cour d'appel.

Le Droit pur, par Edmond Picard, sénateur, professeur à l'Université de Bruxelles.

La Vie sociale, par Ernest van Bruyssel, consul général de Belgique (6e mille).

L'Allemagne moderne, par H. Lichtenberger, maître de conférences à la Sorbonne (10e mille).

Les Démocraties antiques, par A. Croiset, membre de l'Institut (6e mille).

Le Japon moderne, son Évolution, par Ludovic Naudeau (6e mille).

Les Névroses, par le Dr Pierre Janet, professeur de Psychologie au Collège de France.

La Naissance de l'Intelligence, par le Dr Georges Bohn (40 figures).

Le Crime et la Société, par le Dr J. Maxwell, substitut du Procureur gal à Paris.

Les Idées modernes sur les enfants, par Alfred Binet, directeur de laboratoire à la Sorbonne (6e mille).

4646. — Paris. — Imp. Hemmerlé et Cie. — 11-09.

Les Théories
de l'Évolution

OUVRAGES DE M. Y. DELAGE

Évolution de la Sacculine, crustacé endoparasite de l'ordre nouveau des Kentrogonides (1884).

Études expérimentales sur les illusions statiques et dynamiques de direction pour servir à déterminer les fonctions des canaux demi-circulaires de l'oreille interne. (*Arch. de zool. expérim.*, 1886.)

Embryogénie des Éponges. (*Arch. de zool. expérim.*, 1892.)

La conception polyzoïque des êtres. (*Revue scientifique*, 1896.)

Études sur la mérogonie et Sur l'interprétation de la fécondation mérogonique et sur une théorie nouvelle de la fécondation. (*Arch. de zool. expérim.*, 1899.)

Les idées nouvelles sur la parthénogénèse expérimentale. (*Revue des Idées*, 15 février 1908.)

Essais sur la théorie du rêve. (*Revue scientifique*, 1891.)

L'Hérédité et les grands problèmes de la biologie générale. (Éd. Schleicher, 1re éd. 1895, 2e éd. 1903.)

L'Année Biologique, comptes rendus annuels des travaux de biologie générale, publiés avec la collaboration d'un comité de rédacteurs.

Traité de Zoologie concrète, publié en collaboration avec E. Hérouard, maître de conférences à la Sorbonne.

Etc., etc.

Bibliothèque de Philosophie scientifique

YVES DELAGE   ET   M. GOLDSMITH

MEMBRE DE L'INSTITUT,
PROFESSEUR A LA SORBONNE.

SECRÉTAIRE
DE L'*Année Biologique*.

Les Théories de l'Évolution

PARIS

ERNEST FLAMMARION, ÉDITEUR

26, RUE RACINE, 26

1909

Les Théories de l'Évolution

INTRODUCTION

La notion de l'évolution. — Son application à la nature inorganique, aux êtres organisés, à l'origine de l'homme, à sa vie psychique. — Son avenir dans l'éthique et les sciences sociales. — Le domaine propre de l'idée évolutionniste : les sciences naturelles.

Notre génération, élevée sous l'influence des penseurs modernes, s'est si bien habituée à l'ensemble des conceptions qui constituent notre *credo* scientifique, et surtout à son idée fondamentale, l'idée de l'*évolution*, qu'elle oublie complètement à quel point cette idée est récente et au prix de combien de luttes elle a pénétré dans la science. La notion d'évolution est devenue une des généralisations les plus vastes — sinon la plus vaste — de notre temps; elle dépasse de beaucoup les limites des sciences au sein desquelles elle a surgi et embrasse tout l'ensemble des conceptions humaines, jusqu'aux problèmes philosophiques les plus obscurs et les plus difficiles.

Prise dans son sens le plus large, l'idée de l'évolution est intimement liée à celle de la *causalité* : rien ne peut se produire sans cause, rien ne peut disparaître sans laisser de traces ; tout provient de ce qui précède et engendre ce qui suit. La loi de la conservation de l'énergie n'est qu'une façon différente d'exprimer la même vérité. La notion de causalité a une portée scientifique et philosophique immense, et cela tout d'abord parce qu'elle élimine de la pensée humaine toute idée de merveilleux et de surnaturel et l'habitue à chercher des explications dans lesquelles seuls les phénomènes naturels interviennent. Elle l'oblige à créer des conceptions du monde où aucun acte de création miraculeuse, de création aux dépens du néant, ne peut trouver place. Elle l'obligea jadis à renoncer d'abord à l'erreur géocentrique dans la conception de notre système planétaire, ensuite à l'erreur anthropocentrique dans l'étude de la nature vivante. Elle l'oblige maintenant à repousser les explications si faciles, suggérées par le point de vue téléologique et à ne reconnaître pour satisfaisantes que les seules explications *causales*.

Notre esprit est encore loin d'avoir appris à tirer de l'idée de causalité toutes les conséquences qu'elle comporte : l'héritage qu'il a reçu du passé est encore trop lourd, et les obstacles à sa rapide éducation dans cette voie trop nombreux. On peut considérer cependant que dans certaines branches de nos connaissances, dans l'étude du monde inorganique notamment, la victoire de cette idée est complète. C'est, d'ailleurs, celle qui fut remportée la première. Le pas suivant devait être fait en étendant au monde des êtres organisés les méthodes et les généralisations propres à l'étude de la nature inorganique. La tâche était difficile, d'autant plus difficile que l'insuffisance des connaissances acquises et la complexité plus grande du problème là où il s'agit d'êtres vivants étaient loin de constituer le plus grand obstacle : la nouvelle tendance voyait se dresser devant elle toute la puissance des préjugés, des idées profondément enracinées et de l'inertie intellectuelle. Les représentants de la tradition religieuse et les autorités reconnues de la science se coalisaient pour la combattre, car elle renversait toutes les idoles que, pendant des siècles, l'humanité avait appris à vénérer.

C'est ici, dans l'étude de la vie, que s'est développée l'idée de l'évolution au sens strict, c'est-à-dire d'un processus dont les différents stades ne sont pas seulement rattachés par un lien de causalité, mais présentent une série ininterrompue et irréversible, dans laquelle un retour en arrière, une répétition exacte de ce qui est devenu du passé est impossible. C'est dans ce sens que nous parlons de l'évolution d'un être vivant au cours de son développement embryonnaire (et c'est même à ce développement que ce terme a été appliqué tout d'abord), et c'est dans ce sens aussi que nous parlons de l'histoire de tous les êtres vivants pris dans leur ensemble. Ici, l'idée de l'évolution devient l'idée de la *descendance* de toutes les formes organiques les unes des autres, celles plus compliquées se développant des plus simples, et ainsi à travers toute l'histoire du monde organique, en remontant jus-

qu'à l'origine même de la vie. C'est l'idée *transformiste*, la seule qui nous apparaisse maintenant
comme capable de fournir une réponse satisfaisante
à la question de l'origine des êtres vivants qui peu-
plent la terre. Que les espèces soient nées les unes
des autres, ce n'est pas là seulement une déduction qui s'appuie sur des faits, car les faits peuvent être contestés et surtout interprétés d'une
façon différente, mais une notion qui s'impose à
notre esprit comme la seule acceptable, dès le
moment où nous avons abandonné la théorie de la
création surnaturelle.

Après avoir, enfin, conquis son droit de cité
dans la question de l'origine des espèces animales
et végétales, la pensée évolutionniste se vit conduite
à faire un nouveau pas en avant et à se préoccuper de l'origine de l'homme. Dans les conceptions
du sauvage primitif, l'homme ne se sépare pas du
reste de la nature : tout est envisagé au point de
vue humain, la nature est peuplée d'êtres semblables à l'homme et menant une vie analogue à la
sienne ; l'origine de l'humanité n'est donc pas plus
mystérieuse que celle de toute la nature. Plus
tard, les conceptions religieuses plus raffinées et
les philosophies métaphysiques creusent un abîme
entre eux ; les destinées de l'homme sont élevées
bien au-dessus des phénomènes de la nature, hors
de l'atteinte des sciences qui s'occupent de ceux-ci.
Cet abîme n'arrive à être comblé qu'au moment
où la pensée transformiste moderne se voit obligée
d'appliquer ses déductions à l'homme, d'englober

l'homme et la nature dans une même généralisation, de se servir des mêmes méthodes d'étude pour l'un et l'autre. Mais avant que ce résultat ne fût atteint, le transformisme eut à vaincre une résistance formidable; c'est là que la lutte entre l'idée traditionnelle et l'idée nouvelle fut le plus acharnée. On peut même dire que si toute la controverse de l'origine des espèces a pris un caractère si aigu, c'est parce que la conclusion nécessaire sur l'origine de l'homme était au bout de la question. C'est en vue d'elle, de cette question la plus brûlante, la plus douloureuse, que combattaient les deux camps ennemis, et c'est pour cela que leur victoire a coûté tant d'efforts aux transformistes. Mais cette victoire fut définitive : l'homme était désormais irrévocablement considéré comme le dernier chaînon de l'évolution du monde animal, produit par des causes aussi naturelles que celles qui ont présidé à la naissance d'autres espèces.

Cependant, après cette nouvelle conquête, d'autres questions surgirent, provoquées inévitablement par celles qu'on venait de résoudre. Quelle est l'origine de notre vie psychique? Les nouvelles théories cherchaient à rattacher les phénomènes psychiques à ceux relevant de la physiologie nerveuse, de celle du cerveau spécialement ; or, notre cerveau étant un produit du perfectionnement graduel de cet organe dans la série animale, la pensée humaine n'apparaît-elle pas, elle aussi, comme un aboutissant perfectionné de la psychologie animale? On comprend à quel point cette façon de poser la question heurtait toutes les idées reçues, toutes les conceptions qui paraissaient non seulement indiscutables, mais nécessaires même pour que l'homme fût vraiment l'homme. Que devenait, en effet, si l'on acceptait le nouveau point de vue, l'idée de libre arbitre, base soi-disant indispensable de toute morale ? Et où chercherait-on un guide pour la conduite humaine si on renonçait à la conception spiritualiste ?

Il était naturel que la victoire de l'idée évolutionniste fût ici plus difficile que dans tous les autres domaines. Est-elle, d'ailleurs, complète, même maintenant ? Partout où il s'agit des questions qui touchent de près à l'existence de l'homme, à ses besoins matériels et moraux, cette idée, encore de nos jours, se fraye son chemin à grand'peine. En psychologie, en morale, nous nous heurtons toujours à des conceptions spiritualistes, à des tendances héritées de la philosophie métaphysique. Il en est de même dans les sciences sociales, dans l'histoire, le droit, l'économie politique, et les questions pratiques qui s'y rattachent : là, on est obligé partout de combattre des points de vue surannés, dérivant des méthodes de pensée depuis longtemps rejetées hors des sciences naturelles.

Et, cependant, la marche de l'idée évolutionniste ne s'arrête pas et, là aussi, elle est sûre de remporter la victoire, comme elle l'a remportée dans ses combats successifs du passé. Les obstacles sont ici infiniment plus nombreux encore que partout ailleurs : on a à lutter non seulement contre le défaut naturel d'audace dans la pensée, mais aussi contre la résistance consciente de ceux qui tiennent à s'opposer à la marche progressive de l'humanité. De plus, l'application ferme et logique des notions de causalité et d'évolution à des connaissances qui sont encore toutes jeunes et peu élaborées, offre par elle-même beaucoup de difficultés : l'esprit humain est depuis trop peu de temps en possession de ces notions pour savoir les manier sans hésiter.

Il n'entre pas dans notre tâche, d'ailleurs, de parler de ces questions dans lesquelles l'application de la méthode évolutionniste est encore presque tout entière dans l'avenir. Nous avons simplement tenu à les indiquer, pour marquer la portée immense de l'idée de l'évolution. C'est aux sciences naturelles que la pensée humaine en est redevable ; jamais, en effet, la philosophie transcendante, ni même les sciences exactes n'auraient pu donner naissance à cette idée et lui assurer le triomphe. C'est dans le domaine des sciences naturelles, son domaine propre, que nous l'envisagerons dans les chapitres suivants. Ici, elle règne de nos jours sans conteste, et les seules questions qui se posent, les seuls points en discussion ont trait aux voies et moyens de l'évolution des êtres vivants, aux facteurs ayant présidé aux transformations successives des espèces.

CHAPITRE I

L'idée de l'évolution avant Darwin.

Les débuts de l'idée évolutionniste. — Le réveil des sciences
naturelles aux xviie et xviiie siècles. — Linné, Cuvier. —
Les premiers transformistes : Gœthe, Erasme Darwin.
Lamarck, fondateur de la doctrine transformiste. Etienne
Geoffroy Saint-Hilaire ; ses débats avec Cuvier. Les
philosophes de la nature : Oken. — Période d'arrêt dans
les idées. — Le transformisme moderne. Lyell ; les découvertes géologiques et paléontologiques. H. Spencer. La
publication du livre de Ch. Darwin.

C'est à la fin du xviiie et au commencement
du xixe siècle seulement que la pensée évolutionniste a commencé à poindre dans les sciences
naturelles. Avant cette époque il n'y a presque
rien à relever, si nous voulons nous en tenir à ce
point de vue spécial et ne pas faire l'histoire de
l'étude de la nature en général. On pourrait, il est
vrai, en remontant aux philosophes grecs, constater chez quelques grands esprits des lueurs de
l'idée transformiste; mais les siècles suivants
n'ont pas fait germer cette semence, et entre la
pensée des anciens et celle qui, tant de siècles

plus tard, a repris l'étude des mêmes problèmes, on ne peut guère constater de filiation directe.

On peut faire dater le réveil des sciences naturelles du XVIIe siècle; nous avons entre autres à cette époque l'invention du microscope et la découverte de la circulation. — Le XVIIIe siècle a vu se développer l'étude de l'embryologie. en même temps que des travaux sur des sujets spéciaux; les descriptions de faits particuliers de tout genre devenaient de plus en plus nombreux. Le moment était venu de mettre un certain ordre dans cette accumulation de descriptions.

Ce fut l'œuvre de Linné qui, par sa classification, artificielle il est vrai, mais méthodique et commode, rendit un service que tous les naturalistes jusqu'à nos jours s'accordent à reconnaître. Il délimita les espèces, les groupa en genres et attribua à chaque espèce deux noms, dont le premier désigne le genre à laquelle elle appartient et le second est propre à l'espèce. Les doubles noms latins employés encore aujourd'hui pour les espèces en zoologie et en botanique procèdent de là. La notion d'espèce prenait ainsi une importance considérable, d'accord avec la conception générale de l'époque que Linné a formulée dans ces termes : il y a autant d'espèces diverses qu'il y eut de formes distinctes créées dès le début par l'Etre Infini. L'espèce était ainsi délimitée par l'acte même de la création; elle ne pouvait donc que rester à jamais fixe et immuable. D'ailleurs, la conception de l'origine des êtres vivants était, chez Linné, exactement ce qu'elle est dans la Bible ; et s'il a apporté un certain appoint à l'apparition des idées transformistes à venir, c'était bien incidemment, en assignant, dans sa classification, à l'homme une place non seulement parmi les autres animaux, mais même dans un genre qui comprenait, avec lui, les singes anthropomorphes, l'homme n'étant qu'une des espèces de ce genre.

L'idée de la fixité de l'espèce prit une importance plus grande encore avec Cuvier : elle fut érigée par lui en principe indispensable et devint le pivot de toutes les connaissances de l'époque. Les services rendus à la science par Cuvier sont bien connus. En groupant les espèces de Linné en catégories ou *types* caractérisés chacun par l'unité de plan d'organisation, il jeta les bases de l'anatomie comparée ; il fonda la paléontologie des vertébrés et montra, par l'étude des faunes distinctes dans les couches géologiques successives, que ces faunes diffèrent d'autant plus de celles de notre temps qu'elles appartiennent à un niveau plus inférieur. Mais ces grandes découvertes reçurent, chez Cuvier, une interprétation erronée qui aiguilla les recherches dans une direction fausse. La disparition totale de chacune des faunes successives était attribuée par lui à des catastrophes subites ; depuis la plus haute antiquité, d'ailleurs, toute l'humanité, influencée peut-être par le spectacle des inondations, tremblements de terre, etc., avait cru à ces catastrophes générales dans l'histoire de la terre. Ces *révolutions du globe*, comme les a appelées Cuvier, catastrophes géologiques d'un caractère très violent et embrassant des régions considérables, étaient la cause de l'anéantissement des faunes et de leur remplacement par d'autres, venues d'ailleurs par migration, disait-il, créées à nouveau sur place, disaient certains de ses élèves.

Les grands services rendus par Cuvier à la science ont fait pendant de longues années une loi de ses opinions, et cette grande autorité dont il jouissait a réussi pendant longtemps à empêcher les progrès de la pensée transformiste. Il lui opposait des faits, toutes les connaissances exactes de son temps, toute son autorité de savant reconnu, et elle, l'idée nouvelle qui venait à peine d'éclore, que pouvait-elle lui répondre ? Des étincelles éclatantes d'une grande idée surgie dans des esprits venus trop tôt, des hypothèses géniales que les hommes de savoir positif traitaient avec dédain ? C'était trop peu pour la victoire.

Les notions transformistes commencèrent à se faire jour dès la fin du XVIIIe siècle. Gœthe en fut un des premiers représentants. Dans son travail sur les *Métamorphoses des plantes*, paru en 1790, il exprime cette idée éminemment transformiste, qu'il faut, dans l'étude des organes, les comparer entre eux, trouver ce qui leur est commun, leur forme originelle, et envisager ensuite toutes les formes observées comme résultats de ces modifications, de ces « métamorphoses ». Ainsi, tous les organes de la plante proviennent de la métamorphose d'un seul — de la feuille. En zoologie, il appliqua cette conception en créant, en même temps qu'Oken, et indépendamment de lui, la théorie vertébrale du crâne : il considérait la boîte cranienne comme une continuation de ia colonne vertébrale, composée aussi de vertèbres, mais de vertèbres ayant subi des modifications particulières. Cette idée de l'origine de tous les organes aux dépens d'autres, modifiés, était, en somme, la même que celle de l'origine de toutes les espèces les unes des autres. C'est ainsi que la comprit Gœthe, et il indiqua même que cette transformation devait avoir pour raison l'influence du milieu. « Toutes les parties, dit-il, se modèlent d'après les lois éternelles, et toute forme, fût-elle extraordinaire, recèle en soi le type primitif. La structure de l'animal détermine ses habitudes, et le genre de vie, à son tour, réagit puissamment sur toutes les formes. Par là se révèle la régularité du progrès, qui tend au changement sous la pression du milieu extérieur »[1].

Quelques années après la publication des *Métamorphoses des plantes*, en 1794, Erasme Darwin, le grand-père de Charles Darwin, émettait dans un livre intitulé *Zoonomia* des vues analogues, en insistant davantage encore sur l'idée que les homologies observées du bras de l'homme, par exemple, et de l'aile de l'oiseau, sont l'expression d'une *parenté réelle* entre ces espèces.

Mais c'est Lamarck qui le premier donna à l'idée transformiste son expression précise. Ce qui, chez

1. Cité par Hæckel dans l'*Histoire de la création naturelle*, éd. Reinwald, 1874, p. 79.

ses prédécesseurs, comme Gœthe, avait été une idée un peu vague et peut-être même métaphysique (car il n'est pas sûr que par la « forme primitive » à laquelle il rapportait les différentes modifications observées, Gœthe eût entendu une forme ancestrale véritable et non une entité n'ayant qu'une existence idéale), devint chez Lamarck une généralisation concernant les faits réels.

Né en 1744, Lamarck publia d'abord des travaux sur les différentes branches de la zoologie et de la botanique. C'est lui qui introduisit le premier la division des animaux en vertébrés et invertébrés, les quatre types fondamentaux de Cuvier (vertébrés, mollusques, articulés et rayonnés) n'ayant été conçus que plus tard. Ce sont surtout les animaux inférieurs qu'il étudia, dans son enseignement au Muséum d'Histoire naturelle et dans son grand travail sur les *Animaux sans vertèbres*. Mais son œuvre capitale, qui est en même temps la première profession de foi du transformisme, c'est la *Philosophie zoologique*, parue en 1809. Lamarck montre là tout ce qu'il y a de relatif et d'artificiel dans la notion absolue de l'espèce, conception contraire à ce qui s'observe réellement dans la nature. Les espèces ne nous paraissent fixes, dit-il, que parce que nous les considérons pendant un temps très court : pendant la durée de notre existence. En réalité, elles changent constamment sous l'influence du milieu, du genre de vie, du climat, de la température, de l'atmosphère, du milieu vivant constitué par les espèces voisines, etc... « Ce ne sont pas les organes, c'est-à-dire la nature et la forme des parties du corps d'un animal qui ont donné lieu à ses habitudes et à ses facultés particulières, mais ce sont, au contraire, ses habitudes, sa manière de vivre et les circonstances dans lesquelles se sont rencontrés les individus dont il provient qui ont, avec le temps, constitué la forme de son corps, le nombre et l'état de ses organes, enfin les facultés dont il jouit »[1]. Les espèces descendent ainsi les unes des autres par la transmission héréditaire de ces variations dues à des causes naturelles et visibles pour tous. L'homme lui-même provient d'une transformation des quadrumanes, et ses facultés mentales n'ont pas plus que celles des autres animaux une origine supérieure et surnaturelle. Entre lui et eux il n'y a, sous ce rapport, qu'une différence quantitative et non qualitative. Nous voyons là l'idée tout entière de l'évolution, avec son principe de causalité appliqué à toutes les branches de connaissances.

Les idées de Lamarck sur le processus même par lequel s'effectue cette évolution : sur l'influence du milieu et de l'usage des organes, ont reçu par la suite, au XIXe siècle et à notre époque, un développement très considérable. Toute une école de naturalistes modernes — les néolamarckiens — en procède. Nous consacrerons à cette tendance du transformisme un chapitre spécial ; les vues de Lamarck y seront examinées avec

1. *Recherches sur les corps vivants*, p. 50, cité dans la *Philosophie zoologique*, p. 237-238.

plus de détails. Pour le moment, qu'il nous suffise de dire que c'est à lui que nous devons faire remonter l'idée transformiste moderne, sous sa forme complète et avec toutes ses conséquences logiques. Elle n'a pas rencontré d'écho au temps de Lamarck et n'a triomphé qu'avec Darwin, un demi-siècle plus tard, lorsque la pensée scientifique de l'Europe fut prête à la recevoir, mais c'est à Lamarck que revient l'honneur de l'avoir, le premier, proclamée.

Parmi ses contemporains, Lamarck trouva, en France, un disciple dans la personne d'Étienne Geoffroy Saint-Hilaire. C'est lui qui soutint contre Cuvier, au sein de l'Académie des Sciences, en 1830, la controverse célèbre qui dura presque six mois et fut un duel entre l'idée transformiste et celle de la fixité de l'espèce. Le bruit de cette discussion se répandit dans tout le monde scientifique de l'époque ; Gœthe, alors âgé de quatre-vingt-un ans, y prit l'intérêt le plus vif, et le dernier de ses ouvrages, achevé en 1832, peu de temps avant sa mort, fut consacré à ce débat, dont il indiqua la grande portée scientifique et philosophique. L'issue de cette discussion retentissante ne fut cependant pas favorable aux nouvelles idées : aux yeux de la majorité, la victoire resta à Cuvier qui écrasa son adversaire sous le poids de faits à l'interprétation desquels son autorité donnait la valeur d'arguments incontestables.

En Allemagne, les idées évolutionnistes étaient

défendues par les philosophes de la nature. Certains, parmi eux, furent des naturalistes remarquables : tel Oken, par exemple, qui formula, avec Gœthe, la théorie vertébrale du crâne, et eut aussi, avant la découverte de la cellule, l'idée prophétique que tous les êtres proviennent d'une sorte de substance colloïde primitive (Urschleim), se présentant dès l'origine sous la forme de « vésicules ». Les animaux les plus simples ne sont rien de plus ; tous les autres sont formés d'agrégats de ces vésicules.

D'autres philosophes avaient signalé dès cette époque le caractère changeant de toute organisation vivante (comme Tréviranus, qui avait publié un travail dans ce sens en 1802). Mais ces idées étaient noyées au milieu de spéculations nuageuses et aboutissaient à des conclusions absurdes, résultat inévitable de la méthode même adoptée par cette école philosophique qui, au lieu de remonter des faits observés aux généralisations théoriques, partait, au contraire, de ses conceptions abstraites pour conclure que le monde extérieur est réellement ce que ces conceptions veulent qu'il soit. Ces spéculations, contraires à l'esprit des sciences naturelles, ne pouvaient inspirer aucune confiance ; aussi les idées transformistes, mal représentées par ces philosophes, furent-elles délaissées par le public scientifique. Il y eut même une réaction contre toutes les idées générales, et la période suivante, qui dura presque trente ans (depuis 1830, année des débats célèbres entre Cuvier et Geoffroy Saint-Hilaire, jusqu'à l'apparition du livre de Darwin), fut empreinte d'un esprit terre à terre, exempt de toute recherche philosophique.

Il y eut cependant des exceptions, et même très importantes. En 1830, Lyell publia ses *Principles of Geology*, qui faisaient entrer la géologie dans la voie de l'évolutionnisme. L'auteur se dressait contre l'idée cuvierienne des grandes catastrophes et proclamait que toutes les transformations subies par notre terre dans le passé sont parfaitement explicables par les phénomènes les plus ordinaires, semblables à ceux que nous voyons de nos jours.

Les géologues, s'engageant dans cette voie, constatèrent des traces de pluie dans les formations carbonifères, étudièrent l'influence des fleuves sur la configuration de leurs rives, la destruction subie par les côtes sous l'influence de la mer, l'action des glaciers, etc. Tout confirmait l'idée que l'écorce terrestre s'est formée graduellement, par l'action des causes actuelles, et que point n'est besoin d'une force créatrice spéciale pour opérer tous ses changements.

En même temps, des découvertes paléontologiques donnèrent un démenti à certaines affirmations catégoriques de Cuvier relativement à l'origine de l'homme. Jamais, avait-il dit, on ne trouvera un lien entre les hommes et les autres animaux, jamais on ne découvrira des restes fossiles de l'homme primitif ou des singes anthropomorphes.

Or, après sa mort, on trouva d'abord des restes fossiles de ces derniers, ensuite des outils de silex de l'homme préhistorique et enfin des crânes humains paraissant inférieurs aux crânes modernes.

De plus en plus, les traces de l'homme préhistorique apparaissaient, de plus en plus souvent on trouvait des objets témoins de la période où l'ancêtre de l'homme se transformait petit à petit en homme véritable.

Dans un autre ordre d'idées, au point de vue philosophique, Spencer venait montrer, en 1852, la nécessité de la doctrine transformiste. Peu à peu, les esprits avancés arrivaient à se convaincre de la réalité d'une transformation graduelle des êtres; la question se posait seulement du processus qui préside à cette transformation.

Cependant, malgré les découvertes scientifiques, telles que celle de la cellule, malgré les progrès énormes faits par certaines sciences, l'embryologie, par exemple, les anciennes idées, ou plutôt l'hostilité contre toute idée générale, régnaient encore sans partage dans l'enseignement universitaire. Voici comment Weismann, qui a vu de près cet état d'esprit, caractérise cette époque dans ses *Vorträge über Descendenztheorie* :

« On ne peut pas se faire une idée de l'influence du livre de Darwin..... si on ne sait pas à quel point les biologistes de ce temps s'étaient désintéressés de tous les problèmes généraux. Je peux seulement vous dire que nous, jeunes gens qui avons fait nos études entre 1850 et 1860, nous ignorions complètement qu'une doctrine de l'évolution ait jamais été énoncée, car personne ne nous en parlait et aucune leçon n'en faisait mention. C'était comme si tous les professeurs de nos Universités avaient bu l'eau du Léthé et avaient complètement oublié qu'il y ait jamais eu quelque discussion sur une chose semblable, ou bien, comme s'ils avaient honte de ces écarts philosophiques des sciences naturelles et voulaient préserver la jeunesse de ces errements [1]. »

On comprend quelle impression a dû produire dans ce milieu le livre de Darwin sur l'*Origine des espèces*, paru en 1859.

1. *Vorträge über Descendenztheorie*, 1902, I, p. 32.

CHAPITRE II

Darwin et l' « Origine des espèces ».

Les théories de Darwin sont, à l'heure actuelle,
très connues ; elles ont exercé une influence trop
profonde et ont eu une portée trop étendue pour ne
pas être devenues familières au public lettré. Il est
donc superflu de les exposer ici avec tous les détails et toutes les preuves à l'appui ; il ne manque
pas d'ailleurs d'ouvrages excellents où le lecteur
pourra trouver facilement cet exposé. Ici nous
nous bornerons seulement à rappeler les points les
plus essentiels, ceux qu'il faut toujours avoir présents à l'esprit pour se reconnaître dans les théories venues plus tard et pouvoir y distinguer l'héri-

tage de Darwin de ce qui. sous le même nom de
« darwinisme », est venu s'y surajouter.

Ce qu'on a appelé le « darwinisme » est une doctrine complexe dans laquelle il faut distinguer deux parties à peu près indépendantes : l'idée fondamentale. l'idée transformiste générale — la même que celle formulée autrefois par Lamarck — et l'idée qui fait l'originalité de Darwin et qui a trait au procédé à l'aide duquel s'accomplissent les transformations des êtres.

Il faut dire cependant que, bien qu'énoncée avant lui, la théorie de la descendance a été conçue par Darwin en dehors de l'influence directe de ses prédécesseurs. de Lamarck notamment. On est même en droit de s'étonner que Darwin n'ait pas reconnu dans la conception de Lamarck l'idée transformiste qui est la base de sa propre théorie. Sans doute faut-il voir la raison de cet aveuglement dans la différence profonde entre sa mentalité et celle du zoologiste français. Rien, en effet. n'était plus opposé que ces deux grands esprits : Lamarck allant rapidement aux grandes généralisations. et Darwin ne craignant rien tant que les conclusions hâtives et s'entourant minutieusement de faits qu'il ne jugeait jamais assez nombreux. Darwin est donc arrivé à sa théorie d'une façon tout à fait indépendante, non pas par des raisonnements philosophiques, mais par l'observation d'un nombre très considérable de faits, ce qui a donné à ses conclusions une force de persuasion extraordinaire.

Un voyage autour du monde fut le point de départ de ses recherches. Tout jeune encore, à peine âgé de vingt-deux ans, Darwin s'embarqua, en 1831, sur le navire portant le nom de « Beagle » (Limier), envoyé par le gouvernement anglais pour explorer, dans des buts scientifiques et pratiques, les parties méridionales de l'Amérique du Sud. Le voyage dura cinq ans, et au retour, la théorie de la descendance était déjà prête dans l'esprit de Darwin. Voici comment il raconte la chose dans une lettre à Hæckel, écrite bien plus tard[1] : « Dans l'Amérique du Sud, trois classes de phénomènes firent sur moi une vive impression : premièrement, la manière dont les espèces, très voisines, se succèdent et se remplacent à mesure que l'on va du nord au sud ; deuxièmement, la proche parenté des espèces qui habitent les îles du littoral de l'Amérique du Sud et de celles qui sont propres à ce continent ; cela me jeta dans un profond étonnement, ainsi que la variété des espèces qui habitent l'archipel des Galapagos, voisin de la terre ferme ; troisièmement, les rapports étroits qui relient les mammifères édentés et les rongeurs contemporains aux espèces éteintes des mêmes familles. Je n'oublierai jamais la surprise que j'éprouvai en déterrant un débris de tatou gigantesque analogue au tatou vivant ».

En réfléchissant à ces faits et à d'autres semblables qu'il put observer, Darwin arriva à cette conclusion que les espèces voisines pourraient

---

1. Le 8 octobre 1864. Cette lettre est citée par Hæckel dans l'*Histoire de la création naturelle*, éd. 1874, p. 119.

bien n'être que des descendants d'une même forme ancestrale, modifiée par son adaptation à des habitats différents et à des changements dans les conditions de vie. La variabilité de tous les êtres vivants lui parut la règle générale ; cette variabilité et le fait que les modifications survenues se transmettent par l'hérédité lui firent concevoir la possibilité d'une transformation générale. Mais ce qui n'était pas encore clair dans son esprit, c'était l'origine de ces variations et la façon dont elles peuvent fournir aux êtres les éléments de leur adaptation aux conditions du milieu qui les entourent.

C'est à réfléchir à ces questions et à accumuler le plus grand nombre de faits possibles pour les résoudre que Darwin consacra les longues années qui s'écoulèrent entre son retour du voyage, en 1835, et la publication de son livre. Ne voulant pas émettre des conclusions d'une portée si grande avant de pouvoir les appuyer sur des preuves irréfutables, il ne publia même pas le plus petit exposé de ses idées. Il collabora au vaste rapport sur le voyage du « Beagle », publia son travail sur les récifs coralliens, sa monographie sur les cirripèdes, mais la grande question restait toujours réservée. Longuement et patiemment, Darwin étudia les animaux domestiques et les plantes cultivées, laissées jusque-là dans l'ombre, leurs variétés, la façon dont elles sont obtenues. Il aperçut quelle force puissante pouvait être le choix opéré par l'homme.

Le *Traité de la Population* de Malthus, tombé

accidentellement entre ses mains, lui suggéra l'idée d'une sélection analogue dans tout le monde animal et végétal. La population augmente en proportion géométrique, disait Malthus, tandis que la quantité de moyens de subsistance n'augmente qu'en proportion arithmétique ; de là une compétition qui doit entraîner la disparition de certains individus moins bien doués que les autres. Il doit en être de même dans la nature, pensa Darwin ; il naît à chaque moment beaucoup plus d'êtres qu'il n'en peut survivre, et ceux qui survivent sont les mieux adaptés aux nécessités de leur existence. C'est là la clef tant cherchée du fait étonnant de l'adaptation générale des êtres à leur milieu.

Nous aurons encore à parler bien plus longuement de cette idée célèbre de la sélection naturelle ; pour le moment, nous voulons montrer seulement à quel point Darwin tenait à appuyer ses théories sur des preuves solides, à répondre à toutes les questions qui peuvent se présenter. Nous trouvons, en effet, dans son livre toutes les objections qu'il pouvait prévoir à son époque, exposées dans toute leur force et réfutées à l'aide de tous les faits que les diverses branches de connaissances pouvaient lui fournir. Non content de lire tous les travaux qui pouvaient jeter quelque lumière sur ces questions, Darwin se mettait en relation personnelle avec les hommes de science et les praticiens, éleveurs et horticulteurs, dont les recherches spéciales étaient capables d'éclairer pour lui quelque point obscur. Aussi, dans son argumentation, put-il passer en revue les grandes généralisations de toutes les branches des sciences naturelles et constater que toutes elles conduisaient à la même conclusion : la descendance des espèces les unes des autres à la suite de transformations successives.

Ses principaux arguments lui sont suggérés par la paléontologie et l'embryologie. Un fait capital fourni par la paléontologie, dit-il, c'est l'affinité étroite qui existe entre les restes fossiles de deux formations consécutives; seule une parenté directe peut l'expliquer. Il en est de même de la ressemblance entre les représentants des différentes faunes d'une même région, puis de ce fait très important que plus une forme est élevée en organisation, plus son apparition est récente. Cela n'implique pas, d'ailleurs, une idée de progrès continu, car s'il en était ainsi les êtres les plus simples seraient disparus depuis longtemps. En réalité, rien n'empêche leur conservation, puisqu'ils peuvent être adaptés aussi parfaitement à leur milieu que les êtres les plus différenciés. Mais cela prouve seulement que les formes supérieures n'ont pu se développer que successivement et graduellement aux dépens d'ancêtres ayant eu avec eux une ressemblance étroite.

La distribution géographique des êtres parle dans le même sens. Les grandes différences que montrent entre elles les faunes de régions dont les conditions géographiques et climatériques sont loin d'être différentes au même degré, par exemple entre celles du nouveau et de l'ancien monde, ne s'expliquent que par l'hypothèse du développement de ces faunes sur place. Inversement, le fait que la présence de certaines formes animales entraîne celle d'autres formes bien déterminées (ce qui donne à la faune sa physionomie caractéristique) ne peut non plus s'expliquer que par leur parenté réelle.

Les barrières, les différents obstacles à la migration sont un facteur très important; ainsi dans les îles un peu éloignées des côtes peuvent manquer des ordres entiers d'animaux. Aucune île éloignée de plus de 500 kilomètres du continent, ne possède dans sa faune indigène de batraciens ni de mammifères terrestres. En général, la faune des îles peut donner. pour la question de la descendance, des indications précieuses : ainsi on voit toujours, sauf de très rares exceptions, que la population animale d'une île ressemble, tout en ayant certains caractères propres, à celle du continent le plus proche; de même, plus les îles sont rapprochées entre elles, plus leurs faunes sont concordantes.

Mais les preuves les plus décisives de la théorie de la descendance sont, aux yeux de Darwin. fournies par l'embryologie. Le grand fait ici, c'est la ressemblance beaucoup plus étroite entre les embryons des différents animaux qu'entre ces mêmes animaux adultes; ainsi les embryons d'un mammifère. d'un oiseau et d'un serpent ne se laissent pas distinguer les uns des autres aux premiers stades de développement. Un autre fait est la ressemblance. chez l'embryon, des parties homologues destinées à se différencier plus tard. Tout cela ne peut s'expliquer que d'une seule façon : l'embryon représente l'état de l'ancètre commun à plusieurs groupes d'animaux; les variations qui ont déterminé leur différenciation ne sont apparues qu'à un moment relativement tardif de la vie embryonnaire et ont été héritées de façon à réapparaître approximativement au même âge. De même la persistance des organes rudimentaires ne peut trouver une explication dans aucune autre théorie que celle de la descendance.

Il n'est pas jusqu'à la classification, fondée pourtant sur des idées traditionnelles et anti-transformistes, qui ne vienne appuyer l'idée transformiste. Sur quoi se base-t-on pour distinguer les différents groupes? Non pas sur les organes d'adaptation, les organes analogues (car alors on classerait la baleine parmi les poissons) mais sur les homologies et les organes rudimentaires. C'est là ce qui constitue l'unité de type, le grand principe des morphologistes. Or, cette unité de type n'est que l'expression de la parenté réelle entre les espèces considérées.

Armé de tous ces arguments, Darwin publie enfin son célèbre ouvrage. On connaît les polémiques qu'il suscita, l'enthousiasme des uns, l'hostilité violente des autres. Tout ce qu'il y avait dans la science de jeune, d'assoiffé de progrès, s'est rangé autour des nouvelles idées que combattaient l'erreur, la tradition religieuse, la réaction. Dans ce premier livre, Darwin laissa entièrement de côté, intentionnellement, la question de l'origine de l'homme ; mais la conclusion qu'il ne voulait pas tirer, d'autres, Huxley en Angleterre, Hæckel en Allemagne, la tirèrent pour lui; lui ne se décida à faire de même que dans l'*Origine de l'homme et la sélection sexuelle*, ouvrage paru beaucoup plus tard, en 1871. Mais la portée de son idée fut immédiatement comprise par tous, sans qu'il ait eu besoin de l'indiquer, et les accusations de matérialisme, d'athéisme, d'immoralité constituèrent, dès le début, le principal argument dirigé contre lui. On peut même dire que ses adversaires étaient, au fond, poussés tous, consciemment ou inconsciemment, par un de ces deux mobiles : l'esprit théologique ou la haine de toute idée générale en science.

Ces années de lutte donnèrent un essor merveilleux à toutes les branches de connaissance; elles resteront à jamais mémorables dans l'histoire de la science. Pas un domaine de la pensée qui n'ait subi l'influence de la nouvelle conception, désormais définitivement implantée. Sans même parler de la biologie dont les différentes parties furent absolument bouleversées par l'introduction de la méthode comparée, des sciences entières, nouvelles, surgirent. L'anthropologie, l'étude de l'homme primitif et des peuplades sauvages, la psychologie comparée, inaugurée par H. Spencer, la philologie transformée, la sociologie poussée dans une nouvelle direction, ce sont là autant de conquêtes dont nous sommes redevables à la victoire de l'idée transformiste.

CHAPITRE III

Darwin et la sélection naturelle.

L'idée de la sélection naturelle comme facteur nécessaire de la victoire du tranformisme. — La sélection naturelle et la sélection artificielle. La multiplication des êtres vivants et la lutte pour l'existence. — La divergence des caractères. — L'action directe du milieu. — Les objections prévues. — L'idée de la sélection naturelle comme argument décisif en faveur du transformisme.

C'est le fait d'avoir proposé, pour la transformation des espèces, une explication claire, naturelle et s'appuyant sur des faits connus qui décida de l'issue de la lutte entre Darwin et ses adversaires. L'idée évolutionniste sortait ainsi du domaine des hypothèses et devenait une déduction appuyée sur l'observation et l'expérience. La victoire fut remportée par tout l'ensemble des idées darwiniennes : la grande idée de l'évolution et l'idée secondaire, subordonnée, du mécanisme même qui préside à cette évolution. Mais si la lutte eut lieu et si elle fut si chaude, c'est parce qu'elle se poursuivait non pas autour de cette dernière idée particulière, mais autour de la grande idée fondamentale, avec toutes ses innombrables conséquences, théoriques et pratiques. Qu'importait le moyen par lequel les espèces dérivent les unes des autres, pourvu que ce moyen fût naturel et n'exigeât aucune intervention miraculeuse lorsqu'il s'agissait d'établir le principe même de la descendance! L'idée de la sélection naturelle était précieuse parce qu'elle indiquait ce moyen, et, quelles que dussent être ses destinées futures, dût-elle même être remplacée dans l'avenir par une autre explication, ce sera le mérite éternel de Darwin, qui rendra son nom à jamais immortel, d'avoir donné de l'adaptation paraissant si merveilleuse des êtres une explication basée sur le seul jeu des forces naturelles, n'exigeant ni intervention divine, ni hypothèse finaliste ou métaphysique quelconque.

Voyons maintenant d'un peu plus près ce qu'est cette « sélection naturelle », cette « lutte pour l'existence » devenues si célèbres et dont on a tant abusé, surtout en dehors des limites biologiques.

Le nombre d'êtres vivants qui naissent étant, d'après la loi de Malthus, supérieur à ce que la terre peut nourrir, il doit se produire entre eux une compétition pour la recherche de la nourriture et des meilleures conditions de vie, une lutte dont l'issue dépendra des avantages que tels ou tels individus possèdent sur d'autres. Ces avantages existent nécessairement, car même les descendants d'un même couple de parents présentent toujours entre eux certaines différences, et il en est ainsi à plus forte raison entre individus de la même espèce mais n'ayant pas de parenté aussi proche. Ces caractères distinctifs sont généralement légers et peu saillants, mais ils n'en sont pas moins utiles ou nuisibles à l'être qui les possède. S'ils sont utiles, cela lui donne une supériorité sur les autres et lui permet de survivre là où les autres périssent. C'est ce que Spencer a appelé la « persistance du plus apte ». Darwin donne, comme nous l'avons vu, à ce phénomène le nom de *sélection naturelle* : la nature choisit parmi les différents individus, comme les éleveurs choisissent parmi les animaux domestiques ou les cultivateurs parmi les plantes cultivées, les individus présentant au plus haut degré le caractère qu'ils tiennent à conserver. Ils font reproduire ces individus à l'exclusion des autres, les croisent entre eux, et il arrive que le caractère voulu s'accentue de plus en plus, pour devenir enfin tout à fait fixe et héréditaire. Une nouvelle race ou variété est ainsi créée.

Darwin étudia de très près les transformations subies par les différentes races domestiques sous l'influence de cette *sélection artificielle*. Son attention fut attirée par un groupe d'animaux particulièrement propices à ce genre d'étude : les pigeons domestiques. L'élevage des pigeons est un art très ancien, connu depuis l'ancienne Égypte ; il était également répandu dans l'empire romain où l'on tenait soigneusement des registres spéciaux de leur généalogie. Dans certaines cours des princes asiatiques, on élevait, de même, des milliers de pigeons. De cette façon, depuis des siècles et par des modes d'élevage les plus divers, on est parvenu à créer des races et des variétés très nombreuses qui présentent entre elles des différences beaucoup plus marquées que certaines espèces. Tout diffère chez elles : forme, couleur, dimensions, instincts. Tout le monde connaît les pigeons-voyageurs, avec leur instinct topographique spécial; il y a aussi les pigeons-culbutants qui ont l'habitude de se retourner dans l'air, où ils s'élèvent en troupe, et de se laisser tomber ensuite; les pigeons-paons, dont la queue ressemble, par la disposition de ses plumes, à celle de cet oiseau; d'autres ont des touffes de plumes, des replis divers de la peau, des transformations du bec et des pieds, etc. Darwin se procura toutes les races qu'il lui fut possible de trouver; on lui expédiait des échantillons de tous les pays du monde. Il se mit en rapport avec les éleveurs et les amateurs les plus célèbres, s'affilia à des sociétés colombophiles et, après des années d'étude, parvint à montrer que toutes ces races si diverses (que les éleveurs croyaient dériver d'autant d'espèces sauvages) avaient pour ancêtre une seule espèce, le pigeon bleu des rochers (*Columba livia*).

Ce que les éleveurs font d'une façon consciente, la nature le fait inconsciemment, et son outil dans cette œuvre, c'est la *lutte pour l'existence* : lutte des animaux et des plantes contre les conditions du monde inorganique (froid, chaleur, sécheresse, etc.), lutte contre des êtres d'espèces différentes dont l'être se nourrit ou dont il peut, au contraire, devenir la proie, lutte contre les individus de la même espèce pour la place au banquet de la nature. Darwin donne dans son livre quelques exemples de l'envahissement de la terre par certains êtres, qui ne manquerait pas de se produire si quelque cause ne venait en supprimer un grand nombre [1]. Nos animaux domestiques, lorsqu'ils redeviennent sauvages et que les conditions sont favorables, se multiplient avec une rapidité remarquable, comme par exemple les chevaux et les bestiaux dans l'Amérique du Sud et en Australie. Il en est de même des plantes : dans certaines îles, les plantes importées ont envahi tout le pays en moins de dix ans. Dans les plaines de La Plata, de très grands espaces sont recouverts par une ou deux espèces de plantes, importées d'Europe. De tous les animaux, l'éléphant se reproduit, semble-t-il, le plus lentement ; or, Darwin a calculé qu'en admettant que chaque éléphant puisse donner, dans sa vie, naissance à six petits, les descendants d'un seul couple seraient dans sept cent cinquante ans au nombre de 19.000.000 ! Et si tous les autres êtres se reproduisaient au même taux, on voit ce que serait la population de la terre : aucun pays ne serait capable de la nourrir.

Mais la multiplication des êtres est loin d'être aussi facile : leur existence dépend de mille conditions, de mille autres êtres vivants. Chacun de

1. *Origine des Espèces*, trad. Barbier, p. 70 et suiv.

nous pourrait en trouver des exemples autour de lui; mais voici quelques-uns de ceux donnés par Darwin : Dans une lande stérile, on a enclos une portion du terrain que l'on a plantée de pins d'Écosse; cette plantation a changé du tout au tout le caractère de la végétation à l'intérieur des clôtures, si bien qu'on croirait passer d'une région à une autre. Douze espèces de plantes. qui n'existent pas autour, arrivent à prospérer là; pour les autres. les proportions relatives sont tout à fait différentes. Il en est de même de la vie animale : on trouve dans l'espace enclos six espèces d'oiseaux qu'on ne voit jamais autour, et comme ces oiseaux sont insectivores. cela influe sur le nombre d'insectes.

Un autre exemple : Certains insectes sont nécessaires pour la fécondation de certaines plantes; ainsi. le trèfle a besoin d'abeilles et le trèfle rouge est spécialement visité par les bourdons. Qu'arriverait-il si les bourdons disparaissaient ou devenaient très rares en Angleterre? Le trèfle rouge dont la reproduction en dépend deviendrait aussi rare ou disparaîtrait. Or, le nombre de bourdons dépend dans une grande mesure du nombre des mulots qui détruisent leurs nids, et le nombre des mulots dépend de celui des chats. C'est ainsi que le nombre de chats peut agir sur la quantité du trèfle rouge dans le pays!

Il y a donc partout interdépendance étroite et lutte, lutte non seulement pour l'existence individuelle, mais aussi pour la possibilité de se reproduire. Ce qui importe surtout dans cette lutte et ce qui permet à la sélection naturelle de s'exercer, c'est la concurrence entre individus de la même espèce, qui a pour résultat le triomphe des mieux armés. C'est là que la lutte est la plus acharnée, car les individus vivent ici dans les mêmes conditions, se disputent la même nourriture, envahissent le même sol. Et qu'est-ce qui décide de l'issue de cette concurrence? De petites différences individuelles que présentent les êtres, des caractères très légers qui peuvent aider leurs porteurs à l'emporter sur leurs compétiteurs. Supposons (exemple cité par Darwin) des loups qui se nourrissent de différents herbivores dont ils s'emparent des uns par la ruse, des autres par la force, d'autres, enfin, par l'agilité. Supposons, d'autre part, que parmi ces herbivores, une espèce devienne beaucoup plus répandue que les autres, que les daims, par exemple, se soient particulièrement multipliés ou que le nombre des autres herbivores ait diminué dans le pays pour une raison quelconque. L'existence des loups dépend maintenant de la réussite de leur chasse au daim, l'animal le plus rapide de tous ceux dont ils peuvent faire leur proie. Dans ces conditions, ce sont les loups les plus rapides et les plus agiles qui auront le plus de chances de survivre et de laisser des descendants, auxquels ils transmettront leur agilité.

Voici un autre exemple, emprunté au règne végétal. Certaines plantes sécrètent une liqueur sucrée, très recherchée par les insectes. Les glandes correspondantes peuvent se trouver sur différents organes de la plante : à l'aisselle des stipules, sur la feuille, etc. Supposons que chez une espèce certains individus présentent ces glandes à l'intérieur des fleurs au lieu de les avoir sur la feuille : les insectes qui viendront cueillir le nectar dans l'intérieur de la corolle emporteront avec eux du pollen et contribueront à la fécondation croisée de la plante, tandis que les individus chez lesquels les nectaires auront été situés d'une façon moins favorable pourront rester stériles. La disposition avantageuse se transmettra à la génération suivante; puis, au sein de cette dernière, les plantes dont les nectaires seront plus développés et sécréteront une quantité de liquide plus considérable se trouveront de même favorisées, et ainsi de suite, jusqu'à ce que, à un moment donné, une nouvelle espèce se trouve créée, caractérisée par les glandes sécrétrices du nectar dans l'intérieur des fleurs.

Mais cela ne veut pas dire que les individus ne présentant pas tel caractère particulier avantageux soient nécessairement condamnés à périr : ils peuvent posséder un autre avantage, une autre arme dans la lutte pour l'existence, qui pourra compenser l'absence de la première. « Prenons, par exemple, dit Darwin, un quadrupède carnivore et admettons que le nombre de ces animaux a atteint, il y a longtemps, le maximum de ce que peut nourrir un pays quel qu'il soit. Si la tendance naturelle de ce quadrupède continue à agir, et que les conditions actuelles du pays qu'il habite ne subissent aucune modification, il ne peut réussir à s'accroître en nombre qu'à condition que ses descendants variables s'emparent de places à présent occupées par d'autres animaux : les uns, par exemple, en devenant capables de se nourrir de nouvelles espèces de proies mortes ou vivantes; les autres en habitant de nouvelles stations, en grimpant aux arbres, en devenant aquatiques; d'autres enfin, peut-être, en devenant moins carnivores. Plus les descendants de notre animal carnivore se modifient sous le rapport des habitudes et de la structure, plus ils peuvent occuper de places dans la nature[1]. » C'est là ce que l'on appelle la *divergence des caractères*, et plus l'espèce manifeste cette divergence, c'est-à-dire mieux les individus qui la composent savent s'adapter aux conditions de vie différentes, plus elle a de chances de réussir dans la lutte pour l'existence.

La divergence des caractères, ainsi que l'extinction de certaines espèces, autre facteur très général et très important dans l'histoire des êtres organisés, trouvent l'une et l'autre leur explication dans la sélection naturelle et constituent, dit Darwin, une forte présomption en sa faveur, même malgré l'absence de preuves manifestes.

La sélection naturelle n'est cependant pas aux yeux de Darwin ce qu'elle est devenue plus tard pour ses disciples, les néo-darwiniens : le facteur unique et exclusif de l'évolution. Il reconnaît toute l'importance de l'influence directe du milieu exté-

1. *Ibid.*, p. 120.

rieur et dit expressément qu'il faut éviter de *tout* attribuer à la sélection, même lorsque l'action du milieu apparaît comme plus probable. Il reconnaît de même l'hérédité des caractères acquis sous l'influence de ce milieu ou par l'usage ou le défaut d'usage des organes. Il n'en est pas moins vrai cependant que la nature de l'organisme lui apparaît toujours comme plus importante que les conditions qui l'entourent. et que ces autres facteurs ne jouent pour lui un rôle qu'autant que la sélection naturelle peut s'exercer sur les structures produites par eux, qu'autant, c'est-à-dire, que ces structures sont utiles ou nuisibles.

Darwin prévoit lui-même les objections qui peuvent être faites à sa théorie et dont quelques-unes ont déjà été formulées de son temps. Un des cas les plus difficiles à expliquer par l'action de la sélection naturelle, est l'apparition d'organes très compliqués et très perfectionnés, formés de nombreuses parties et ne pouvant fonctionner utilement que si toutes ces parties sont très exactement adaptées entre elles. Tel est, par exemple, l'œil des animaux supérieurs. Sans résoudre cette difficulté, Darwin fait une remarque générale en disant que, vu l'existence d'organes de la vision très rudimentaires chez certains animaux et, d'autre part, l'existence de différentes formes de transition, il n'est pas impossible d'admettre que l'œil le plus compliqué se soit formé par une succession de variations (d'autant plus que des variations de l'œil ont été constatées) dont chacune se trouvait être utile à l'espèce. Dans tous les cas, dit-il, on ne peut pas montrer d'exemples d'organes complexes *ne pouvant pas* se former par une succession de modifications légères et graduelles. Les formes de transition peuvent manquer, mais il serait erroné d'en conclure qu'elles n'ont jamais pu exister.

On peut objecter de même que beaucoup d'organes semblent trop peu importants ou trop peu utiles pour que la sélection naturelle ait pu être la cause de leur conservation. A quoi peut servir, par exemple, la queue de la girafe, avec sa forme spéciale, sinon à chasser les mouches, but évidemment trop minime? Il faut cependant tenir compte de notre ignorance des multiples facteurs qui interviennent dans la vie des êtres. Il se peut que l'inutilité ne soit là qu'apparente et que dans les pays chauds les moustiques jouent dans la vie des grands mammifères un rôle que nous ne leur supposons pas (mais qu'on connaît pourtant pour le bétail en Afrique). Il se peut aussi que la queue de la girafe lui soit léguée par ses ancêtres aquatiques qui se servaient de cet organe pour nager, et qu'elle se soit ensuite graduellement transformée et adaptée à son nouvel usage. Dans tous les cas, le principe d'utilité est incontestable, et il n'y a pas, il ne peut y avoir d'organes nuisibles pour l'espèce. Nous pouvons aussi nous tromper en attribuant à la sélection naturelle tel organe qui peut être dû à l'action du milieu, à la tendance au retour à une forme depuis longtemps perdue, à la corrélation, à la sélection sexuelle, etc.

Notre ignorance est de même pour beaucoup dans une autre objection qu'on peut faire à l'hypothèse de la sélection naturelle : celle d'organes qui ne peuvent être utiles que lorsqu'ils sont complètement développés : ainsi la même girafe se sert de son long cou pour brouter les feuilles des arbres, mais si, au temps où les ancêtres des girafes actuelles n'avaient pas encore acquis ce caractère, il était arrivé à l'une d'entre elles d'avoir le cou de quelques centimètres plus long que chez ses congénères, quel avantage aurait-elle pu en retirer? Il est possible pourtant, répond Darwin, qu'au temps de la disette [l'aptitude à brouter un peu plus haut que les autres puisse devenir une question de vie ou de mort. Il est possible aussi que son long cou permettant à l'animal de voir de loin lui soit très précieux au point de vue de la défense contre les bêtes fauves. Les avantages, en un mot, peuvent être multiples, et nous pouvons les ignorer.

En lisant dans l'ouvrage de Darwin cette discussion des différentes objections possibles, on s'aperçoit immédiatement que ce que l'auteur de l'*Origine des Espèces* tient à prouver, c'est que les différentes formes observées dans le monde organisé *peuvent provenir les unes des autres*, mais non pas qu'elles naissent au moyen de la sélection naturelle plutôt que de tel autre facteur. Il s'agit pour Darwin, surtout et avant tout, de montrer que, quelles que soient les invraisemblances qui se peuvent rencontrer dans son hypothèse, celle de l'origine *indépendante* des formes, au moyen d'actes de création

4.

séparés, est bien plus invraisemblable encore. Les objections contre la sélection naturelle se confondent pour lui (et il en a été ainsi presque pour tous à son époque) avec celles que les partisans de la fixité des espèces peuvent faire contre la théorie de la descendance elle-même; le dilemme se pose pour lui ainsi : fixité des espèces, ou bien leur descendance les unes des autres par la sélection naturelle. Il ne prévoit aucune autre théorie *transformiste* possible.

CHAPITRE IV

La sélection naturelle après Darwin.

La discussion de la sélection naturelle. — A.-R. Wallace ;
le sélectionnisme exclusif. — Les néo-darwiniens ; A. Weismann. La théorie de la panmixie. — Critiques de la sélection. La lutte contre la nature et la lutte entre individus. —
La sélection rigoureuse est-elle un facteur de progrès ? —
Le rôle des conditions favorables. — Le hasard et les particularités individuelles. — Les caractères isolés et l'ensemble des caractères.

La discussion de la théorie de la sélection naturelle ne put être entreprise et menée à bonne fin
qu'après que la victoire des idées transformistes
eut été complète et définitive. Il fallait cette victoire de l'idée la plus générale qui inspirait toute
la campagne darwiniste pendant les premières
années de lutte ardente, pour qu'on pût, dans les
années suivantes, aborder les questions subsi-
diaires soulevées par Darwin. Il fallait d'abord
déblayer le terrain ; on a pu ensuite, sans avoir
à se préoccuper des arguments pris en dehors du
domaine scientifique, discuter entre transformistes
les divers facteurs qui régissent la descendance

des espèces. La sélection naturelle se trouvait au premier rang de ces facteurs, car l'œuvre de Darwin avait, au début, absolument éclipsé les travaux de ses prédécesseurs, tels que Lamarck, qui avait mis en avant d'autres facteurs de ce même processus.

Déjà A.-R. Wallace, qui conçut l'idée de la sélection naturelle en même temps que Darwin et indépendamment de lui, oppose nettement cette idée aux conceptions de Lamarck. Dans ses *Essais*[1] dont les deux premiers ont été écrits avant que l'auteur ait pu connaître les idées de Darwin, et les suivants sous l'influence des idées darwiniennes, il parle de la lutte pour l'existence et de la survivance du plus apte comme du facteur unique de l'évolution. Ces *Essais* sont, pour la plus grande partie, consacrés à montrer comment la sélection naturelle a pu produire certains caractères, tels que la coloration protectrice [des animaux et les faits du mimétisme, et nulle part nous n'y trouvons aucune mention d'autres facteurs, même secondaires.

Plus tard, les naturalistes de la génération suivante exagérèrent encore, comme cela n'arrive que trop souvent pour toute idée nouvelle, le rôle de la sélection naturelle qui prit pour eux des formes

---

1. A.-R. WALLACE, *La Sélection naturelle. Essais*, trad. L. de Candolle, 1872, Paris. Le deuxième *Essai*, qui a pour titre : « De la tendance des variétés à s'écarter indéfiniment du type primitif », a paru en 1858. C'est là que l'auteur expose pour la première fois ses idées sur la sélection naturelle ; une rubrique de cet *Essai* porte le titre : « Que l'hypothèse ici présentée diffère beaucoup de celle de Lamarck ».

bien différentes de celle qu'elle avait chez l'auteur de l'*Origine des espèces*. Les idées lamarckiennes étant rejetées en bloc, l'action directe du milieu sur l'organisme et la réaction de ce dernier au moyen de l'usage ou de non-usage de ses organes ne semblaient plus avoir de l'importance. Et si, pour Darwin, la sélection naturelle agit en maintenant et en développant soit ces caractères d'adaptation directe, soit d'autres caractères individuels, dus au hasard, dans l'esprit de ceux qu'on appelle les néo-darwiniens tout se réduisit à ces derniers.

L'influence directe du milieu se trouva d'autant mieux reléguée au second plan que ses effets paraissaient, dans les conceptions des néo-darwiniens, être transitoires et ne pas dépasser les limites d'une seule génération. Weismann, fondateur et principal représentant de cette école, concluait, en effet, par sa théorie de l'ontogénèse et de l'hérédité (théorie que nous examinerons dans un des chapitres suivants) à la non-hérédité des caractères acquis au cours de l'existence individuelle et enlevait ainsi à ces caractères toute importance pour les destinées de l'espèce. La sélection naturelle des variations innées et dues au hasard reste ainsi la seule cause de toutes ces transformations. *La toute-puissance de la sélection naturelle*, titre significatif d'un des ouvrages de Weismann[1], est le point de vue général et absolu auquel il envisage tous les phénomènes

---

1. *Die Allmacht der Naturzüchtung. Eine Erwiderung an Herbert Spencer*, 1893.

biologiques sans exception et auquel il les ramène tous, souvent à l'aide de constructions logiques où l'on sent trop l'idée préconçue, volontairement rétrécie, de leur auteur.

Depuis ses premiers travaux, Weismann, sous l'influence des discussions nombreuses et approfondies qui sont venues ébranler un grand nombre d'affirmations de l'école néo-darwinienne. a fait un certain nombre de concessions, et des concessions importantes; il a introduit dans son système quelques notions par lesquelles l'idée de l'influence du milieu, la tant persécutée idée lamarckienne, y pénètre insensiblement. Mais toutes ces notions nouvelles, tous ces perfectionnements de l'édifice primitif se rattachent de quelque façon à l'idée de lutte pour l'existence et de sélection. Dans le dernier en date des ouvrages de Weismann[1], qui est comme le résumé de toute son œuvre scientifique, nous retrouvons intacte l'idée unique de sélection naturelle appliquée précisément à tous les phénomènes biologiques, et à ceux-là surtout où son action a été le plus contestée : coloration des animaux, mimétisme, développement des instincts, etc. L'action directe du milieu, le principe lamarckien de l'usage et du non-usage continuent à être résolument rejetés ; en même temps le principe de l'utilité de tous les caractères existants, même lorsque cette utilité nous échappe, est proclamé : l'action de la sélection naturelle apparaît non seulement unique, mais infaillible.

1. *Vorträge über Descendenztheorie*, I, 1902.

On remarque en même temps que la « lutte pour l'existence » et la «sélection» qui, dans l'*Origine des espèces*, ne sont qu'une façon de présenter des faits très connus, très familiers et très concrets, deviennent ici peu à peu de véritables abstractions, des sortes d'entités métaphysiques. Les diverses parties du vaste système de Weismann (car il embrasse toutes les questions de développement de l'individu et de l'espèce) se rattachent entre elles par cette idée de sélection et de lutte pour l'existence, mais appliquée dans des conditions si différentes et comprise dans des sens si variés qu'elle semble grouper sous une étiquette commune les choses les plus diverses. Qu'ont de commun, en réalité, la sélection darwinienne, la sélection « histonale » (lutte des parties de l'organisme de Roux) et la « sélection germinale » de Weismann? Rien que le mot, destiné à en faire l'expression d'une même tendance. Nous aurons à parler plus loin des théories mêmes de Weismann ; ici nous voulons simplement indiquer que c'est chez lui qu'il faut chercher l'expression la plus complète des idées de l'école néo-darwinienne, avec toutes ses exagérations en faveur de l'inné au détriment de l'acquis, de la prédétermination au détriment de l'action du milieu ; avec sa schématisation extrême de la marche de l'évolution, avec la lutte pour l'existence, schématisée aussi, pour seul facteur.

Pour résoudre, en la rattachant à la sélection naturelle, une question à laquelle Darwin n'avait pas réussi à donner une réponse précise, celle des organes rudimentaires, Weismann propose une théorie spéciale : celle de la *panmixie*.

Les organes rudimentaires sont très répandus dans le règne animal : yeux dégénérés des animaux vivant sous terre, membres des cétacés, appendice vermiforme et vertèbres caudales chez l'homme, et beaucoup d'autres dont chacun pourrait trouver des exemples autour de soi. Ces organes sont des restes d'organes plus développés qui étaient autrefois utiles aux ancêtres de l'animal et qui, maintenant, sont devenus superflus ou même nuisibles. Comment s'effectue leur disparition? Il peut y avoir là différents cas : quelquefois l'organe, si d'utile il devient nuisible, peut disparaître par le processus ordinaire de la sélection naturelle, dirigée en sens contraire : ce sont les individus qui ont cet organe le moins développé qui survivent et transmettent leur particularité aux descendants.

Mais si l'organe est simplement inutile et si sa disparition ne peut présenter aucun avantage sérieux, il faut chercher à sa dégénérescence une autre cause. Elle réside, d'après Weismann, dans le fait de la *suppression de la sélection* par rapport à lui. La sélection ne fait pas seulement développer un organe, mais c'est elle aussi qui le maintient à un certain niveau. Lorsqu'elle ne s'exerce plus, les individus qui possèdent l'organe considéré et ceux qui ne le possèdent pas ont des chances égales de survivre et de laisser des descendants. Tous participent également à la génération : de là, le nom de *panmixie*. Le niveau moyen s'abaisse ainsi à chaque génération jusqu'à ce que l'organe s'atrophie, ou même disparaisse complètement.

La théorie de la panmixie a été la première des théories auxiliaires formulées par Weismann en vue d'une application logique du principe sélectionniste à tous les phénomènes. Elle a le défaut de ne pas expliquer l'abaissement d'un organe au-dessous d'un certain niveau et de garder le silence sur le processus physiologique par lequel se fait cette régression. Une théorie créée ultérieurement et que nous examinerons plus loin, celle de la *sélection germinale*, est venue combler cette lacune.

En abordant l'exposé des critiques adressées aux théories sélectionnistes, nous devons d'abord poser une première question essentielle : la compétition entre membres d'une même espèce est-elle un fait aussi général que le suppose Darwin? Cette lutte qu'il invoque existe-t-elle telle qu'il nous la représente, lutte aiguë, rigoureuse, une *lutte à mort?* Beaucoup de naturalistes, surtout parmi les savants russes qui ont étudié les régions où les animaux ont à lutter contre des conditions naturelles défavorables, pensent que cette dernière lutte dépasse de beaucoup en importance celle qui peut se produire entre individus de la même espèce.

Un auteur qui, pour des raisons théoriques que nous verrons plus tard, a particulièrement insisté sur cet argument, P. Kropotkine[1], a eu l'occasion

1. P. KROPOTKINE, *L'Entr'aide, un facteur de l'évolution*, trad. française, 1906.

d'observer la vie animale dans des régions au climat très rigoureux, à la nature pauvre et inclémente, dans l'Asie septentrionale. La lutte pour l'existence y est acharnée, mais elle se poursuit contre cette nature environnante qui exerce des ravages terribles et constitue un obstacle à la surpopulation autrement grand que la concurrence entre les individus. Les zoologistes russes Menzbir et Brandt aboutissent, à la suite de leurs propres observations, aux mêmes conclusions. D'ailleurs, un des darwiniens de la première heure, G. Seidlitz, a indiqué, dès 1871, la distinction à faire entre la lutte à l'intérieur de l'espèce et celle contre les obstacles naturels et les ennemis communs[1].

Certains naturalistes affirment même n'avoir jamais constaté de concurrence entre individus adultes. V.-L. Kellogg, par exemple, qui a patiemment observé la vie des insectes et étudié leurs variations, dit qu'en examinant deux lots d'insectes adultes : l'un composé d'individus ayant vécu en toute liberté et, par conséquent, soumis à toutes les rigueurs de la lutte présumée pour l'existence; l'autre comprenant des individus pris au moment juste où ils ont acquis la maturité, mais n'ont pas encore eu le temps de subir les effets de la concurrence, il a constaté exactement autant de variations dans la coloration, les dessins des ailes, etc., dans un cas que dans l'autre. Et il en

---

1. *Die Darwinsche Theorie. 11 Vorlesungen*, 1871.

conclut qu'une sélection naturelle rigoureuse, basée sur ces variations, sélection telle que l'exige la théorie, n'est pas intervenue ici[1].

La deuxième objection faite à la théorie sélectionniste est celle-ci. Darwin dit très justement qu' « une grande diversité de structure peut maintenir la plus grande somme de vie[2] », mais est-il vrai que cette diversité soit obtenue par une lutte très vive entre individus, par une sélection très rigoureuse? N'est-il pas plus juste de penser que ce sont, au contraire, les conditions favorables, une vie relativement facile, qui font apparaître et protègent les variations nouvelles?

Plusieurs auteurs pensent ainsi. Kropotkine que nous venons de citer fait remarquer, en parlant des régions pauvres du nord de l'Asie, que la vie y est rare et lorsqu'une période particulièrement difficile survient, lorsque la nourriture manque, on voit les animaux (les chevaux et les bestiaux à demi-sauvages de la Transbaïkalie, les ruminants, les écureuils, etc.) sortir *tous* si affaiblis de l'épreuve qu'aucune évolution progressive de l'espèce ne saurait prendre pour base la concurrence entre eux.

Certains résultats de la statistique humaine parlent dans le même sens. Les mauvaises conditions non seulement éliminent les plus faibles, mais altèrent la santé de ceux qui restent; à cet égard, elles ne peuvent jamais être utiles. Ainsi, dans un travail

1. V.-L. KELLOGG, *Darwinism to-day*, p. 82-83, 1908.
2. *Origine des Espèces*, p. 121.

sur la mortalité des nourrissons[1], Kœppe montre que les années de sélection sévère, les années où, par suite d'une température trop rigoureuse, d'épidémies, etc., il meurt beaucoup d'enfants, il naît une génération plus faible, donnant ultérieurement une mortalité plus élevée.

Deux naturalistes surtout se sont placés à ce point de vue, et ce qui est très significatif, c'est que leurs points de départ et le genre de leurs études sont absolument différents et même opposés entre eux. L'un est le botaniste russe Korschinsky, dont la théorie de l'hétérogénèse a précédé de quelques années celle, toute récente, de de Vries, dont nous parlerons plus loin. L'autre est non pas un théoricien, mais un savant faisant œuvre pratique; c'est Luther Burbank, un cultivateur de Californie, devenu célèbre. Son œuvre est très considérable et ses conclusions d'autant plus précieuses qu'il a eu la possibilité de faire de l'expérimentation sur la plus grande échelle jusqu'à présent connue dans ces sortes d'études[2]. Et bien, Luther Burbank affirme avoir toujours constaté qu'un sol riche et des conditions générales favorables déterminent l'apparition de nouvelles variations, tandis que la pénurie d'aliments, ou leur surabondance excessive, conduisent à la

1. *Münch. Med. Wochenschrift*, t. II, p. 1547.
2. Voir l'article publié à ce sujet par V. L. Kellogg dans *Popular Science Monthly*, 1906, vol. LXIX, p. 363-374. Des extraits en sont reproduits dans l'ouvrage déjà cité du même auteur : *Darwinism to-day*, p. 310 et suiv.

régression. Burbank s'abstient d'en tirer des arguments théoriques, mais ceux-ci en découlent d'eux-mêmes : les nouvelles variations apparaissent non pas là où la lutte pour l'existence est la plus vive, c'est-à-dire dans les conditions les plus défavorables, comme le supposait Darwin, mais au contraire là où cette lutte est la plus atténuée, où les besoins des êtres sont satisfaits.

C'est également la conclusion de Korschinsky, conclusion qui, à l'inverse de celle de Burbank, semble découler chez cet auteur de considérations plutôt théoriques. Les nouvelles formes, dit-il, n'apparaissent pas dans des conditions d'existence rigoureuses, ou, si elles apparaissent, elles s'éteignent rapidement. Leurs débuts sont liés à certains troubles dans l'organisme, surtout dans ses fonctions reproductrices, et pour qu'il puisse donner des descendants, il ne doit pas avoir à lutter contre des conditions par trop inclémentes. Plus ces conditions seront avantageuses pour lui, plus ces variations se trouveront protégées et mieux l'espèce pourra évoluer. Or, c'est au contraire dans les conditions *défavorables* que la lutte pour l'existence et la sélection sont le plus vives. Ce sont donc des facteurs qui, loin de pousser, ralentissent l'évolution, en restreignant les variations et en éliminant les nouvelles formes en train de se constituer[1].

1. KORSCHINSKY. *Hétérogenèse et évolution. Contribution à la théorie de l'origine des espèces.* (Mém. Acad. Saint-Pétersb., IX, 1899).

L'idée de Korschinsky sur le rôle plutôt négatif et conservateur de la sélection naturelle et de la lutte pour l'existence est juste dans une grande mesure; malheureusement, lorsqu'il s'agit de proposer une autre explication de l'évolution (de laquelle Korschinsky distingue soigneusement l'adaptation, cette dernière pouvant prendre une forme régressive), il la cherche dans l'existence d'une tendance interne au progrès, inhérente aux êtres, et s'éloigne ainsi dans le domaine des spéculations métaphysiques.

En continuant d'exposer les objections faites à la théorie sélectionniste par ordre de généralité, nous trouvons ensuite cet argument bien des fois formulé : est-ce vraiment à quelques particularités dans l'organisation qui donneraient à un individu plus de chances qu'à un autre dans la concurrence universelle, que certains êtres doivent de survivre à l'exclusion des autres? Si des êtres innombrables périssent sous l'action de l'inclémente nature, est-ce bien parce qu'ils étaient mal adaptés à la lutte? Il faut remarquer que ce qui est surtout sacrifié dans la nature, ce ne sont pas les êtres adultes capables de lutter et d'entrer en concurrence entre eux, mais bien plutôt [les *œufs* et les *larves*. Et qu'est-ce qui décide de leur vie ou de leur mort? Ce ne sont pas leurs caractères individuels, mais des conditions indépendantes de ces caractères. C'est généralement grâce au hasard qu'ils ne sont pas dévorés par un autre animal, qu'ils sont plus ou moins bien abrités par des objets environnants, plus ou moins visibles, etc.; il s'agit donc des conditions qui ne dépendent nullement des particularités de chaque œuf particulier.

Dans la survie des adultes, le hasard joue, d'ailleurs, aussi un rôle très considérable. « Lorsqu'une grosse baleine, demande Kellogg, ouvre la bouche au milieu de myriades de petits copépodes flottant dans les eaux pélagiques des mers aléoutiennes, qu'est-ce qui décide quels sont les copépodes qui disparaîtront à jamais? C'est surtout, nous pouvons le dire, le hasard de la situation. Qu'ils aient la taille un peu plus grande ou un peu plus petite, qu'ils soient un peu plus ou un peu moins vigoureux, qu'ils soient un peu plus rouges, un peu plus jaunes ou un peu plus excitables, qu'ils possèdent tel ou tel autre trait de structure ou de fonction, tout cela ne pèse que peu lorsque l'eau se précipite dans la gueule béante[1]. »

Il en est de même lorsque l'été dessèche les cours d'eau et les lacs américains : des milliers de poissons et d'insectes aquatiques y périssent sans que les légères différences qu'ils présentent entre eux leur soient de moindre secours. On pourrait trouver autant d'autres exemples que l'on voudra qui montreront de même que ce n'est pas tant *le plus apte* qui survit, mais celui qui, par un hasard heureux, se trouve au moment critique loin de l'action de la cause destructive qui fait périr les autres.

1. *Darwinism to-day*, p. 80-81.

Cet argument montre bien que le champ d'action de la sélection naturelle n'est pas aussi vaste que le croient les darwiniens purs et que, dans tous les cas, elle ne peut pas être le seul facteur agissant. Et dans les limites où elle agit, son action peut-elle s'exercer de la façon dont les sélectionnistes se la représentent? Non, disent leurs adversaires, on nous peint les choses d'une façon trop schématique : pour simplifier, on suppose qu'un seul caractère varie chez un être et que c'est sur ce caractère qu'agit la sélection naturelle, tandis que tous les autres caractères restent immuables ; or, les variations, surtout les variations telles que les suppose Darwin, et encore plus les néo-darwiniens, étant accidentelles et spontanées et non produites par une cause déterminée et unique, il n'y a aucune raison de croire qu'elles ne se manifesteront pas dans toutes les directions et n'iront pas se compenser mutuellement. H. Spencer imagine à l'appui de cette objection l'exemple suivant, déjà cité par l'un de nous dans un autre ouvrage [1].

Supposons que des herbivores habitent un pays au climat peu clément, hanté par de nombreux fauves. « Ceux qui ont l'ouïe la plus fine entendront de plus loin l'arrivée du fauve, mais ceux qui ont la vue plus perçante ou l'odorat plus parfait seront avertis aussi tôt qu'il est temps de fuir. Et que leur servira de s'enfuir plus vite ? D'autres,

---

1. Yves Delage. *L'Hérédité et les grands problèmes de la biologie générale*, 2e édit., p. 406.

plus rapides à la course, quoique partis au dernier moment, n'en échapperont pas moins. Survient la neige et un froid rigoureux. Ces individus plus rapides ou doués de sens plus parfaits n'ont pas en même temps la toison la plus chaude ni l'instinct le plus sûr pour trouver un abri, et le climat décimera ceux qu'une première sélection avait protégés. Après le froid, la disette arrive. Ceux qui avaient eu jusqu'ici l'avantage seront peut-être les moins capables de trouver à s'alimenter ou de survivre à une alimentation insuffisante. »

Ainsi, aucun individu ne possède, à cause des avantages portant sur un seul caractère, de supériorité réelle et complète qui garantisse son succès dans toutes les phases de la lutte pour l'existence : les avantages sont disséminés et compensés par les défauts. Ceci est un argument d'une valeur très réelle et montrant bien qu'il ne faut pas, dans ces questions, chercher à trop simplifier les données du problème et raisonner à la façon mathématique, en supposant toutes conditions égales d'ailleurs, ce qui ne peut être vrai, et encore, que dans une expérience bien organisée et conduite avec toutes les précautions nécessaires et non dans un phénomène que nous observons tel quel dans la nature.

CHAPITRE V

La sélection naturelle après Darwin (*Suite*).

L'apparition des variations : leur force numérique; la loi de
Delbœuf. — L'accumulation des variations. — Leur nature; l'utilité et le degré de développement d'un caractère.
— Le cou de la girafe et le fémur de la baleine. — Le
développement excessif d'un caractère. Les papillons
imitant les feuilles. — Les adaptations parallèles. — Les
organes trop parfaits. —. Analogie entre la sélection
naturelle et la sélection artificielle. — Les critiques
d'ordre secondaire. — Le véritable rôle de la sélection.

De ces objections concernant le mode d'action
de la sélection naturelle, passons maintenant à
deux autres, très importantes. parce qu'elles visent
la base même sur laquelle cette sélection doit opérer : l'apparition des variations et leur transmission héréditaire. La première est celle-ci : *les causes
de variation étant plus faibles que les causes de
fixité, celle-ci doit nécessairement l'emporter sur
celle-là.* Cet argument a été longuement discuté
ailleurs[1], à propos de la *loi de Delbœuf*, mais

1. *Hérédité et les grands problèmes de la biologie générale*, 2e édit., 1903, p. 398 et suiv.

comme il s'agit là d'une question de toute importance, nous allons la reprendre ici. Ce qu'on appelle la loi de Delbœuf, c'est cette affirmation que *quelque faible que soit le nombre des individus variés par rapport à celui des non-variés, le nombre des variés ira toujours en croissant et finira par dépasser celui des individus restés invariables.* Cette affirmation se base sur le calcul suivant. Désignons par A la forme initiale d'une espèce, et par A $\pm$ 1, A $\pm$ 2, etc., les individus variés à différents degrés par rapport à un même caractère qu'ils présentent en plus ou en moins. Supposons aussi que, dans chaque génération, chaque individu donne naissance à n individus semblables à lui et à deux individus variés d'un degré, l'un dans le sens positif, l'autre dans le sens négatif. A la seconde génération, nous aurons donc :

$$n\text{A} + 1\,(\text{A} + 1) + 1\,(\text{A} - 1)$$

ensuite, si nous prenons la descendance de A + 1, par exemple, nous aurons dans cette troisième génération :

$$n\,(\text{A} + 1) + 1\,(\text{A} + 2) + 1\,\text{A}$$

Et, quel que soit le nombre de ces générations, les individus variés finiront toujours par l'emporter sur les non variés. En effet, le rapport entre les variés et les non variés est, au début, de $2/n$; si les deux variés (A $\pm$ 1) et les n non variés ne produisaient que des individus semblables à eux-mêmes, ce rapport persisterait : mais il n'en est pas ainsi.

Considérons, en effet, séparément la descendance des non-variés et celle des variés. Si, à une génération donnée, le nombre des non-variés est n et celui des variés 2, les n non-variés donneront, d'après l'hypothèse de Delbœuf, n^2 individus semblables à eux-mêmes et $2 \times n$ individus différents d'eux qui iront grossir le nombre des variés. Au contraire, les 2 variés, après avoir donné $2 \times n$ individus semblables à eux-mêmes, qui resteront dans la catégorie des variés, donneront seulement 2×2 d'individus variés par rapport à eux. De ces 4 variés, la plupart resteront différents de la forme initiale et continueront à grossir le nombre des variés et une petite proportion seulement fera retour à la forme initiale et ira augmenter le nombre des non-variés. Mais même s'ils faisaient tous retour à la forme initiale, le rapport primitif $2/n$ des variés aux non-variés augmenterait, car on a : $2/n < \dfrac{2 + 2 \times n}{n + 2 \times 2}$. Or, on sait que quand on ajoute, dans une fraction plus petite que l'unité, un même nombre au numérateur et au dénominateur, la fraction augmente ; *a fortiori* en est-il de même si on ajoute au numérateur un nombre plus grand qu'au dénominateur, ce qui est le cas ici, puisque $n > 2$.

Cela est une conséquence inévitable de la formule posée par Delbœuf, mais c'est seulement une conséquence mathématique.

Dans la réalité, il en est autrement. Il n'est pas vrai du tout que si, à la première génération, il y a *n* non variés et 2 variés, à la deuxième chacun de ces derniers produira *n* individus *semblables à lui.* Les variations individuelles sont loin d'être si fidèlement transmises à un aussi grand nombre de descendants. S'il en était ainsi, les formes nouvelles apparaîtraient avec une facilité beaucoup plus grande que cela n'a lieu en réalité, et toutes les petites anomalies, par exemple, doigts surnuméraires, becs-de-lièvre, etc., seraient depuis longtemps devenus les caractères de races entières.

L'observation montre, au contraire, que le retour au type normal devient de plus en plus fréquent, à mesure que la variation s'accentue. Les éleveurs et les cultivateurs ont bien constaté que, s'il est relativement facile de fixer par sélection certains caractères au début, cela devient de plus en plus difficile aux générations suivantes et à mesure que le caractère donné se rapproche de la limite naturelle qui semble lui être assignée. Galton, un naturaliste qui s'est occupé de recherches statistiques sur les variations et les lois qu'elles suivent, et qui a été un des créateurs de cette nouvelle branche de la science biologique qu'est la biométrie (application des méthodes statistiques aux études biologiques), a formulé à cet égard une loi qui dit que lorsque les parents varient d'une certaine façon, en s'écartant du type moyen (ou « mode », en langage des biométriciens), leurs descendants varient dans le même sens, mais à un degré moindre, de sorte qu'au bout de plusieurs générations, l'espèce, au lieu d'engendrer une espèce nouvelle, revient, au contraire, au type moyen, primitif.

Il faut remarquer aussi que dans l'amphimixie, dans le mode de reproduction où le concours de deux parents est nécessaire à la naissance du nouvel être, les caractères hérités des deux côtés se mélangent et la variation se trouve le plus souvent effacée dès la première génération où elle se montre.

La loi de Delbœuf ne serait vraie que si les variations étaient dues à une cause modificatrice permanente qui agirait de façon à n'atteindre qu'une partie des individus de l'espèce et à garder toute son influence sur ceux qu'elle a déjà atteints. Or, on ne voit guère d'exemples d'une action semblable.

Dans la discussion de l'argument que nous venons d'exposer, il s'agissait de savoir si, avec le temps, une espèce devient plus variée dans ses représentants ou si, au contraire, les influences conservatrices prédominent et maintiennent le type uniforme primitif. Mais, même lorsqu'une variation se fait jour, il faut, puisqu'elle est, par définition, légère et tout individuelle au début, qu'elle arrive à s'accentuer dans la série des générations et à prendre assez d'importance pour caractériser une nouvelle espèce. C'est bien ainsi que Darwin se représente les choses : les petites variations accidentelles doivent s'accumuler à mesure que croît le nombre des générations qui se les transmettent. Cette accumulation est absolument sous-entendue dans la théorie sélectionniste, et ne semble faire de doute pour aucun de ses critiques mêmes. Cependant, quelle raison y a-t-il pour qu'un caractère donné, si utile qu'il soit, soit plus accentué chez un descendant que chez un parent? A moins d'invoquer l'hérédité des effets de l'usage et du non-usage, ce qui serait sortir des cadres de la sélection naturelle et faire intervenir un principe lamarckien, on ne voit pas pourquoi il en serait ainsi.

Supposons que, parmi les ancêtres du cygne, au cou encore peu développé, quelques individus se soient rencontrés ayant un cou un peu plus long, comptant une vertèbre de plus, et que cette particularité ait été avantageuse pour l'espèce, de façon à ce que seuls les individus ainsi favorisés aient pu survivre et transmettre leur particularité à leurs descendants. Ces derniers auront donc le même nombre de vertèbres cervicales, c'est-à-dire dépassant d'un le nombre primitif. Mais pourquoi, de ce fait, le dépasserait-il de deux et, à la génération suivante, de trois? Au contraire, quel que soit le nombre de générations successives, le caractère se transmettra toujours égal à lui-même et le cou conservera toujours (même en laissant de côté toute cause possible de réversion et toutes les conséquences de croisements avec les individus moyens) le nombre initial des vertèbres.

Cela paraît évident, et il semble même incompréhensible que, parmi tant d'objections à la sélection naturelle, celle-là n'ait pas été faite au premier chef. Cela ne peut s'expliquer que par une seule raison : c'est que, dès le commencement, la théorie de la sélection était discutée plutôt à l'aide d'abstractions qu'à l'aide des faits. On semblait supposer que ce qui se transmet, ce n'est pas tel ou tel trait de structure, mais une *tendance* à varier dans un sens défini : dans le cas du cygne, par exemple, la tendance à l'allongement du cou, en raison de laquelle le nombre des vertèbres augmente à chaque génération. Mais, en réalité, une tendance n'existe pas par elle-même : c'est une abstraction dont nous nous servons pour constater que quelque chose se développe dans telle ou telle direction.

Une tendance ne peut donc pas s'hériter, pas plus que ne peut s'hériter aucune autre abstraction : *ce qui s'hérite, c'est une certaine constitution chimique, une certaine structure morphologique, et ces caractères se transmettent tels quels et non pas à un degré plus considérable.*

L'action de la sélection naturelle peut donc expliquer la persistance d'un caractère utile à travers les générations, mais non le développement graduel de ce caractère. Pour ce dernier, on est obligé d'invoquer d'autres facteurs : hérédité des effets de l'usage et du non-usage ou action ininterrompue du milieu environnant, toujours dans la même direction.

De ces critiques d'ordre très général passons maintenant aux objections plus spéciales. Elles sont nombreuses, formulées à des points de vue très différents et de valeur très inégale; il serait fastidieux de les exposer ici toutes. Prenons seulement deux catégories de ces objections, les plus importantes : celles qui se rattachent à la *nature des variations* pouvant donner prise à la sélection naturelle et celles qui concernent, d'une part, la comparaison de la sélection naturelle avec la sélection artificielle et, d'autre part, le lien étroit qui la rattache à la *sélection sexuelle*.

A quelles conditions, d'abord, doivent satisfaire les différents caractères que peut présenter un être animal ou végétal, pour que la sélection natuturelle puisse le favoriser en raison de ces caractères? Ils doivent, évidemment, être *utiles*. Or, parmi les caractères qui distinguent les espèces les unes des autres, bien peu ont une utilité quelconque, la plupart étant indifférents. Darwin admet bien cela, mais il répond que, dans certains cas, l'utilité nous est cachée et que, dans d'autres, les caractères en question sont dus soit à l'influence directe des conditions ambiantes, soit à certaines corrélations découlant de ce qu'il appelle les lois de la croissance. Mais c'est là une explication qui dépasse les limites de la sélection naturelle et sert plutôt à montrer son impuissance. Des exemples très nombreux de ces caractères indifférents (qui se trouvent en même temps être les caractères les plus stables de l'espèce) ont été cités : disposition opposée des feuilles chez les Labiées et une disposition en spirale chez les

6.

Borraginées (Nægeli); dessins très variés qui
existent sur les élytres de certains insectes, mais
qui sont si fins que pour les voir il faut se servir
d'une loupe et qui pourtant servent à différencier
les espèces entres elles (Kellogg et Bell); callosités
aux jambes de tous les membres de la famille des
Équidés, mais au nombre de quatre chez le cheval
et de deux seulement chez l'âne (Conn); l'enrou-
lement de la spire dans les coquilles des mollusques dans un sens ou dans un autre, caractère également spécifique; coloration de certaines
parties cachées du corps des oiseaux, etc. Le
dernier exemple a été cité par Romanes, et son
témoignage est pour nous d'autant plus précieux
qu'il appartient à un des principaux darwiniens,
un des premiers en date.

Les partisans extrèmes de la théorie sélectionniste (Wallace et les néo-darwiniens) se placent,
pour la défendre, au même point de vue que
Darwin en affirmant que *tous* les caractères spécifiques sont utiles par quelque côté et que seule
notre ignorance de la vie et des mœurs des animaux nous empêche de nous rendre compte de
cette utilité. Il est vrai que beaucoup de travaux
faits dans cet esprit viennent nous montrer une
utilité qui nous échappait de prime abord, mais on
peut se méfier à juste titre de l'influence de l'idée
préconçue sur ces recherches et de l'explication
anthropomorphique que nous sommes toujours
poussés, si nous n'y prenons garde, à donner aux
phénomènes de la nature environnante.

C'est ainsi que, pour la coloration des animaux, par exemple, Weismann cherche à démontrer que non seulement la teinte conforme à celle du milieu (animaux blancs des régions polaires, animaux aquatiques transparents, animaux de couleur verte vivant dans l'herbe ou parmi les feuilles, etc.), mais même les détails si variés des dessins des ailes des papillons ont leur utilité, servant soit à protéger l'animal en le dissimulant, soit en le faisant ressembler à une autre espèce, mieux protégée (mimétisme proprement dit), soit en effrayant ses ennemis. Les taches ocellées sur les ailes, par exemple, sont très fréquentes chez les papillons ; quelle est leur raison d'être? Elles peuvent servir d'épouvantail ; c'est le cas des grosses taches bleues et noires sur les ailes postérieures du *Smerinthus ocellata*, un papillon du soir. Lorsque le papillon est dans l'attitude de repos, ces taches ne sont pas visibles, mais aussitôt qu'on le dérange, il dresse ses quatre ailes, et alors les deux yeux apparaissent soudain sur le fond rouge, épouvantant l'agresseur, auquel, nous dit Weismann, le papillon semble être maintenant la tête d'un animal beaucoup plus gros[1]. Et il en est ainsi partout : il n'y pas de structure, pas de fonction que Weismann n'arrive à expliquer en supposant telle utilité qui lui apparaît comme la plus probable. Or, ces suppositions sont nécessairement faites au point de vue anthropomorphique ; un homme

---

1. *Vorträge über Descendenztheorie*, I, p. 78-79.

aurait peut-être peur de voir surgir tout d'un coup la tête d'un gros animal inconnu, mais l'ennemi supposé du papillon éprouverait-il, en raison de sa vie et de sa mentalité, le même sentiment? Les causes de la peur peuvent être très différentes pour lui et pour nous. Pourquoi un oiseau aurait-il peur, par exemple, d'un diable avec ses cornes?

Les dangers de cette tendance sautent aux yeux: c'est la conception finaliste réintroduite par contrebande là où précisément le but et le mérite de l'idée darwinienne était de la remplacer par une conception purement causale. Un autre danger, indissolublement lié d'ailleurs aux interprétations de cette sorte, c'est que, fournissant des explications faciles et donnant une satisfaction factice à notre pensée, elles la dispensent de chercher plus loin.

Mais prenons les caractères vraiment et incontestablement utiles : l'utilité à un degré quelconque suffit-elle pour faire de la présence ou de l'absence de tel ou tel trait d'organisation une question de vie ou de mort? A cette question se rattache une autre critique adressée à la théorie sélectionniste. Comme il s'agit de variations peu considérables, les cas où elles peuvent avoir cette gravité doivent être rares. On a souvent cité l'exemple célèbre du cou de la girafe. Il a été discuté par Darwin lui-même, et nous avons vu qu'il suppose qu'en temps de disette quelques centimètres de plus ou de moins permettant de brouter un peu plus haut les feuilles des arbres peuvent effectivement être une question de vie ou de mort, et que, de plus, la longueur un peu plus grande du cou a pour l'animal d'autres avantages qui peuvent être sensibles même lorsque les différences sont peu importantes. A cela Nægeli objecte que l'accroissement en longueur au cours d'une génération ne peut guère être suffisant pour constituer un avantage et que, d'ailleurs, cet avantage serait-il réel, il n'est pas exact que les animaux qui en sont dépourvus devraient nécessairement mourir en temps de disette : il est plus probable qu'ils s'affaibliront simplement.

Il s'agit là d'une partie du corps qui s'accroît. Il doit en être de même des organes qui disparaissent : à moins d'invoquer l'hérédité des conséquences du non-usage et si on veut tirer une explication de la seule sélection, il faut que la diminution de ces organes ait, à chacun de ses degrés, une utilité décisive. La réduction du fémur de la baleine est un autre exemple devenu célèbre. Il est cité par Spencer dans sa polémique contre Weismann au sujet de l'importance relative de la sélection naturelle et de l'hérédité des caractères acquis comme facteurs de l'évolution (nous verrons cette polémique plus loin, avec plus de détails). Chez les différentes espèces de la baleine qui vivent actuellement, les membres postérieurs manquent, comme on le sait; mais il en reste des traces sous forme de certains os (os du bassin chez les unes, fémur chez les autres) qui subsistent, cachés sous la peau. Leur poids ne dépasse pas actuellement 1/900.000ᵉ du poids total de l'animal. Et comme les baleines proviennent des mammifères terrestres, il a dû se produire chez elles une réduction graduelle des membres. Cette réduction a-t-elle eu pour cause la sélection naturelle? A-t-il été, aux différents stades de cette évolution, utile pour l'animal que les os devenus sans usage se réduisent? C'est possible, si nous supposons qu'il en résultait une économie de nourriture. Or, dit Spencer, lorsque l'ancètre terrestre de la baleine évoluait pour devenir cette dernière, il y avait un accroissement énorme de la masse du corps, supposant un excès habituel de nourriture. Dans l'embryon comme dans l'animal en voie de croissance, il a dû y avoir pléthore chronique. Pourquoi donc ces parties inutiles n'ont-elles pas profité de l'excès de matériaux nutritifs? Et d'ailleurs, à supposer même que l'économie de nourriture était devenue nécessaire à un moment donné, cet avantage ne pouvait ètre sensible que dans les premiers stades de cette réduction progressive. Actuellement, le fémur de la baleine pèse 1 once; quel avantage peut avoir l'individu chez qui il est réduit à ce poids sur un autre chez qui il pesait un peu plus, 2 onces par exemple? Il suffit de penser combien petite, en regard de la masse totale du corps, pouvait ètre ici l'économie possible de nourriture, pour voir que la sélection naturelle n'a pas pu produire, à elle seule, ce résultat. Et il serait, à plus forte raison, tout à fait absurde de supposer que ce minime avantage

puisse devenir pour l'animal une question de vie
et de mort. H. Spencer en conclut que seule la
perte de l'usage de l'organe et la transmission
héréditaire de la régression consécutive peuvent
fournir une interprétation raisonnable du phénomène [1].

A cette objection s'en rattache étroitement une
autre. déjà formulée au temps de Darwin. Certains
caractères ne peuvent être utiles à l'individu et
donner prise à la sélection que lorsqu'ils sont complètement développés, ou, au moins, ont atteint un
certain degré. Ainsi, il ne servirait à rien à un
animal vivant dans les glaces polaires d'avoir une
petite tache blanche ou un pelage un peu plus clair :
pour pouvoir vraiment se dissimuler, il faut qu'il
soit complètement blanc. Il en est ainsi dans tous
les cas de coloration protectrice et de mimétisme :
les premiers stades, où la ressemblance n'existe
pas encore, ne peuvent rendre aucun service à
l'animal. Kellogg dit que ses observations sur les
insectes confirment cette manière de voir. Il a eu
pendant longtemps à s'occuper de deux papillons
américains : l'*Anosia plexippus*, qui porte aussi le
nom de Monarque, et le *Basilarchia archippus*,
qu'on appelle Vice-Roi. Le premier de ces papillons a un goût désagréable pour les oiseaux qui,
après l'avoir saisi une fois, le rejettent et ne s'at-
taquent plus à aucun papillon qui le leur rappelle.
Les deux papillons appartiennent à des groupes

1. *A rejoinder to professor Weismann.* (*Contemporary
Review*, déc. 1893 ; tirage à part, p. 24-26.)

dont les représentants typiques n'ont aucune ressemblance dans la disposition des dessins et dans la coloration; seul, parmi les *Basilarchia*, le Vice-Roi ressemble aux *Anosia* et on peut supposer que cette ressemblance est constamment maintenue par la sélection. Mais de quelle utilité était pour lui la première strie ou la première tache rappelant celles du Monarque sur des ailes d'une couleur toute différente? Des exemples analogues pourraient être cités en grand nombre : la sélection naturelle apparaît plutôt comme un régulateur un peu vague des adaptations existantes que comme un facteur pouvant les créer et les développer[1].

L'utilité d'un caractère paraît être en somme limitée à certains degrés seulement de son développement : au-dessous, elle n'a pas encore pu s'établir, au-dessus, le développement va trop loin, la dépasse et semble quelquefois aller à son encontre. Nous venons de voir des exemples où une ressemblance insuffisante ne peut rendre aucun service; il y a des cas où elle paraît être trop fidèle, au contraire, avec un luxe de détails qui semble être superflu. Ainsi, un très grand nombre de papillons de l'Amérique du Sud et des Indes, qui vivent dans les forêts, imitent, avec la plus grande fidélité, les feuilles des différents arbres. Cette imitation, très remarquable comme coloration, l'est encore plus par la forme générale du corps et la disposition des nervures. Les ailes

---

1. *Darwinism to-day*, p. **49-50**.

sont extrêmement développées par rapport au corps même qui, à l'état de repos, est à peine visible. L'extrémité des ailes est effilée en un « pétiole », leurs nervures sont fines et cachées par des espèces de fausses nervures beaucoup plus grosses, stries simulant les nervures d'une feuille. La ressemblance n'existe d'ailleurs qu'à l'état de repos, car le dessin ne se continue pas sur la partie de l'aile qui est cachée dans cette attitude : il semble être fait d'un coup de pinceau sur les ailes ployées. Parmi les nombreux exemples de ces ressemblances, il est facile de choisir; voici deux des plus frappants.

Chez le *Cœnophlebia Archidona*, un papillon de Bolivie, le pétiole est formé par les extrémités des deux ailes antérieures; une grande nervure médiane avec deux latérales traverse l'ensemble des deux ailes (fig. 1). Chez le *Kallima parallecta*, un papillon de l'Archipel de Malaisie souvent cité comme exemple d'un mimétisme parfait, la ressemblance est encore plus extraordinaire. Dans l'attitude de repos, les ailes pliées, ce papillon figure tous les détails de l'aspect des feuilles sèches parmi lesquelles il vit. Les nervures propres des ailes deviennent presque invisibles, de même que la tête et le corps; les nervures de la feuille, au contraire, sont très exactement dessinées (fig. 2). La ressemblance ne s'arrête même pas là et devient pour ainsi dire raffinée : les ailes présentent souvent des taches rougeâtres ou jaunâtres imitant des moisissures et des points transparents, sans

écailles, rappelant exactement les perforations produites sur la feuille par les vers ou les insectes!
Cela semble vraiment être une exagération de précautions, et il est tout à fait probable que dans ces

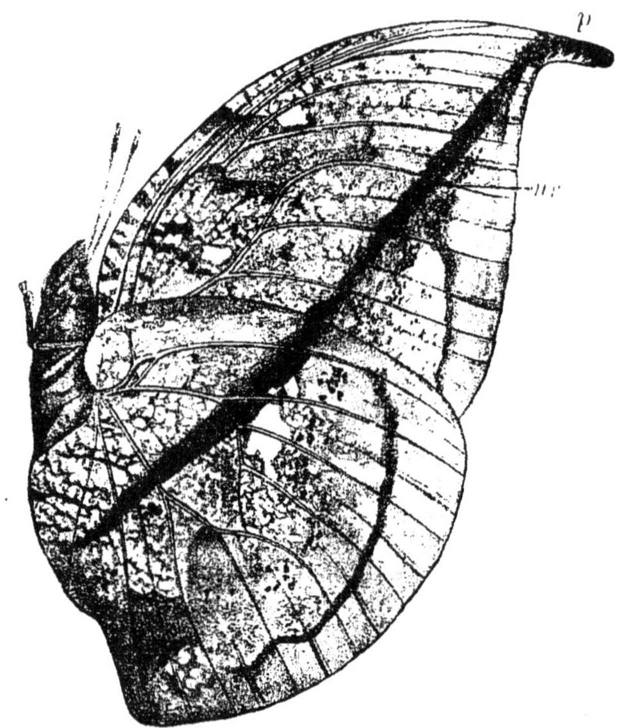

Fig. 1. — *Cœnophlebia Archidona.*

p, extrémité de l'aile formant pétiole ; — *nr*, raie simulant la nervure
médiane (d'après Weismann).

descriptions nous substituons nos propres impressions à celles que doivent percevoir les ennemis de
ces papillons. Il est certain en effet que, pour se
cacher parmi les feuilles, il suffirait d'une ressem-

blance générale. comme coloration et comme forme. beaucoup plus grossière.

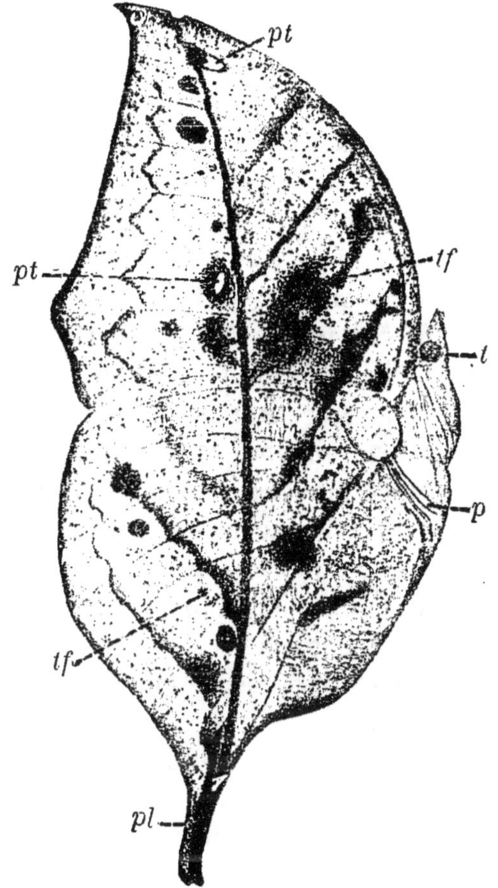

FIG. 2. — *Kallima parallecta.*

l, tête ; — *p*, pattes ; — *p l*, extrémité de l'aile formant pétiole ; — *p t*, points transparents : — *t f*, taches foncées (d'après Weismann).

Il en est de même d'autres exemples de dévelop-

pement exagéré, tel que les défenses du *Babyrussa*
(sanglier des Moluques) qui, étant enroulées sur
elles-mêmes, ne peuvent plus servir à l'animal
pour la lutte. Pour ces faits aussi, il faut évidemment chercher une autre explication que la seule
sélection naturelle.

Dans les arguments que nous avons exposés, on
envisageait les diverses variations comme isolées,
indépendantes de tout le reste de l'organisation. En
réalité, cependant, il en est rarement ainsi et les
modifications d'un organe sont étroitement liées à
d'autres, portant sur toutes les parties qui coopè-
rent avec lui dans le fonctionnement physiologique.
De là une nouvelle objection contre la toute-puissance de la sélection naturelle, objection que
Spencer a formulée ainsi : « S'il survient une modification d'un organe, un accroissement de sa taille
par exemple, qui l'adapte mieux au besoin de l'être
en question, on peut admettre que si, comme cela
arrive souvent, l'usage de cet organe exige la
coopération d'autres organes, le changement opéré
en lui ne sera d'aucune utilité tant que les parties
coopérantes ne seront pas modifiées corrélativement[1] ». Si, par exemple, chez un rongeur, la queue
se transforme de façon à donner par accroissement
graduel la queue aplatie du castor, il n'en résultera aucun avantage pour lui tant que certaines
transformations n'auront pas lieu dans les vertèbres
voisines, les muscles qui s'y attachent et proba-

1. *The inadequacy of natural selection.* (*Contemporary
Review*, fév. et mars 1893, p. 22 du tirage à part.)

blement les membres postérieurs, transformations qui leur permettraient de supporter les réactions des coups donnés par la queue. De même, un certain mode de locomotion exige la coopération et la coadaptation des membres antérieurs et postérieurs. Mais comment cette coadaptation pourrait-elle provenir de la seule sélection naturelle? Il n'y a aucune raison de supposer que la variation accidentelle et peu importante soit toujours et forcément accompagnée d'autres variations qui la rendent utile; or, s'il n'en est pas ainsi, la variation isolée peut devenir non seulement inutile, mais même nuisible.

Si, continue Spencer, les bois puissants d'un cerf ne s'accompagnent pas du développement particulier du crâne et des muscles de la tête et du cou, ils peuvent être plutôt une gêne pour l'animal. Spencer développe cette idée longuement, à l'aide de nombreux exemples, et il en conclut que, quelle que soit la marche supposée des modifications parallèles (accroissement ou décroissement simultanés, de façon à ce que les anciennes proportions entre les différentes parties soient maintenues; accroissement ou diminution indépendants, modifiant ces proportions, ou variations diverses, mais telles qu'à la fin les diverses structures soient adaptées à un but nouveau), on ne peut en trouver une explication dans l'action de la seule sélection naturelle.

A moins d'admettre un ordre de choses préétabli, on est obligé, conclut Spencer, de s'arrêter à la seule interprétation vraisemblable : les modifi-

7.

cations de structure produites par les modifications
de fonctions dans chaque individu et transmises
dans une certaine mesure à ses descendants. Alors,
toutes ces coadaptations. depuis les plus simples
jusqu'aux plus complexes, deviennent compréhen-
sibles. Dans certains cas, l'hérédité des caractères
acquis suffit pour expliquer les faits ; dans d'autres,
elle les explique en se combinant avec la sélection
des variations favorables.

Certains cas d'adaptations parallèles sont plus
difficiles à expliquer encore : ce sont ceux où les
variations doivent porter en même temps sur deux
individus différents, où, par exemple, l'appareil
copulateur du mâle doit être exactement adapté à
celui de la femelle, sous peine de rendre la fécondation impossible, ou bien les organes et les instincts d'un insecte qui assure la fécondation d'une
plante correspondent étroitement à la forme et au
mode de reproduction de la plante, et bien d'autres
cas d'adaptation réciproque encore.

Beaucoup de naturalistes, dès l'apparition même
de l'*Origine des Espèces*, ont formulé des critiques
analogues, en citant des exemples d'organes trop
compliqués, tels que l'œil des vertébrés pour la
formation desquels de nombreuses variations con-
comitantes ont été nécessaires. Nous avons vu la
réponse générale qu'y faisait Darwin, réponse
qui ne porte que contre les arguments des partisans de la fixité des espèces. Wallace, lui, invoque
un autre argument : ces changements parallèles,
dit-il, peuvent parfaitement être produits par la

sélection naturelle, puisque nous les voyons produits par la sélection artificielle. Cela nous amène à parler de l'analogie entre ces deux facteurs de l'évolution.

Cette idée, fondamentale pour Darwin et admise par lui sans discussion. n'a pas rencontré d'objections dans les premières années qui ont suivi l'extension des idées darwiniennes. Nous n'en trouvons la critique que beaucoup plus tard, dans les articles de *Contemporary Review*, de Spencer. en 1893. L'analogie, dit Spencer, ne se justifie que dans certaines limites étroites, et, dans la grande majorité des cas, la sélection naturelle est absolument incapable de faire ce que fait la sélection artificielle[1]. La principale différence entre les deux, c'est qu'un éleveur peut prendre *un seul* caractère à son choix et faire abstraction des autres, de façon à faire varier l'espèce par rapport à ce caractère seul. La nature ne peut pas choisir ainsi, car, si un individu est doué d'un caractère utile à un point de vue, un autre peut l'être à un autre point de vue. Pour qu'un caractère puisse se développer *seul* dans l'état de nature, il faut qu'il soit très prééminent ; or, ce n'est pas ce que l'on suppose lorsqu'on parle de légères variations individuelles. — Tout ce que la sélection naturelle peut faire alors, c'est de maintenir *toutes* les facultés à un certain niveau. en supprimant les individus qui se trouveraient au-dessous de lui.

1. *Inadequacy of natural selection*. (*Contemp. Review*, fév., mars et mai; tirage à part, p. 10.)

Dans les années suivantes, d'autres naturalistes (Morgan, Plate, de Vries, etc.) ont examiné de près les analogies et les différences entre ces deux modes de sélection et ont abouti également à cette conclusion qu'en réalité il y a entre eux moins de traits communs que ne l'avait cru d'abord Darwin. La différence la plus importante qu'ils trouvent, c'est que, dans la sélection artificielle. les races ou variétés produites sont instables et font retour au type ancestral aussitôt qu'on les abandonne à elles-mêmes, tandis que les nouvelles formes produites par la sélection naturelle restent constantes, tant que les conditions de leur existence ne changent pas. De Vries va même plus loin et pense que tout ce qui est produit par sélection de petites variations individuelles, que ce soit par sélection naturelle ou par sélection artificielle, est inévitablement condamné à cette instabilité, et que, par conséquent, les variétés naturelles. fixées, ne peuvent pas être produites par le même facteur que les variétés cultivées, dues à la sélection pratiquée par l'homme. Il a même basé sur cette différence une nouvelle théorie de l'origine des espèces, théorie que nous allons examiner dans un des chapitres suivants.

Quelle est maintenant la conclusion générale que nous pouvons tirer de ce long exposé des critiques diverses, adressées à la théorie darwinienne ou plutôt néo-darwinienne? Nous sommes loin de les avoir énumérées toutes : nous n'avons choisi, parmi

elles, que celles qui nous paraissaient avoir quelque
poids et auxquelles les réponses ne sont pas toutes
trouvées. Un reproche fréquemment fait à la sélection naturelle est, par exemple, celui de ne pas expliquer l'origine même des diverses variations, de
les prendre pour données, tandis que c'est cette
origine qui est le point le plus difficile. A cela, on
peut répondre qu'on ne peut demander à une théorie
que la solution des problèmes qu'elle se propose,
et pas celle des autres, et que, ces problèmes, elle
est libre de les choisir. Darwin suppose les variations déjà présentes, et, sans approfondir la question de leur origine, les appelle accidentelles.
Son explication ne commence que là, et c'est dans
les limites assignées par lui-même que nous devons
le critiquer.

D'autres arguments sont tirés du temps (trop
long suivant les uns, trop court suivant les autres)
qu'exigerait le développement du monde organique, s'il se poursuivait au moyen de la sélection
des petites différences individuelles. Des milliers
de millions d'années, nous dit-on, auraient été
nécessaires au monde organique pour se développer dans ces conditions, tandis que, d'après les
calculs des physiciens, l'existence de la terre elle-
même ne compte qu'un petit nombre de millions
d'années. W. Thompson (lord Kelvin) a été, dès
1862, amené à estimer l'âge de la terre (en se ba-
sant sur les calculs relatifs au refroidissement de
l'écorce terrestre et l'élévation de la température
dans les profondeurs) à un nombre d'années ne

dépassant pas quarante millions. Geikie a évalué l'existence de la croûte solide du globe terrestre à cent millions d'années au maximum ; d'autres calculs, faits par d'autres physiciens, ont abouti à des chiffres voisins. Mais on ne peut s'empêcher de remarquer le caractère arbitraire de ce raisonnement : les physiciens peuvent peut-être faire de ces calculs, car ils possèdent des unités telles que le refroidissement dans un temps donné, mais sur quoi se baserait le biologiste qui ne voit pas se former d'espèces devant lui et ne peut se représenter, même approximativement, le temps que cela exigerait ?

Ce que nous pouvons, semble-t-il, conclure de toute la discussion, c'est que le sens des termes « lutte pour l'existence » a été à tort rétréci et réduit à la seule concurrence entre les individus. La lutte se poursuit sur une échelle beaucoup plus grande entre les espèces, de même qu'entre les êtres vivants et le milieu inorganique qui les entoure. Les particularités toutes individuelles ne suffisent pas, dans un très grand nombre de cas, à donner dans ce combat des chances de victoire : il faut pour cela des variations plus générales, portant sur un grand nombre d'individus à la fois et devenant la source d'adaptations nouvelles. La sélection naturelle existe incontestablement ; mais, lorsqu'elle a lieu au sein d'une même espèce, elle a plutôt pour résultat d'éliminer ce qui est au-dessous du niveau moyen que de faire évoluer plus haut encore ce qui est au-dessus. Son rôle ici semble être plutôt vaguement régulateur que créateur.

La théorie sélectionniste de Darwin a été une sorte de vue d'esprit rendue nécessaire par l'état de la science de son temps. Les travaux ultérieurs devaient réduire à une valeur plus juste l'hypothèse primitive, trop schématique ; elle n'en a pas moins rendu à la science un service dont il est difficile même d'apprécier toute l'étendue.

A la notion de la sélection naturelle se rattache (et surtout se rattachait dans l'esprit de Darwin) une autre, auxiliaire : celle de la sélection sexuelle. Nous allons l'examiner brièvement.

CHAPITRE VI

La sélection sexuelle.

L'origine des caractères sexuels secondaires. — L'hypothèse
de Darwin ; les critiques formulées contre elle. Le rapport numérique entre les mâles et les femelles. — Le sens
esthétique des femelles. — Les caractères ornementaux
des animaux à fécondation externe. — Les nouvelles
hypothèses : les signes de reconnaissance, le désir d'ef-
frayer l'adversaire, l'excès d'énergie des mâles, la sécrétion
interne des organes génitaux.

Certains caractères des animaux avaient frappé
l'esprit de Darwin par ce fait qu'ils ne se laissent
pas expliquer par la sélection naturelle, ne présentant aucune utilité pour la conservation de l'espèce. Tels sont les nombreux caractères qui, chez
les êtres les plus variés, créent des différences
extérieures entre les individus des deux sexes, sans
être directement utiles pour l'acte de la reproduction ou l'élevage des jeunes. Quelquefois ces caractères tiennent à la différence du genre de vie du
mâle et de la femelle, l'un, par exemple, menant
une vie libre, l'autre une vie fixée, comme chez

certains crustacés parasites ; le dimorphisme sexuel s'explique alors par la sélection naturelle ordinaire. Mais les couleurs éclatantes de beaucoup d'oiseaux (perroquets, paons, colibris), de papillons, de poissons ; les crinières, les touffes de poils diverses de beaucoup de mammifères ; le chant des oiseaux, leurs danses et leurs parades ; les ornementations de toute sorte qu'on observe chez tant d'êtres, ne semblent servir à aucun usage. Le fait qu'ils se rencontrent ordinairement dans un des sexes seulement, chez le mâle, tandis que la femelle en est dépourvue, et que souvent même ces caractères particuliers n'apparaissent que pendant la saison de la reproduction, a suggéré à Darwin l'idée qu'ils doivent avoir une utilité relative à cette fonction et s'être développés grâce à une sélection d'un genre spécial. Cette sélection qui s'est exercée en raison des caractères sexuels a reçu de Darwin le nom de *sélection sexuelle*. Elle a pour résultat non plus de permettre aux plus aptes de survivre, mais de donner à certains individus un avantage sur d'autres, du même sexe, soit en leur fournissant la possibilité de se reproduire à l'exclusion des autres, soit, pour des raisons qui seront indiquées plus loin, en assurant à cette reproduction des conditions meilleures au point de vue du nombre et de la vigueur des descendants. Et comme ce sont les mâles qui se disputent les femelles, la sélection sexuelle agit entre eux, et ceux qui ont les meilleures armes dans cette lutte pacifique : couleurs vives, voix mélodieuse, etc., seront choisis par les femelles de préférence aux autres.

Mais ces caractères de luxe ne déterminent pas seuls quels sont les mâles qui pourront s'assurer les possessions des femelles : il y a, à côté d'eux, de vrais armes de combats tels qu'ergots des coqs, bois des cerfs, etc. Bien que ces organes puissent être également utiles dans la lutte pour l'existence, Darwin les confond avec les précédents et leur accorde, dans la sélection sexuelle, une place au moins aussi importante.

Ici une question se pose. Chez les animaux où les mâles sont plus nombreux que les femelles, la façon dont la sélection sexuelle s'exerce se comprend d'elle-même : les mieux doués ou les plus forts trouvent seuls des femelles et transmettent leurs avantages à leurs descendants. Darwin constate qu'il en est réellement ainsi chez quelques mammifères, beaucoup d'oiseaux, certains poissons et certains insectes; la polygamie produit le même résultat, car si chaque mâle prend plusieurs femelies, beaucoup de mâles resteront non appariés. Mais chez la plupart d'animaux la proportion numérique des deux sexes est sensiblement la même; voici comment, d'après Darwin, la sélection sexuelle agit alors pour produire le même résultat. Chez les oiseaux migrateurs, par exemple, on voit toujours les mâles arriver dans le pays où la reproduction a lieu avant les femelles ; ils peuvent donc se disputer les premières d'entre elles qui viennent. De même, chez les insectes, les premiers individus

sortis de la pupe à l'état d'imago sont généralement des mâles. D'autre part, parmi les femelles,
les plus vigoureuses et les plus fortes sont prêtes
à se reproduire avant les autres, et comme les
mâles se les disputent, les vainqueurs, plus forts
ou mieux ornés, prendront ces premières femelles,
les meilleures. Les suivantes, plus faibles, auront
en partage les mâles vaincus; leur descendance
sera donc moins nombreuse et moins bien douée
que celle des premiers couples. « Et il y a là tout ce
qu'il faut, conclut Darwin, pour, dans le cours des
générations successives, soit ajouter à la taille, la
force et le courage des mâles, soit améliorer leurs
armes défensives[1]. »

Mais dans beaucoup de cas, la femelle semble
exercer elle-même un choix, en préférant le mâle
le plus richement coloré, le plus orné, le meilleur
chanteur, etc. Darwin cite un très grand nombre
d'exemples (chez les oiseaux surtout) où le mâle
cherche réellement à séduire la femelle. Ainsi, les
rossignols ne vont pas vers les femelles, mais se mettent à chanter plusieurs en même temps et les femelles, attirées, viennent choisir entre eux. D'autres
oiseaux exécutent des danses et parades d'amour
diverses. « Dans l'Amérique du Nord, raconte Darwin, un grand nombre d'individus d'une espèce de
Tetras (*T. phasaniellus*) se rassemblent tous les ma-
tins pendant la saison de reproduction, sur un endroit

1. CH. DARWIN, *La descendance de l'homme et la sélection
sexuelle*, t. I, p. 283 (Ed. Reinwald, 1872, trad. J.-J. Moulinié.

choisi, uni, où ils se mettent à courir dans un cercle de quinze à vingt pieds de diamètre, dans lequel, en tournant toujours, ils finissent par dégazonner la piste. Dans ces danses de perdrix, comme les chasseurs les appellent, les oiseaux prennent les attitudes les plus baroques, faisant leurs tours les uns à droite, les autres à gauche [1]. » Voici quelques autres exemples où les mâles cherchent à charmer les femelles par l'étalage de leurs ornements. « Chez les oiseaux de paradis, une douzaine ou plus de mâles en plumage complet se rassemblent sur un arbre pour leur partie de danse, comme l'appellent les indigènes; et se mettent à voleter ça et là, élevant leurs ailes, redressant leurs plumes si élégantes et les faisant vibrer en produisant, selon l'observation de M. Wallace, l'illusion que l'arbre est rempli de plumes oscillantes (p. 90). » Le paon, lorsqu'il veut se faire voir, « étale et redresse sa queue dans le sens transversal, car il se place en face de la femelle et exhibe en même temps sa gorge et sa poitrine si richement colorées en bleu ». Un autre oiseau dont l'ornementation ressemble à celle du paon, le Polyplectron, prend une attitude un peu différente. Il a « le poitrail sombre et les ocelles ne sont point circonscrits aux rectrices. En conséquence, le Polyplectron ne se tient pas en face de la femelle; mais il redresse et étale ses rectrices un peu obliquement, en abaissant l'aile du même côté et relevant l'aile opposée. Dans cette position, il expose à la vue de la femelle

1. *Ibid.*, t. II, p. 70.

admiratrice l'étendue totale de la surface de son corps parsemée de ces ocelles (p. 92) ». Et il y a toute une série d'exemples analogues d'oiseaux exotiques ou de nos pays (bouvreuils, pinsons, linottes, chardonnerets, etc., etc.) où les mâles cherchent à charmer les femelles en prenant des attitudes où leurs ornements, qu'ils soient riches ou peu abondants, sont le mieux vus. Ce sont ces caractères, attrayants ou utiles aux mâles pour les combats entre eux, qui, transmis à leurs descendants et accumulés de la même façon que sous l'action de la sélection naturelle, produisent à la fin cette grande diversité de caractères extérieurs qu'on constate entre les mâles et les femelles.

La théorie de Darwin, émise pour compléter celle de la sélection naturelle, trouva immédiatement un bon accueil parmi les naturalistes et pendant longtemps fut admise par eux sans discussion. Elle l'est encore par certains sélectionnistes exclusifs, tels que Weismann. Cependant, Weismann y introduit quelques modifications et quelques réserves : ainsi, il délimite plus nettement ce qui, selon lui, peut trouver une explication dans la sélection naturelle ordinaire (comme, par exemple, les armes de combat entre les mâles), et restreint ainsi le champ d'application de la sélection sexuelle; de plus, il ne suppose pas toujours de la part de la femelle un choix conscient, guidé par les mobiles esthétiques, mais pense que certaines manifestations de l'excitation sexuelle chez le mâle peuvent simplement influencer la femelle de façon à produire en elle une excitation analogue. C'est ainsi que pourraient agir certaines odeurs. En même temps, Weismann attire l'attention sur cette considération que les caractères sexuels secondaires qui apparaissent d'abord chez un sexe seulement peuvent, par la suite, se transmettre héréditairement aux deux sexes et devenir des caractères différentiels d'une nouvelle espèce. La sélection sexuelle apparaîtrait ainsi comme un facteur plus puissant encore qu'on ne le croyait[1].

Cependant, à l'heure actuelle, cette hypothèse de Darwin est soumise à de nombreuses critiques et même rejetée par la plupart des naturalistes. Nous allons exposer, en quelques mots, les principales objections qui ont été élevées contre elle par divers auteurs.

Certaines de ces objections s'adressent à l'hypothèse de la prédominance numérique des mâles, hypothèse qui serait nécessaire à la théorie de la sélection sexuelle. Et comme dans la plupart des espèces, au moins parmi les vertébrés, les deux sexes sont approximativement égaux en nombre, les possesseurs des caractères attractifs, disent ces critiques, ne se reproduisent pas seuls à l'exclusion des autres : même s'ils sont les préférés, les autres finissent aussi par trouver une femelle. Et dans ces conditions, il est difficile qu'un caractère se développe et se fixe, car le nombre d'individus qui le possèdent ne sera pas plus consi-

____

1. *Vorträge über Descendenztheorie*, I, ch. XI.

dérable dans la deuxième que dans la première génération.

Nous avons vu que Darwin lui-même est loin de prendre l'inégalité numérique originelle entre les sexes pour base de ses déductions et qu'il fait plutôt intervenir une inégalité numérique créée par des conditions temporaires. Que la solution donnée par lui soit satisfaisante ou non, cette objection n'en porte pas moins à faux.

On pourrait, il est vrai, supposer, dit-on encore, que les mâles pourvus de caractères ornementaux sont, en même temps, plus vigoureux et produisent une descendance plus nombreuse ou plus résistante, mais une pareille corrélation n'a pas été observée et cette supposition serait arbitraire. A supposer même que, pour une raison ou pour une autre, les résultats de la sélection sexuelle arrivent à se maintenir et que tous les mâles qui sont dépourvus de caractères d'ornementation soient réellement éliminés par les femelles au moment de la reproduction, ce serait là, disent ceux qui font valoir cet argument, un processus non seulement inutile, mais même nuisible au point de vue du bien de l'espèce; il devrait alors tomber sous l'action de la sélection naturelle et disparaître.

Le fait de la sélection par les femelles n'a pas été constaté expérimentalement, disent d'autres. Darwin a accepté par avance cette critique. Il donne de nombreux exemples des efforts du mâle à séduire la femelle, mais très peu où l'on voie directement le choix exercé par cette dernière. Aussi conclut-il à sa réalité pour des raisons d'ordre général : on sait que les animaux distinguent les couleurs, les sons, les odeurs ; on peut donc leur supposer des préférences, des rudiments de goûts esthétiques, d'autant plus que ces derniers ont bien dû se développer graduellement pour devenir ce qu'ils sont chez l'homme. C'est certainement très vrai, mais il est vrai aussi que nous nous exposons à des erreurs nombreuses en attribuant aux animaux, surtout aux animaux inférieurs, un sentiment esthétique analogue au nôtre. Chez certains (les araignées par exemple), la vue est même trop imparfaite pour saisir les différences dont il s'agit. Certaines manifestations des mâles, telles que les danses des insectes, qu'on attribue à la sélection sexuelle, se passent dans des conditions où elles ne peuvent produire aucune impression sur les femelles : le tourbillon dansant est composé exclusivement de mâles, sans aucune femelle dans le voisinage. Et lorsque les oiseaux chantent, la voix d'un mâle qui se trouve plus près peut parfaitement paraître à la femelle plus forte, sans qu'il soit véritablement meilleur chanteur[1].

Les caractères ornementaux ne sont pas d'ailleurs toujours limités à un sexe ; c'est bien le cas le plus fréquent, mais non pas une règle absolue, et la théorie ne nous explique qu'avec peine les exemples où les deux sexes possèdent ces caractères au

---

1. Ces deux derniers exemples sont mis en avant par V. L. Kellogg, *Darwinism to-day*, p. 115.

même titre, ou même les femelles plus que les mâles. Mais ce qui parle surtout contre elle, ce sont les couleurs vives des mâles pendant la saison de la reproduction chez les animaux tels que les poissons, où la fécondation est externe et la femelle pond les œufs dans l'eau, sans jamais voir le mâle qui viendra les féconder. Ici, il ne peut évidemment être question d'aucune sélection, et si on réussit à trouver une explication différente de ces faits, elle sera peut-être également valable pour tous les autres, et la théorie de la sélection sexuelle deviendra inutile.

Certaines expériences, faites sur des insectes, fournissent également contre elle des arguments intéressants. Ainsi, Mayer et Soule colorent artificiellement les ailes des mâles d'un papillon, *Porthetria dispar*, et le changement de coloration ne produit aucune différence dans l'attitude des femelles; par contre, elles se montrent sensibles à la présence ou l'absence d'ailes et opposent une certaine résistance aux mâles auxquels les ailes ont été arrachées[1]. Le caractère ornemental reste donc en dehors de l'action de la sélection sexuelle qui s'exerce sur un caractère (la présence d'ailes) dont personne ne lui attribue l'origine. Mayer a fait une autre expérience curieuse, plus décisive encore peut-être : chez un autre papillon (*Callosamia promethea*), où le mâle possède une coloration noirâtre et la femelle est rouge-brun, il

1. A. G. MAYER and C. G. SOULE : *Some reactions of Caterpillars and moths. (Journ. exper. Zool.*, III, 1906.)

coupait les ailes et collait aux mâles des ailes de femelles et réciproquement : aucune perturbation dans l'attitude des insectes n'en résultait[1]. Même l'absence totale d'ailes ne produisait sur eux aucune impression; en même temps, les expériences faites sur ces papillons et sur le *Porthetria* ont montré que les mâles sont guidés par une certaine odeur émanant des femelles.

D'autres objections encore ont été formulées. T.-H. Morgan[2] en énumère vingt : les plus importantes sont celles que nous venons d'exposer. La conclusion qui semble s'en dégager c'est qu'il faut, en effet, chercher, pour la majorité du moins de ces faits, une autre explication. Celle de Darwin, ici encore, a rendu un service très grand en fournissant une explication naturelle et exempte de toute considération finaliste; elle s'est maintenue autant qu'il a fallu pour habituer les esprits à ne se contenter que de ce genre d'explications; elle peut maintenant faire place à une autre, plus conforme aux faits expérimentaux et appuyée sur les recherches faites depuis.

Les hypothèses ne manquent pas sur cette question. Certains naturalistes émettent l'idée que les caractères de coloration des mâles sont des signes de reconnaissance, mais cela ne nous explique pas pourquoi les mâles seuls ont besoin de ces signes : il semblerait, au contraire, que les femelles étant

1. Cette dernière expérience est citée par Kellogg, l. c., p. 122.

2. T.-H. Morgan, *Evolution and adaptation*, 1903, p. 167-221.

généralement passives et recherchées par les mâles, ce sont elles qui auraient besoin d'avoir des caractères distinctifs pour que les mâles puissent les reconnaître.

Il existe aussi une explication, d'après laquelle certains caractères sans utilité peuvent résulter du désir des mâles de paraître à leurs rivaux plus effrayants qu'ils ne sont en réalité (les bois compliqués des vieux cerfs, par exemple): mais c'est là une supposition au moins aussi, sinon plus, arbitraire que celle de la sélection par les femelles.

Une autre hypothèse, plus probable, semble-t-il, et déjà indiquée légèrement par Darwin lui-même, c'est que les mâles des espèces où les caractères ornementaux sont présents possèdent un excès d'énergie, et que c'est cet excès qui se manifeste dans certaines structures (pigmentation plus accentuée, plumage plus abondant); les différents mouvements spéciaux (danses, etc.), sont les conséquences d'une excitation sexuelle plus grand. . Cependant cette explication reste un peu vague tant que nous ne savons pas comment cet excès d'énergie agit pour produire, par exemple, une coloration plus vive.

Une dernière hypothèse qui nous paraît indiquer la bonne voie à suivre dans cette question et qui d'ailleurs a certains points communs avec la précédente, est celle d'après laquelle les caractères sexuels secondaires résulteraient d'une cause tenant directement à l'état des organes sexuels, telle qu'une sécrétion interne qui agit sur les tissus de l'organisme. C'est Emery qui a le premier proposé cette explication [1]; depuis beaucoup d'expériences variées ont confirmé que la suppression de ces organes ou de certaines de leurs parties amène la disparition de ces caractères. Il faut citer surtout les recherches de Bouin et Ancel sur la glande interstitielle du testicule des mammifères, dont la conclusion est que c'est bien la sécrétion de cette glande qui détermine les caractères sexuels secondaires et mêmes l'instinct sexuel. En même temps, d'autres recherches ont montré que des modifications chimiques spéciales se produisent dans les tissus de certains animaux (des poissons, par exemple) à l'époque de la reproduction.

Mais si la théorie de la sélection sexuelle est destinée à disparaître, il ne faut pas exagérer l'importance que cela peut avoir pour les théories darwiniennes en général. Certains naturalistes la considèrent comme une auxiliaire si indispensable de la théorie de la sélection naturelle qu'ils croient celle-ci compromise parce que celle-là semble être condamnée. Nous ne voyons pas du tout pourquoi il en serait ainsi : Darwin n'a pas pu expliquer par la sélection naturelle certains faits pour lesquels il s'est vu obligé de créer une théorie spéciale. Une autre théorie spéciale peut la remplacer sans que pour cela les faits explicables par la sélection naturelle cessent de l'être. La fausseté, même pleinement reconnue, de l'idée de la sélection sexuelle ne peut donc aucunement servir d'arme aux mains des adversaires de la sélection naturelle.

1. *Gedanken zur Descendenz-und Vererbungtheorie.* (*Biologisches Centralblatt*, 1903, p. 397-420.)

CHAPITRE VII

Les théories de l'hérédité. — Les « unités physiologiques » de Spencer.

Lien entre les théories de l'évolution et celles de l'hérédité.
— Hypothèses sur la structure du protoplasma. — Les
microméristes et les organicistes. — Les particules unifor-
mes et les particules représentatives. — Les «unités physiologiques » comme type des premières. Leurs propriétés :
explication des phénomènes biologiques. — Le principe de
la conservation de la force et celui de l'instabilité de
l'homogène. — Autres hypothèses analogues.

Par tout ce qui précède, nous avons pu voir à
quel point la question de l'évolution phylogénétique des êtres était liée à celle de leur développement individuel, de la transmission de leurs caractères aux descendants et de l'apparition en eux de
caractères nouveaux. Et il n'en peut être autrement, car c'est l'hérédité des variations produites
qui les rend non pas individuelles et momentanées,
mais constantes et caractéristiques de l'espèce.
Aussi certaines théories de l'évolution sont-elles
indissolublement liées à certaines conceptions déterminées de la transmission héréditaire. C'est

9

pourquoi un exposé au moins des principales vues régnantes sur ce sujet doit naturellement trouver place ici.

Ce qu'on remarque tout d'abord, quand on envisage les différentes hypothèses formulées, c'est que deux questions, en réalité distinctes, y sont examinées ensemble et résolues ensemble, la réponse à l'une dépendant étroitement de celle donnée à l'autre. C'est, d'une part, l'hérédité même, c'est-à-dire l'explication de la *ressemblance* entre parents et enfants et celle du mécanisme même de la transmission des différents caractères. C'est, d'autre part, la question du développement embryonnaire. Comment d'une cellule-œuf apparemment si simple peuvent dériver toutes les différentes parties d'un organisme compliqué? Quels·sont les facteurs de la différenciation ontogénétique? C'est surtout la première de ces deux questions qui doit nous occuper ici, mais comme toute théorie répondant à l'une donne nécessairement une réponse, ne serait-ce qu'incomplète, à l'autre, nous sommes obligés de les envisager ensemble.

Nous n'allons pas faire ici l'historique des différentes vues sur la génération et la transmission héréditaire. La discussion entre spermatistes et ovistes, la théorie qui portait le nom d' « évolutionniste », nom qui sonne maintenant tout à fait autrement à notre oreille, et qui croyait à la *préformation* dans l'œuf ou dans le spermatozoïde de l'animal tout entier, n'ayant ensuite qu'à se dépouiller de son enveloppe et grandir, la théorie opposée de *l'épigenèse*, tout cela n'a plus pour nous qu'un intérêt historique. Il faut pourtant avouer que les idées actuelles ne sont pas si entièrement étrangères à ces vues surannées, et que dans certaines théories de l'hérédité en vogue aujourd'hui on constate un état d'esprit incontestablement parent de celui des anciens « évolutionnistes «. Weismann ne dit-il pas lui-même que, parmi les anciennes écoles, c'est au sein de cette dernière qu'il trouverait les premiers protagonistes de ses doctrines?

Quoi qu'il en soit, actuellement la clef de l'hérédité ne peut être cherchée que dans une certaine conception de la matière vivante constituant la cellule, du protoplasma. Ses propriétés, héréditaires ou non, doivent nécessairement résulter de sa constitution physico-chimique. Mais la chimie des albuminoïdes et les propriétés des corps colloïdes, dont l'étude se développe de plus en plus et semble devoir nous donner certaines explications des phénomènes observés dans la cellule vivante, ne sont que très imparfaitement connues encore. Nous avons, d'une part, les molécules chimiques, d'autre part, des organes déjà compliqués que l'étude histologique nous montre dans la cellule; mais quel est le groupement des molécules et quel est l'arrangement spécial qui distingue le complexe d'albuminoïdes qui constitue la substance vivante de cette même substance lorsqu'elle est morte? Qu'est-ce qui, dans la constitution du protoplasma, détermine son caractère de *vie?* Là, nous sommes entièrement réduits aux hypothèses. Elles ne sont pas directement vérifiables et ne peuvent être jugées par nous qu'à ce point de vue seul : telle conception donne-t-elle une explication vraisemblable des différents phénomènes vitaux : ontogénèse, hérédité, variation, etc.? Ces hypothèses sont nécessaires, car nous ne pouvons nous résigner à n'avoir aucune idée sur ces questions qui nous passionnent plus que toutes les autres. De plus, seule une hypothèse qui guide le chercheur peut faire avancer l'étude de ce problème; c'est elle qui éclaircira les faits particuliers, les mettra en valeur et montrera la direction à suivre plus loin.

Cependant, à l'hypothèse aussi nous devons poser certaines conditions. Sans parler de cette condition essentielle, qu'il faut qu'elle ne contredise aucun fait connu, elle doit n'être pas trop artificiellement bâtie et ne pas multiplier à l'infini le nombre des suppositions arbitraires. Elle ne doit pas permettre de se contenter d'une solution imaginaire là où, dans l'état des connaissances, il est du devoir d'un savant de rester sur le terrain des faits positifs. Il y a des hypothèses auxiliaires indispensables et des généralisations vivifiantes ; telle est la grande idée fondamentale de la biologie : la conception mécaniste, physico-chimique de la vie, qui stimule les recherches dans toutes les directions, et il y en a d'autres (comme telles théories de l'hérédité que nous aurons l'occasion d'examiner) qui donnent une satisfaction trop facile à notre esprit, qui embrassent tout, expliquent tout et, si une difficulté se présente, la résolvent en construisant à chaque pas une nouvelle hypothèse adjuvante.

La grande majorité des théories créées en vue d'une explication des phénomènes de la vie, et par conséquent de l'hérédité, repose sur cette supposition qu'entre les molécules chimiques et les organes de la cellule visibles au microscope il se place encore une catégorie d'unités : des particules protoplasmiques initiales qui, par leurs caractères et leur mode de groupement déterminent les diverses propriétés de la matière vivante.

Cette idée, bien qu'elle ne soit pas entièrement nouvelle et qu'on puisse la faire remonter jusqu'à Buffon, avec ses particules immortelles se dissociant après la mort, mais pouvant reformer de nouvelles combinaisons vivantes, triomphe actuellement dans les doctrines les plus en vogue et semble trouver un argument en sa faveur dans les recherches, déjà anciennes, de Mendel sur lesquelles l'attention des savants a été récemment attirée.

Les partisans de cette sorte de théories ne règnent cependant pas sans partage, bien qu'ils soient de beaucoup les plus nombreux : certains naturalistes pensent, au contraire, que la forme du corps et les propriétés de ses différentes parties ne dépendent pas d'une fraction quelconque de la cellule qui lui a donné naissance, mais du *tout*, et qu'elles résultent du jeu et de la lutte réciproque de tous les éléments, cellules, tissus, organes, qui vivent cha-

cun leur vie propre et arrivent à la fin à produire ce
tout qui paraît être la manifestation d'une harmonie
préétablie et qui n'est en réalité qu'une résultante de
phénomènes indépendants. Leurs conceptions re-
montent assez loin, jusqu'à Descartes, mais elles
se sont si profondément modifiées que rien, en
somme, ne subsiste des anciennes idées et qu'actuellement nous avons affaire, chez les « organicistes », représentants de cette tendance, à des
théories toutes modernes.

Commençons par la première catégorie de systèmes. Ils ont été longuement décrits, sous le nom
de théories *microméristes*, dans un travail précédent, beaucoup plus détaillé et que nous avons
déjà eu l'occasion de citer [1]. Ici, où nous ne traitons
pas spécialement des questions d'hérédité, nous ne
pouvons qu'indiquer les représentants les plus
typiques et les plus influents de ces théories.

En opérant un classement parmi ces théories,
nous voyons tout d'abord que certaines considèrent les particules hypothétiques du protoplasma
comme identiques entre elles, les mêmes pour
tous les organes et toutes les parties d'un même
organisme; les différences ne résultent que du
mode d'agencement, des forces attractives agis-
santes, du mode de mouvement de ces particules. Voici, par exemple, comment se figure les
choses Spencer qui formula le premier une théorie

1. YVES DELAGE. *L'hérédité et les grands problèmes de la
biologie générale.*

basée sur les particules protoplasmiques et peut, à juste titre, être considéré comme l'initiateur, le père de cette idée qui s'est montrée si féconde par la suite.

Spencer donne aux plus petites particules de la matière vivante le nom *d'unités physiologiques*. Ces unités seraient d'un ordre intermédiaire entre les *unités chimiques* (molécules) et les *unités morphologiques* (cellules); elles seraient composées de molécules et elles-mêmes constitueraient les cellules. La forme de l'organisme résulterait de leur arrangement, et celui-ci tiendrait à la forme des particules elles-mêmes : Spencer admet autant de catégories de ces unités élémentaires qu'il y a de races d'êtres vivants, chacune de ces catégories fournissant une forme donnée d'organisme.

Pour mieux faire comprendre leurs propriétés, Spencer compare les unités physiologiques aux substances cristalloïdes. Comme ces dernières, elles seraient douées de polarité, et, de même que les molécules chimiques d'une substance cristalloïde se groupent toujours en un cristal de forme définie (cube, prisme, rhomboèdre, etc.) de même les unités physiologiques se grouperaient toujours de façon à constituer un organisme d'une forme qui peut être très compliquée, mais qui est toujours la même pour un être d'une espèce donnée. Du seul jeu de cette polarité, chaque unité serait forcée de prendre la forme de l'espèce à laquelle elle appartient : un oiseau aurait des plumes, un bec, des organes internes de telle forme, comme le cristal correspondant à une substance déterminée aura toujours des faces formant entre elles des angles donnés et reproduisant une forme fixe.

Cependant Spencer voit une différence : l'agrégat que présente la substance vivante est plus complexe qu'aucune autre combinaison de molécules chimiques; aussi est-il plus instable et plus plastique et son équilibre est-il plus facilement rompu sous l'influence des diverses forces incidentes. Dans la cristallisation, la forme obtenue est toujours rigoureusement la même, et rien ne peut faire qu'une substance qui se cristallise en prisme droit fournisse un prisme un peu oblique ou à faces pas tout à fait parallèles. La polarité des unités physiologiques est plus délicate, plus sensible; elle exige, pour se manifester, des conditions très précises et se plie à certaines influences. Ces influences peuvent apporter de légères modifications à l'édifice, sans le détruire et sans que le plan général de la disposition se trouve altéré. Il en résulte que, bien qu'il n'y ait qu'une sorte d'unités physiologiques par espèce, les individus d'une même espèce peuvent présenter de légères différences entre eux; cette malléabilité relative explique la possibilité des variations individuelles sans nous obliger à imaginer autant de sortes d'unités qu'il y a d'individus.

Mais les différences entre les individus ne sont pas les seules qui existent : il y a aussi celles entre les caractères histologiques. Elles résultent de ce que les unités, identiques entre elles au point de vue de leur polarité (caractéristique de l'espèce) et des légères variations de cette polarité (caractères individuels) éprouvent diversement, au cours du développement embryonnaire, l'action des forces incidentes (ne serait-ce qu'en raison de la situation différente des cellules dans l'espace), et subissent certaines modifications dans leur nature. Les unités qui constituent le muscle ne sont pas tout à fait identiques à celles du tissu osseux. Elles ont bien la même forme, mais sont comme des cristaux de deux substances différentes, revêtant le même type cristallin. Ces différences de nature n'atteignent d'ailleurs pas les caractères anatomiques des organes : dans toute l'étendue du corps les unités physiologiques d'un même tissu sont identiques.

L'hérédité s'explique ainsi d'une façon toute simple : l'élément reproducteur, œuf ou spermatozoïde, est en somme un petit amas d'unités physiologiques, douées de la polarité caractéristique de l'espèce; lorsque ces unités se trouvent dans les conditions qui permettent leur développement, elles s'arrangent tout naturellement de la même façon que chez les parents. Cela explique l'hérédité des caractères spécifiques; quant aux traits individuels qui résultent de certaines différences dans les unités physiologiques des deux parents (lorsqu'il s'agit d'amphimixie), il se produit entre ces unités une espèce de conflit qui se termine par l'attribution au descendant d'un mélange des caractères des deux parents.

Il est moins facile d'expliquer la transmission des caractères non pas innés, mais acquis au cours de l'existence sous l'influence des conditions extérieures. Comment une modification ainsi produite chez l'être adulte peut-elle retentir sur ses unités physiologiques de façon à atteindre les produits sexuels et, par eux, l'être futur? Voici comment Spencer conçoit les choses. Un organisme est une combinaison de parties qui, toutes ensemble, constituent un équilibre mobile; si cet équilibre est troublé en un point, la modification s'étend à tout l'organisme et l'être que donnera cet organisme modifié ne pourra plus être identique à celui qu'il aurait donné avant la modification survenue. « Comme, d'une part, dit Spencer, les unités physiologiques se disposent, en vertu de leurs propriétés polaires spéciales, pour former un organisme d'une structure spéciale, d'autre part aussi, si la structure de cet organisme est modifiée par la fonction modifiée, elle imprimera une modification correspondante aux structures et aux propriétés polaires de ses unités... Si des actions incidentes font prendre à l'agrégat une nouvelle forme, ses forces doivent tendre à remodeler les unités d'une façon harmonique à cette nouvelle forme. » Et alors, « ces unités, lorsqu'elles seront séparées sous forme de centres de reproduction, tendront à s'édifier en un agrégat modifié dans la même direction[1] ».

1. *Principes de Biologie*, t. I, p. 311. (Trad. Cazelles, 1888.)

L'explication est, comme on le voit, toute théorique, Spencer s'efforçant moins de montrer par quel processus physiologique exact s'opère cette répercussion, que de la mettre en accord avec certains principes généraux (les « premiers principes » fondamentaux), tels que la conservation de la force. Dans un même individu, au cours de son existence, « toutes les divergences fonctionnelles et structurales que nous voyons se produire sous l'influence d'une force incidente nouvelle, continueraient nécessairement de croître jusqu'à ce que la nouvelle force incidente fût contre-balancée ». Mais rien ne se trouve changé du fait du « remplacement d'un individu continuellement existant par une succession d'individus naissant chacun de la substance modifiée de son prédécesseur... la persistance de la force s'opposant à toute autre conclusion[1] ».

Un autre principe général, très important pour toute la philosophie de Spencer, celui de l'*instabilité de l'homogène*, donne la raison de la variation. Ce principe a pour conséquence que deux cellules germinales, deux individus d'une même espèce, fussent-ils à l'origine identiques, doivent devenir, à un moment donné, différents entre eux, par le seul fait qu'ils occupent des points différents dans l'espace et se trouvent sous l'influence de forces non identiques. Car des causes différentes, agissant sur des objets semblables doivent nécessairement produire des conséquences différentes.

1. *Ibid.*, p. 527.

sous peine de manquer au principe de la conservation de la force.

La théorie de Spencer fut formulée en 1864, et,
depuis, toutes les autres, y compris la pangenèse de
Darwin, y puisèrent. C'est elle qui traça la voie à
ceux qui, plus tard, vinrent l'approfondir et la développer davantage. Son côté faible, c'est d'avoir
souvent mis en avant des principes d'ordre général, tels que la *conservation de la force* ou l'*instabilité de l'homogène*, là où l'on souhaiterait une
explication physiologique précise. Lorsque Spencer
dit, par exemple, qu'aucune influence exercée sur
l'organisme ne peut se perdre, mais doit se réper-
cuter sur ses descendants, on peut lui faire cette
objection que la force appliquée peut aussi bien
trouver à se dépenser ailleurs et sous une autre
forme et que, se fût-elle manifestée nécessairement dans une modification des descendants, rien
ne prouve que cette modification doive être du
même ordre que celle éprouvée par le parent. Tous
les faits de la transformation de l'énergie démontrent
que cela n'est pas du tout nécessaire, l'énergie
mécanique, par exemple, se transformant en chaleur, la chaleur en lumière, etc.

Quant à l'idée même des *unités physiologiques*,
on peut tout d'abord lui opposer cette objection
que ces unités ne possèdent pas dans leur polarité, seul caractère spécifique que Spencer leur
reconnaît, des possibilités de produire des formes
aussi compliquées que celles des organismes. De
plus, le problème de l'hérédité lui-même ne reçoit

une solution que dans la mesure où nous concédons aux unités tout ce que Spencer leur attribue, et cela seulement pour les caractères innés; l'hérédité des caractères acquis reste inexpliquée, le principe de la conservation de la force étant manifestement insuffisant.

L'idée des particules initiales identiques entre elles comme nature a formé la base d'un certain nombre d'autres théories que nous n'examinerons pas ici. Les uns attribuent leurs diverses propriétés à une certaine forme géométrique des particules, d'autres à leur mode de mouvement (Haacke. Dolbear, Hæckel, Cope, etc.), mais aucune ne fait faire un pas notable à la question après Spencer, et dans toutes nous avons, en somme, la même explication de l'hérédité : l'être ressemble à ses parents parce qu'il procède d'une cellule de ces derniers et que les particules dont cette cellule est formée (unités biologiques, plastidules, etc.) possèdent des propriétés (polarité, forme de mouvement) caractéristiques de l'organisme donné et ne peuvent produire qu'un organisme semblable. Entre le tout et la partie il y a non seulement un lien, mais une identité profonde, les différences n'étant que purement quantitatives.

Si intéressantes que puissent être ces théories pour la question de la constitution du protoplasma et la nature du phénomène vital, elles sont obligées, pour l'explication des caractères héréditaires, de rester dans le vague.

Pour obtenir des explications plus précises, nous devons nous tourner vers les systèmes où les particules hypothétiques ne sont plus seulement douées de forces moléculaires ou de propriétés très générales. mais sont supposées représenter différentes parties ou différentes propriétés de l'organisme. C'est dans cette catégorie que nous trouvons les théories de l'hérédité les plus complètes, les plus précises et les plus influentes à l'époque actuelle. Nous trouvons là. surtout. la théorie ancienne. ancêtre de toutes les autres, de Darwin et les théories modernes de Weismann.

CHAPITRE VIII

Les théories de l'hérédité de Darwin, Nægeli, de Vries.

Les théories basées sur les particules représentatives. La pangenèse de Darwin ; les gemmules représentant les cellules de l'organisme, leurs migrations. Objections. — Les particules représentant les propriétés de l'organisme. La théorie de Nægeli ; les micelles et leur groupement, les deux sortes de protoplasma, les caractères élémentaires. Critique du système. La théorie de de Vries ; les pangènes, leur migration à l'intérieur des cellules.

La théorie de Darwin fut émise peu d'années après celle de Spencer (en 1868). Elle suit aussi de très près tous les travaux qui ont fait connaître la constitution cellulaire des tissus.

Les différentes cellules de l'organisme devraient leurs propriétés uniquement à certaines petites particules auxquelles Darwin donne le nom de *gemmules*. Ces particules, dont il y aurait autant d'espèces différentes qu'il existe dans le corps de catégories de cellules, seraient extrêmement petites, capables de traverser les membranes et auraient la propriété de se multiplier par division.

Les différentes cellules les recevraient pendant leur développement embryonnaire ; puis, elles se multiplieraient en elles pendant tout le temps que les cellules n'ont pas encore acquis une différenciation définitive. Cette formation de gemmules durerait ainsi une grande partie de la vie et pourrait recommencer même après que la différenciation est achevée, dans certaines circonstances particulières : toutes les fois, par exemple, que la cellule subit une modification quelconque, physiologique ou pathologique.

Toutes les cellules du corps, et pendant tout le temps que les gemmules se forment en elles, enverraient une partie de ces gemmules aux cellules sexuelles. Et il en serait ainsi non seulement des cellules de l'organisme développé définivement fixées, mais de toutes les cellules éphémères qui se forment pendant l'ontogénèse et disparaissent ensuite ; la même chose aurait lieu lorsqu'un changement quelconque survient dans les cellules adultes. Les produits sexuels recevraient donc, sous forme de gemmules, tous les caractères anatomiques et physiologiques des cellules qu'elles représentent.

Ces gemmules resteraient inactives dans l'œuf tant que celui-ci ne se développe pas ; mais dès le début de la segmentation elles se distribueraient dans les cellules-filles de tous les stades et, grâce à une force attractive spéciale très précise, finiraient par arriver exactement aux cellules auxquelles elles étaient destinées. Elles serviraient là à les vivifier, à féconder par elles, pour ainsi dire, tout l'organisme. De là le nom de *pangenèse* donné à la théorie. A chaque cellule, les gemmules imprimeraient un caractère identique à celui qu'avait la cellule dont elles proviennent au moment exact où elle leur a donné naissance et les a envoyées aux produits sexuels.

L'hérédité se comprend ainsi d'elle-même, et c'est ce que la théorie de Darwin explique le mieux. Il en est de même de l'hérédité des caractères acquis : puisqu'au moment où une modification se produit dans l'organisme sous une influence quelconque les cellules modifiées envoient aux produits sexuels des gemmules reflétant cette modification, ces gemmules, en pénétrant dans les cellules correspondantes du nouvel organisme devront forcément lui imprimer le même caractère.

Cette théorie, si on accepte sa base : l'existence des gemmules et les propriétés que Darwin leur suppose, donne une explication très simple et très satisfaisante de tous les grands phénomènes biologiques : hérédité, variation, régénération, génération sexuelle, etc. Elle le fait même si bien qu'on peut dire que toutes les théories modernes qui lui ont emprunté l'idée de particules représentatives n'ont rien ajouté d'essentiel aux explications proposées par elle. Mais cette base est-elle acceptable? Malheureusement non, et voici pourquoi. Même en admettant leur existence et toutes leurs propriétés hypothétiques, on est arrêté par la question de leur mode de transmission d'une cellule à l'autre. Comment s'effectue cette migration des gemmules, guidées par une attraction à distance d'une extrémité du corps à l'autre, en traversant des séries innombrables de cellules auxquelles elles ne doivent pas s'arrêter? On ne peut expliquer cela que de deux façons : la transmission peut avoir lieu soit par le sang, soit par le courant nerveux; or, Darwin, n'admet pas la première idée, et, d'autre part, on sait que le courant nerveux ne transporte aucune particule matérielle.

La deuxième objection est celle-ci. Même en supposant l'existence d'un mode de circulation encore inconnu, reste la question de savoir comment s'exerce l'attraction des gemmules par les cellules? Darwin suppose qu'avant l'arrivée des gemmules les cellules sont toutes identiques entre elles; mais alors comment peuvent-elles exercer des attractions différentes? D'autre part, si le pouvoir électif appartient aux gemmules mêmes, pourquoi iraient-elles plutôt vers une cellule que vers une autre, puisqu'elles sont identiques? On est donc obligé de supposer qu'entre les diverses cellules il y a certaines différences très délicates qui font qu'elles choisissent plutôt certaines gemmules que d'autres. Mais d'où viennent ces différences? Évidemment, pas des gemmules qui sont encore absentes. Et, s'il existe une autre cause pouvant produire ces différences, elle peut aussi bien produire toute la différenciation histologique, et les gemmules deviennent superflues.

C'est là la grande lacune du système, et c'est ce

qui fait la supériorité des systèmes qui ont suivi. Ils auraient tort, d'ailleurs, de s'en attribuer tout le mérite, car, sans la théorie première et originelle de Darwin, ils ne posséderaient même pas cette base qu'ils sont venus perfectionner. Là comme ailleurs, il faut rendre cet hommage à Darwin qu'il fut surtout et en tout un grand initiateur.

Il serait fastidieux d'exposer ici toutes les théories basées sur le même principe de la représentation, par des particules spéciales, des cellules des corps, et qui sont venues perfectionner ou, en tout cas, modifier la théorie de la pangenèse de Darwin. Aucune d'elles n'est arrivée à égaler, en importance, cette dernière.

En même temps, d'autres hypothèses ont surgi, dans lesquelles les particules représentent non plus les cellules de l'organisme, mais ses propriétés (Nægeli, Kœlliker, de Vries, O. Hertwig, etc.), ou bien des hypothèses mixtes, où ces particules sont représentatives à la fois des cellules du corps et de ses divers caractères. A cette dernière catégorie d'hypothèses se rattache surtout le système de Weismann. Mais avant de l'aborder, examinons, parmi les théories de la première catégorie, celle de Nægeli, la plus importante et la plus vaste, et celle de de Vries qui a également introduit quelques éléments nouveaux et qui a acquis, dans ces dernières années, une grande notoriété par sa nouvelle hypothèse sur l'origine des espèces.

Voyons d'abord le système de Nægeli qui a précédé de quelques années celui de de Vries. Il a été formulé en 1884.

Les particules élémentaires dont part Nægeli sont des sortes de cristaux organiques, se formant à la façon des véritables cristaux au sein d'un liquide aqueux et fixant autour d'eux, chacun, une couche d'eau qui fait partie du protoplasma ainsi constitué comme l'eau de cristallisation fait partie du cristal. Nægeli donne à ces particules le nom de *micelles*. Nous laissons de côté ici tous les détails de leur mode de précipitation, de leur multiplication, etc., en nous bornant à ce qui est essentiel pour l'intelligence de la théorie. Orientés d'abord en tous sens, les micelles, en vertu de l'action de leurs forces moléculaires, se grouperaient ensuite de façon à être orientés parallèlement, ou plutôt, un certain nombre d'entre eux se grouperaient ainsi, tandis que les autres resteraient non orientés. Les premiers, se serrant davantage les uns contre les autres, formeraient un ensemble plus dense, moins aqueux; les seconds constitueraient un plasma plus fluide, plus imbibé d'eau. L'ensemble des micelles orientés prend le nom d'*idioplasma*, celui des non orientés, de *plasma nutritif*.

Cette séparation des deux plasmas est d'une importance capitale dans le système de Nægeli ; elle a été introduite aussi par Weismann dans sa théorie comme un point fondamental. C'est l'idioplasma qui, sous un nom ou sous un autre, constitue la source de tous les phénomènes vitaux dans ces deux systèmes, c'est à lui que tiennent tous les caractères des êtres, c'est lui qui est la seule base de l'hérédité. Voyons comment il nous apparaît dans le système de Nægeli.

L'idioplasma forme d'abord, au sein du plasma nutritif, des îlots épars; s'accroissant ensuite, ces îlots se réunissent de façon à former des sortes de filaments, des cordons se disposant en un réseau continu; ce réseau s'étend à travers tout le corps de l'animal ou de la plante, passant d'une cellule à l'autre, traversant les pores microscopiques de leurs parois et se répandant aussi bien dans le noyau que dans le cytoplasma. C'est cet idioplasma qui, en agissant sur les différents tissus et les différentes substances de l'organisme, leur imprime leurs divers caractères, forme, couleur, etc. Là une première difficulté surgit : comme rien n'indique que les micelles aient des caractères différents, à quoi tiennent ces différences? Nægeli a recours, pour résoudre cette question, à l'hypothèse de certaines forces moléculaires qui ont leur source dans les micelles, non pas dans les micelles isolés qui sont impuissants, mais dans un ensemble de micelles groupés d'une certaine façon. C'est de ce *mode de groupement* des micelles que dépend la vie.

Chaque groupe de micelles formant un ensemble synergique détermine ainsi un caractère de l'être, mais n'en détermine qu'un seul. Il devait y avoir donc, semble-t-il, autant de groupes spéciaux de micelles qu'il y a de caractères; mais le nombre de ces derniers est beaucoup trop grand pour que l'idioplasma puisse contenir tous les groupes les représentant. La difficulté est résolue par une nouvelle hypothèse, très ingénieuse : il suffit de la présence de groupes déterminant certains caractères, en nombre relativement restreint, qui sont les *caractères élémentaires;* tous les autres sont des caractères complexes, constitués par des combinaisons variées des premiers et réalisés par l'action simultanée des groupes micelliens correspondants à leurs différents éléments.

Mais comment ces divers groupes sont-ils disposés dans le cordon idioplasmique continu s'étendant à travers tout le corps ? La réponse à cette question est dictée à Nægeli par la nécessité d'expliquer ce fait qu'un fragment d'un animal ou d'une plante (un œuf, un spermatozoïde, une spore, un bourgeon, un rameau détaché) peut reproduire l'être tout entier, avec tous ses caractères. Cela amène à supposer que ce fragment contient en lui tous les groupes micelliens déterminant ces caractères. Or, avant de s'être détaché du corps, ce fragment était, comme les autres, traversé par le réseau des cordons micelliens. Il faut donc que ces cordons soient constitués d'une façon telle qu'ils contiennent partout les groupes micelliens de tous les caractères. Et cela, on ne peut se le figurer que d'une seule façon : ces groupes doivent être des sortes de *files micelliennes* composées d'un seul rang de micelles identiques placés bout à bout. Pour déterminer un caractère élémenlaire, ces files se groupent en faisceaux; pour les caractères complexes plusieurs faisceaux sont réunis ensemble, et le tout constitue le cordon micellien continu. Ce cordon possède ainsi sur toute sa longueur une structure identique et chacune de ses sections transversales montre tous les groupes de faisceaux, et tous les faisceaux de tous les caractères. Telle est la constitution précise que Nægeli est amené ainsi à attribuer à son idioplasma. D'autres hypothèses suivront celle-ci à mesure que les diverses questions surgiront.

Ainsi, il semblerait dans ces conditions que l'action du cordon idioplasmique devrait être partout la même et ne pourrait pas donner naissance à des caractères différents en des points différents. Comment expliquer qu'il n'en soit pas ainsi en réalité? Tous les faisceaux, repond Nægeli, ne sont pas également en état d'activité dans chaque point : ils présentent, chacun, dans sa longueur, des parties actives séparées par des parties à l'état passif. Suivant les cellules qu'ils traversent, certains faisceaux, ou groupes de faisceaux, entrent en activité à l'exclusion des autres, et les caractères qui leur correspondent apparaissent.

La cause qui détermine ces états d'activité et de repos réside, d'après lui, dans la plus ou moins grande excitabilité et la plus ou moins grande tension des différents faisceaux : ceux, dont le nombre de micelles augmente plus rapidement aux dépens du plasma environnant, s'allongent davantage et tirent sur les autres. Plus tard, il arrive qu'eux-mêmes finissent par s'arrêter dans leur accroissement et leurs micelles par se tasser ; l'adjonction de nouveaux micelles cesse et ils passent à l'état de repos, cédant leur initiative à d'autres faisceaux voisins qui, en raison de leur situation ou de leur irritabilité plus grande, ont été le plus excités et commencent maintenant à manifester leur activité en s'accroissant rapidement par l'intercalation de nouveaux micelles et en exerçant leur influence sur le plasma nutritif environnant.

Rien n'est plus facile à expliquer, dans cette hypothèse, que la ressemblance héréditaire : puisque n'importe quel fragment de l'idioplasma contient tous les faisceaux de tous les caractères, ils doivent nécessairement réapparaître dans l'organisme auquel la cellule qui les contient donnera naissance. Lorsque deux éléments sexuels se réunissent pour donner un œuf fécondé, cet œuf renferme les micelles des deux parents ; ces micelles se réunissent dans une même file et, soit parce que les nouveaux micelles qui se forment prennent désormais un caractère intermédiaire, soit parce qu'eux-mêmes subissent une influence réciproque, finissent par donner naissance à des caractères intermédiaires entre les deux parents.

Dans l'œuf fécondé, la nature des micelles, leur mode de groupement et la succession des états de tension et de relâchement, d'activité et de repos qui provoqueront l'apparition des différents caractères au moment et à l'endroit voulus, tout cela est prédéterminé d'avance et ne pourra être influencé que fort peu par les conditions externes. Cependant, ces dernières pourront modifier l'état de tension des différents faisceaux qui seront, par exemple, fortifiés par l'usage, de façon à devenir plus excitables ou affaiblis, au contraire, par l'inaction jusqu'à passer à l'état de repos. Ces modifications, s'étendant de proche en proche, pourront arriver aux cellules germinales et se transmettre à la génération suivante. Telle est l'explication aussi peu précise, d'ailleurs, que possible et susceptible de nombreuses objections, que donne Nægeli de l'hérédité des caractères acquis. Il attribue à ces caractères la propriété d'être quelquefois adaptatifs, mais la raison qu'il en donne est purement finaliste: l'organisme produit la modification nécessaire pour répondre à un besoin provoqué par l'influence subie. Cela, bien entendu, n'explique rien.

Toute sa conception de l'évolution des êtres est, d'ailleurs, empreinte du même esprit. Dès la première origine des organismes vivants, leur idioplasma possédait certaines tendances évolutives internes qui ont déterminé tout le développement phylogénétique qui a suivi. Dans chaque espèce, l'idioplasma, non seulement contient les faisceaux micelliens qui la caractérisent, mais contient aussi, en puissance, ceux qui caractériseront la ou les espèces auxquelles elle donnera naissance. Les conditions extérieures concourront avec les tendances internes pour adapter les organes et les fonctions aux besoins de l'existence, mais elles ne provoqueront par elles-mêmes aucune évolution.

Celle-ci a sa seule source dans la tendance interne au progrès, au perfectionnement. Sans cesse, au cours de la phylogénèse, de nouvelles files micelliennes se joindront aux anciennes, la structure se compliquera, les caractères et les fonctions se différencieront, les êtres deviendront de plus en plus parfaits. Les conditions externes imprimeront à ces divers perfectionnements les modifications nécessaires pour les rendre utiles : elle seront la source de l'adaptation, mais n'agiront que sur ce que cette évolution progressive aura déjà créé.

Le système de Nægeli, vaste et compliqué, a apporté avec lui deux nouvelles idées qui ont été développées et utilisées par les théories venues à sa suite : c'est l'idée de deux sortes de protoplasmas dont l'un seul est porteur des différents caractères de l'organisme, et l'idée des caractères élémentaires, donnant par leur combinaison les propriétés les plus variées. Cette dernière idée surtout a rendu un grand service à la conception des particules représentatives, la dispensant de la nécessité de supposer ces particules en nombre immense. Sans elle, jamais cette conception n'aurait pu se développer, comme elle l'a fait, et trouver le crédit qu'elle a trouvé. Nous réservons pour plus tard la critique de la notion même d'une représentation des caractères ; cette critique trouvera mieux sa place après l'exposé du système de Weismann. Pour le moment, nous ne voulons parler que de ce qui est propre à Nægeli, et surtout de ses micelles, avec leur mode spécial de groupement.

Ce mode de groupement, avec ses files et ses faisceaux, avec ses détails si précis et si minutieusement décrits par Nægeli, est une construction, non seulement arbitraire, n'ayant aucune base dans les structures véritablement observées, mais encore telle qu'aucune modification ne peut y être apportée sans faire crouler tout l'édifice. Ce qu'elle contient de plus incompréhensible, c'est ce passage des différents faisceaux de l'état de repos à l'état actif se produisant à des moments différents dans les différents points d'un même faisceau. Un faisceau micellien étant par définition identique à lui-même sur toute sa longueur, sous l'influence de quelles conditions change-t-il d'état ici plutôt que là? Nægeli rejette l'action des causes externes; l'allongement et la tension doivent nécessairement porter sur le faisceau tout entier et ne peuvent être cause de différences locales; l'état d'excitabilité pourrait l'expliquer, mais il doit lui-même tenir à des différences dans la nature du faisceau aux différents niveaux, ce qui est contraire à l'hypothèse fondamentale.

Tout le système de Nægeli repose sur cette conception de faisceaux : sans eux, ni le développement ontogénétique, ni l'hérédité, ni la variation ne sont expliquées. Aussi cette impossibilité fondamentale arrive-t-elle à vicier toute la théorie.

Nous ne parlerons pas de son explication de l'évolution phylogénétique : les « tendances évolutives internes » ne peuvent même pas passer pour une explication tant qu'on ne nous aura pas indiqué dans quelle propriété connue des organismes elles ont leur source.

Passons maintenant à la théorie de de Vries. Il lui donne le nom de *pangénèse* et la fait dériver directement de celle de Darwin. Cependant, tandis que les gemmules de Darwin représentent les différentes *cellules* de l'organisme, les unités élémentaires de de Vries, les *pangènes*, sont des particules représentatives des différents *caractères* et se rapprochent ainsi beaucoup plus des faisceaux micelliens de Nægeli.

Nous ne nous arrêterons pas longuement à ce système : il n'a apporté que peu d'éléments nouveaux à la solution des questions qui nous occupent en ce moment. Comme les gemmules et les faisceaux micelliens, les pangènes sont des particules dont dépendent les caractères des cellules, mais, à l'inverse des gemmules, ils ne circulent pas dans l'organisme et ne sont pas, comme les faisceaux de Nægeli, formés par des unités plus petites. Les pangènes résident dans le noyau; chaque noyau d'une cellule en contient un lot complet, représentant tous les caractères latents ou exprimés, de l'organisme. Lorsqu'une cellule se divise, les pangènes de son noyau se multiplient au préalable par division, pour que chacune des cellules-filles puisse en recevoir de même un lot complet. Et lorsqu'une cellule se différencie dans un sens quelconque et acquiert un caractère déterminé, cela est dû à ce que les pangènes correspondants sortent du noyau, se multiplient dans le cytoplasma et lui impriment le caractère en question. Le noyau n'en conserve cependant pas moins un lot complet, grâce à une multiplication préalable des pangènes précédant leur sortie. Les mouvements qu'effectuent les pangènes se limitent donc à leur migration du noyau au cytoplasma, c'est ce que de Vries appelle la *pangénèse intracellulaire*.

L'hérédité est ainsi facilement expliquée : les noyaux des cellules germinales contenant les pangènes de tous les caractères des parents, et les caractères des descendants devant résulter de la multiplication et de la sortie de ces mêmes pangènes, la ressemblance héréditaire devient inévitable. Quant à l'hérédité des caractères acquis, elle ne s'explique pas et n'a pas besoin d'être expliquée dans l'esprit de de Vries, car il nie absolument sa réalité.

La variation peut provenir de la multiplication des pangènes. Un seul pangène suffit pour représenter un caractère, mais non pour l'exprimer : il faut pour cela que les pangènes se multiplient, et plus leur nombre sera grand, plus le caractère correspondant sera accentué. Et comme cette multiplication peut être plus ou moins active, il y a là une source de variations individuelles. Mais les variations individuelles légères ne sont pas les seules qui existent : il y en a d'autres, plus importantes et surtout persistantes, qui peuvent immédiatement donner naissance à une nouvelle espèce, ces variations auxquelles plus tard de

11.

Vries a donné le nom de *mutations* et sur lesquelles il a basé sa nouvelle théorie. Elles doivent résulter d'une modification non plus quantitative, mais qualitative des pangènes : il peut arriver qu'à un moment donné un pangène se partage en deux moitiés non identiques, donnant deux pangènes-filles différents qui, en se multipliant, feront apparaître un caractère nouveau.

Nous nous arrêterons là dans notre exposé de l'hypothèse de de Vries. Les critiques qu'on pourrait lui adresser sont en partie les mêmes que nous avons déjà formulées au sujet des théories précédentes : quelles sont les causes qui déterminent l'attraction par telle ou telle cellule des gemmules de Darwin, qui excitent tel ou tel faisceau micelliens de Nægeli, qui font sortir du noyau les pangènes de de Vries? Aucune de ces théories n'y donne une réponse satisfaisante, et nous verrons qu'il en sera de même pour le plus achevé des systèmes analogues, celui de Weismann.

CHAPITRE IX

Les théories de Weismann.

Les deux sortes de protoplasma ; le plasma germinatif. —
La constitution du noyau ; ides, idantes, déterminants,
biophores. — La différenciation ontogénétique. — La dissociation des déterminants et la sortie des biophores du
noyau. — La continuité du plasma germinatif. — La ressemblance héréditaire. — Les déterminants de réserve.

Ce qu'on a appelé la doctrine weismannienne est
un édifice très vaste et très compliqué, comprenant des théories qui se tiennent et constituent un
tout harmonique, capable de répondre à toutes les
grandes questions biologiques : hérédité, variation,
reproduction sexuelle, adaptation, évolution phylogénétique, régénération, etc. Son système n'a pas
été créé en une seule fois ni tout d'une pièce : il a
subi des modifications variées et profondes à mesure que se développait, sur un espace de plus de
vingt ans, la pensée de son auteur. Le lecteur
pourra trouver dans le travail que nous avons déjà
cité[1] l'exposé détaillé et en quelque sorte histo-

1. Yves Delage. *L'hérédité et les grands problèmes de la
biologie générale.*

rique des différentes vues de Weismann ; ici, où la place est limitée, nous ne pouvons suivre ainsi sa pensée. Nous n'exposerons donc la théorie weismannienne que dans sa forme actuelle. telle qu'elle apparaît. par exemple, dans le dernier travail d'ensemble de Weismann, dans les *Vorträge über Descendenztheorie*, parus en 1902 et constituant, comme l'auteur le dit lui-même. une espèce de récapitulation de son œuvre scientifique. Au moment où le système était exposé dans l'*Hérédité*, l'auteur de ce dernier livre a pu dire que « la théorie a traversé une période de formation. une de perfectionnements et attcint son apogée ; nous allons voir qu'elle donne maintenant quelques signes de déclin ». Ces signes, c'étaient certaines restrictions et certaines concessions importantes qui, à ce moment déjà, venaient entamer ses bases mêmes et rompre son harmonie. Nous pouvons dire maintenant que cette appréciation s'est complètement vérifiée par la suite. Mais exposons d'abord ce qu'il y a dans ce système de fondamental, de constant et d'immuable.

Weismann part de la notion introduite par Nægeli des deux sortes de protoplasmas : le *morphoplasma* (plasma nutritif de Nægeli) et l'*idioplasma*. Le premier joue un rôle subordonné : il peut se nourrir, s'accroître, se diviser, mais ne peut subir par lui-même aucune modification qualitative. Le cytoplasma de la cellule est formé par lui. Le second, au contraire, est la substance importante qui, d'une part, constitue la « substance héréditaire » et, de l'autre, détermine toutes les propriétés qui distinguent les cellules entre elles. A cette conception, Weismann apporte cependant une modifiation importante qui constitue un grand progrès sur celle de Nægeli : il s'efforce d'adapter son hypothèse aux structures réelles que nous montre le microscope. C'est pour cela qu'il localise sa « substance héréditaire » dans le noyau, et plus spécialement encore dans cette substance chromatique qui devient visible au moment de la division cellulaire : elle se condense alors pour former les amas de substance chromatique appelés *chromosomes* et reproduire toutes les figures bien connues de la caryocinèse. Cette substance héréditaire existe dans *toutes* les cellules de l'organisme ; dans les cellules germinales, elle présente une composition particulière et prend le nom de *plasma germinatif*.

La constitution complexe du noyau cellulaire est l'expression d'une constitution héréditaire plus complexe encore. Dans une cellule sexuelle, le noyau se compose d'un certain nombre de particules auxquelles Weismann donne le nom d'*ides*. Les ides coïncident quelquefois avec les chromosomes, lorsque, par exemple, ces derniers sont simples et ne se décomposent pas en un certain nombre de parties semblables (ainsi, chez *Artemia*, il y a 168 chromosomes sphériques correspondant chacun à un ide). Mais chez la plupart des animaux les chromosomes sont en forme de bâtonnets qu'on voit se décomposer en granulations plus petites ;

alors, ce sont ces granulations qui représentent les ides, et les chromosomes constituent des unités d'ordre supérieur appelés *idantes*. Chaque ide est composé d'une portion de plasma germinatif contenant tout ce qu'il faut pour donner un être complet; les ides sont ainsi des *ébauches d'individus* (Personen-Anlagen).

Il y a ici (Weismann le reconnaît lui-même) un trait de ressemblance avec l'ancienne théorie évolutionniste de l'emboîtement des germes. C'est, dit-il, la théorie évolutionniste moderne, tandis que l'épigénèse moderne consiste à représenter la substance germinative comme composée de parties homogênes (Spencer, O. Hertwig). Mais, naturellement, il n'existe chez Weismann aucun *homunculus*, et si chaque ide contient tout ce qu'il faut pour former un individu complet, il n'y a cependant aucune ressemblance entre l'ébauche d'une partie et cette partie à l'état développé.

Un organisme se composant de parties dissemblables, Weismann est amené à supposer que ces différences se retrouvent dans l'ide qui lui donne naissance. Il conclut donc que l'ide se décompose en unités encore plus petites, dont la coopération est nécessaire pour former l'être futur et dont chacune tient sous sa dépendance tel ou tel de ses organes. Autrement dit, chaque partie du corps de l'être qui va se développer sera *déterminée* dans son existence comme dans sa nature par une particule correspondante du plasma germinatif. Aussi ces particules prendront-elles le nom de *déterminants* et les parties déterminées celui de *déterminats* (ou « Vererbungsstrücke »).

Ici une difficulté se présente. On pourrait croire qu'il doit y avoir dans le plasma germinatif autant de déterminants qu'il y aura de cellules à déterminer, dans l'animal adulte, et pendant tous les stades de son développement. Mais ce n'est pas nécessaire : *il doit seulement y avoir autant de déterminants qu'il y a, dans l'organisme adulte et dans ses stades de développement, de régions capables de varier indépendamment l'une de l'autre et d'une façon héréditaire.* On sait, en effet, que les caractères les plus différents peuvent varier d'une façon indépendante. Chaque point de l'aile du papillon, par exemple, peut varier indépendamment de ses voisins, comme le prouvent les variations de coloration ; chacun de ces points doit donc être représenté dans le plasma germinatif par un élément variable indépendant, un déterminant spécial ; en même temps, l'ide de ce papillon devra contenir aussi les déterminants de toutes les régions variables de sa chenille. Et d'autre part, tous les globules rouges du sang ou toutes les cellules hépatiques du foie varient toujours ensemble ; il suffit donc, pour les représenter, d'un seul déterminant.

Les déterminants doivent nécessairement exister (c'est toujours Weismann qui parle), car il doit y avoir quelque chose dans le plasma qui cause la présence ou l'absence de telle ou telle structure ou caractère. Dans ce sens, on peut dire qu'ils ne sont pas hypothétiques, mais aussi réels que si nous les avions vus de nos propres yeux. L'hypothèse ne commence que là où il s'agit de décrire comment ils sont faits. Cependant, là aussi, on peut affirmer certaines choses : on peut dire d'abord, que ce ne sont pas des tableaux en miniature (dans le sens de l'ancien évolutionnisme de Bonnet), ni des particules de matière inerte, car s'ils n'étaient pas des unités vivantes, capables de se nourrir, de s'accroître et de se diviser, ils n'auraient pas pu subsister à travers toutes les différentes phases de développement et résister à l'échange des matières qui les aurait anéantis.

Mais comment ces déterminants arrivent-ils à donner aux cellules et aux tissus les caractères propres qui les distinguent ? Weismann répond à cette question en supposant que les déterminants ne sont pas encore les unités ultimes constituant la matière vivante. Ils se décomposent à leur tour en *biophores* (véhicules de vie) qui sont les unités fondamentales, immédiatement supérieures aux molécules chimiques dont elles sont formées. Ces unités élémentaires sont douées de tous les attributs de la vie (nutrition, croissance, multiplication par division) ; comme dimensions, ils sont bien au delà des limites du visible : les plus petites granulations protoplasmiques que nous pouvons voir à l'aide des plus forts grossissements en contiennent des masses. Ils sont pourtant plus grands que les molécules chimiques, puisqu'il les renferment.

Les unités des ordres supérieurs (ides et déterminants) représentaient les unes, l'individu total, les autres ses différentes parties, cellules, parties de cellules ou groupes des cellules, en tout cas, des structures réelles et concrètes. Les biophores, eux, représentent des *caractères*, et il y a, dans la cellule germinative, autant d'espèces de biophores que l'être qu'elle doit donner aura de caractères élémentaires indivisibles (les caractères complexes étant formés par les diverses combinaisons des caractères élémentaires). Chaque biophore peut varier indépendamment, de façon à produire la modification correspondante dans le caractère qu'il représente et qu'il détermine; chacun possède la propriété de se nourrir, de s'accroître et de se multiplier par division.

Toutes ces diverses unités ne sont pas mélangées dans le plasma germinatif d'une façon désordonnée, mais constituent une espèce d'architecture dans laquelle chacune occupe une place précise. Cette place dépend non pas du hasard, mais en partie des déterminants ancêtres, en partie de certaines forces internes hypothétiques, que l'on peut appeler *affinités vitales*, par opposition aux affinités chimiques.

Que se passe-t-il maintenant lorsque l'œuf se divise et que le développement commence? Chaque déterminant se trouvant, dans l'œuf, dans un certain rapport de situation vis-à-vis des autres, la marche du développement doit être telle que ce déterminant arrive, à travers d'innombrables divisions cellulaires, jusqu'à la cellule qu'il doit déterminer. Pour que cela puisse se faire, on doit admettre que, dès les deux premières cellules qui apparaissent dans la première division de l'œuf, la division est qualitativement inégale, quoi qu'il en puisse paraître : une moitié peut contenir par exemple tous les déterminants de la partie droite et l'autre tous ceux de la partie gauche du corps, ou bien l'une les déterminants de l'ectoderme et de tous les organes qui en proviendront, l'autre ceux de l'entoderme avec tous ses dérivés. Ensuite, à la division suivante, le blastomère qui renferme les déterminants de tous les organes ectodermiques se divisera en deux autres, dont l'un recevra les déterminants des téguments et l'autre ceux du système nerveux, et ainsi de suite. Toute l'ontogénèse repose sur ce fait que jamais, dans les divisions, les deux cellules-filles ne sont identiques, et ces différences, s'accentuant dans la même direction, arrivent à créer des structures absolument indépendantes, dues à des causes exclusivement *internes*.

Abandonnant ainsi en route des déterminants de plus en plus nombreux, à mesure qu'organes et tissus se différencient, le plasma germinatif perd de plus en plus de sa complexité, devient plus uniforme et, dans les tissus complètement différenciés, se transforme en cet idioplasma que l'on trouve dans toutes les cellules, et qui ne contient que des déterminants de cette cellule ou de ses parties. Il arrive alors ceci : les déterminants *se dissocient en leurs biophores* qui traversent la membrane nucléaire et se répandent dans le corps cellulaire, donnant ainsi à la cellule ses caractères distinctifs. Lorsqu'il s'agit non pas d'une cellule définitive. mais d'une cellule qui doit, dans la suite du développement, se transformer en une autre, les déterminants qu'elle renferme peuvent être les uns *actifs* (ce sont ceux qui déterminent les caractères propres de cette cellule), les autres *passifs* (ce sont ceux qui, pour le moment, n'exerceront aucune action et ne serviront que plus tard). Les premiers seuls se dissocieront en biophores.

En ce qui concerne la façon dont les biophores font apparaître les différents caractères dans les cellules où ils se répandent, il n'est pas nécessaire. dit Weismann, que ces biophores soient munis d'avance. comme le sont les pangènes de de Vries, des propriétés précises qui donneront à la cellule le caractère, ici d'une cellule musculaire, là d'une cellule nerveuse. Par son action sur les éléments du corps cellulaire, un biophore spécifique de la substance musculaire va faire naître cette substance lorsqu'il pénétrera dans le corps de la cellule qui y est destinée, sans être pour cela un élément contractile par lui-même. Les biophores transforment bien le caractère général d'une cellule embryonnaire indifférente en cellule spécifique d'un tissu, mais ils n'ont pas, par eux-mêmes, des caractères histologiques spécifiques et n'effectuent cette transformation qu'avec la collaboration. toujours nécessaire, du corps cellulaire. En somme. les biophores ne sont pas *porteurs* de caractères.

mais *facteurs* (au sens algébrique du mot), l'autre facteur étant le cytoplasma de la cellule.

Il est évident que, durant le développement embryonnaire, les déterminants graduellement semés en route ne peuvent plus être récupérés par la cellule qui les a une fois perdus. Comment se fait-il alors que l'organisme adulte possède des produits sexuels dont chaque cellule contient de nouveau *tous* les déterminants et peut recommencer le même cycle? Nous trouvons la réponse à cette question dans la théorie de la *continuité du plasma germinatif*. La voici :

L'auteur a supposé jusqu'à présent que lorsque l'œuf se divise, il partage le lot total de ses déterminants en deux, puis en quatre, puis en huit, etc. portions, toujours inégales; mais les choses se passent en réalité un peu autrement : la totalité du plasma germinatif ne se détruit pas par division hétérogène pour fournir les idioplasmas successifs; mais à chaque division une minime portion de ce plasma germinatif reste inaltérée et passe ainsi dans l'une des deux cellules, tandis que l'autre cellule (et toutes celles qui descendront d'elle) en restent privées et ne pourront jamais en contenir. La parcelle du plasma germinatif intact se transmet ainsi de cellule en cellule jusqu'à ce qu'elle arrive à celle destinée à former les éléments sexuels. Cette cellule-mère donne alors, par division homogène, les nombreuses cellules sexuelles du nouvel être, et chacune de ces jeunes cellules reçoit une portion minime du plasma germinatif du parent, ainsi transmis à travers toutes les segmentations. Il y a ainsi dans l'organisme deux parties tout à fait indépendantes : les tissus différenciés qui constituent le *soma* et ne peuvent plus revenir à l'état indifférencié des cellules germinales, et les éléments sexuels, le *germen*, qui ont reçu intact le plasma germinatif des parents et sont capables de fournir un nouveau développement.

Il en est ainsi de génération en génération, et il en résulte que chaque être contient dans ses cellules sexuelles non seulement le plasma germinatif de ses parents, mais celui de ses grands-parents et de tous ses ancêtres ; il est donc formé d'une quantité énorme de *plasmas ancestraux*, représentés par autant d'ides qu'il a eu d'ancêtres.

L'hérédité, de même que l'atavisme, se trouve ainsi naturellement expliquée par la transmission fidèle de ces plasmas parentaux et ancestraux. Il en découle aussi nécessairement une autre conséquence : un être ne peut hériter qu'un caractère qui a été *inné* chez son parent, car la transmission se fait uniquement de cellule germinative à cellule germinative, et seul ce qui était présent dans l'œuf ayant donné naissance au parent peut se retrouver dans celui qui donnera l'enfant. Les tissus différenciés, les cellules du corps sont, dès le début de chaque ontogénèse, absolument séparés du germen, et rien de ce qui touche les premiers ne pourra retentir sur le second. Les caractères acquis au cours de l'existence individuelle ne peuvent donc aucunement être transmis. C'est là une des conséquences les plus importantes de la théorie de Weismann : elle détermine toute son attitude à l'égard de l'idée lamarckienne et constitue la principale caractéristique de cette école néo-darwinienne dont il est le représentant le plus autorisé.

Mais quelle est alors la façon dont peut s'effectuer l'évolution des espèces? Nous avons vu que Weismann et son école se basent exclusivement, pour l'expliquer, sur l'existence de variations innées, conservées et développées par la sélection naturelle. Mais comment peuvent se produire ces variations dans cette transmission fidèle, exempte de toute influence extérieure, des plasmas ancestraux? D'après l'auteur, c'est la génération sexuelle qui en est la source, car elle combine les plasmas germinatifs des parents (et les plasmas ancestraux qu'ils contiennent), de façon différente chez les différents produits, et c'est cette diversité qui offre le matériel nécessaire à la sélection naturelle.

Lorsque la fécondation réunit dans une même cellule deux plasmas germinatifs, forcément un peu différents, ils se conservent tels quels, avec leurs différences, dans la cellule sexuelle du produit. Or, dans cette dernière, intervient d'abord, lors de la maturation, un phénomène qui change la constitution de ce plasma : c'est l'émission des globules polaires, qui, en expulsant certains chromosomes, expulsera au hasard avec eux certains ides, en laissant subsister les autres. Ceci est une première source de variation. Il se produit ensuite un conflit entre les différents ides, déterminants et biophores. et. suivant que tel ou tel sortira vainqueur de la lutte, les caractères de tel ou tel ancêtre apparaîtront à l'exclusion de ceux d'un autre. Supposons. par exemple, que le caractère A puisse revêtir quatre formes différentes et que les déterminants correspondants soient a', a'', a''', a''''; supposons ensuite que dans le plasma germinatif du père, pour une raison que nous laissons de côté, les déterminants du type a'' triomphent sur les autres et constituent 80 % du nombre total. les 20 % qui restent étant distribués ainsi : 5 % de a', 10 % de a''' et 5 % de a''''. Le type exprimé sera donc A″. Supposons, d'autre part que, chez la mère, ce même caractère soit représenté par 60 % de déterminants du type a''', 30 % du type a'' et 5 % de chacun des types a' et a''''; le type exprimé chez elle sera le type A‴. Dans le produit, après l'émission des globules polaires. les déterminants du type a'' seront dans la proportion de $1/2 (80 + 30) = 55$ %, tandis que ceux du type maternel a''' seront dans la proportion de $1/2 (60 + 10) = 35$ %. Le fils aura donc le type exprimé A″ et ressemblera à son père. Cependant, les déterminants des autres types n'en subsisteront pas moins chez lui et pourront devenir cause d'une ressemblance avec un grand-père. Voici un petit schéma qui permet de voir comment peut se produire cette ressemblance. Les lettres grasses désignent les idantes correspondant aux caractères exprimés, celles en italique. les idantes contenant les caractères vaincus mais existant à côté, les lettres entre parenthèses les idantes éliminés par l'émission des globules polaires.

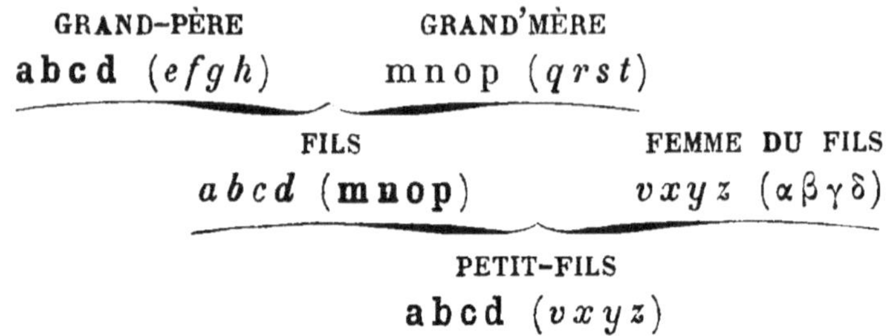

Le petit-fils ressemblera donc à son grand-père, sans avoir de ressemblance avec son père.

On pourrait multiplier ces exemples, mais ce serait inutile. Ce qu'il faut en retenir, c'est que la variation résulte ainsi de cause tout interne, du fait même de l'amphimixie.

C'est sur ces caractères qu'agit la sélection naturelle, sans avoir besoin ni d'influence du milieu pour produire les changements, ni de caractères acquis héréditaires, ni d'aucune autre idée lamarckienne. C'est là la seule source de ces variations de hasard, innées et individuelles, qui sont à la base des idées de Darwin.

C'est ainsi que les explications de détail découlent, dans ce système, avec une logique inévitable l'une de l'autre. Cependant, Weismann n'a pas pu maintenir sa conception absolument intacte, et certains faits en contradiction avec elle ont exigé de lui des additions, des remaniements, des concessions et même l'adjonction à son système primitif d'une nouvelle théorie — celle de la *sélection ger-*

minale. Nous ne parlerons pas ici de toutes ces additions et modifications diverses, mais seulement de celles qui ont une importance pour les explications possibles de l'évolution : au premier rang ce qui a trait aux rapports entre le plasma somatique et le plasma germinatif, question étroitement liée à celle de la transmission héréditaire des caractères acquis.

La théorie pure veut que chaque cellule de l'animal développé ne contienne que les déterminants correspondant à ses caractères à elle. Cependant, les faits de reproduction asexuelle montrent qu'il n'en est pas ainsi. La cellule terminale d'un bourgeon, par exemple, doit contenir la totalité des déterminants de la plante, car il naîtra d'elle des rameaux portant différents organes, y compris les fleurs avec les cellules sexuelles. Un fragment de la feuille de *Begonia*, planté dans le sable humide, reproduit la plante tout entière. Le bourgeonnement des animaux est un phénomène analogue. Il y a aussi les faits de la régénération : le bras amputé d'une salamandre est reformé par le moignon, avec sa forme et sa structure normales; chez certains vers, un fragment du corps régénère de même la tête avec tous ses organes, etc. Pour expliquer ces faits, Weismann admet l'existence dans les cellules correspondantes de deux ou plusieurs sortes de déterminants, dont certains sont des *déterminants de réserve,* inactifs dans les conditions ordinaires et réveillés sous l'influence de certaines excitations. Pour la détermination du sexe, par exemple, dit Weismann, il y a dans l'œuf et le spermatozoïde des déterminants des deux sexes, mais ceux d'un seul deviennent actifs. Il en est de même des caractères sexuels secondaires; ainsi, lorsqu'un fils hérite de la barbe noire de son grand-père maternel, cela montre que les déterminants correspondants existaient dans la cellule germinale de la mère, mais à l'état latent. De même, les différentes formes qu'on observe chez les insectes sociaux ne peuvent tenir qu'à l'existence de plusieurs sortes de déterminants. Dans son dernier ouvrage, Weismann fait même de cela une règle générale. Ne vaut-il pas mieux, dit-il, admettre qu'il n'y a pas décomposition des ides au cours de l'ontogénèse, mais qu'une excitation spécifique *rend actifs* certains déterminants à l'exclusion des autres. Chaque cellule contient tout le complexe des déterminants, tout comme la cellule germinative initiale, mais à chaque stade du développement, c'est-à-dire dans chaque cellule, ceux-là seuls sont réveillés par un excitant spécifique qui ont à déterminer les cellules suivantes.

A nous de faire remarquer que cela est très important. Chaque cellule étant ainsi virtuellement une cellule germinale, la séparation entre le plasma germinatif et le plasma somatique perd tout ce qu'elle avait d'essentiel.

Nous avons vu que cette séparation était opposée par Weismann comme une fin de non-recevoir catégorique aux idées lamarckiennes. Toute l'école weismannienne considéra le lamarckisme comme victorieusement réfuté et l'hérédité des caractères acquis comme définitivement enterrée.

Nous examinerons cette question très complexe dans un chapitre à part, où trouveront place les arguments pour et contre. Ici, nous devons noter une seule chose : tout en continuant à nier résolument cette hérédité, Weismann s'est vu obligé à reconnaitre certains faits incontestables prouvant que les modifications dues à des influences extérieures se retrouvaient dans la ou les générations suivantes. Cela est dû, dit-il, à ce que l'action se produit simultanément sur le soma et le germen ; lorsque le froid, par exemple, change la coloration des ailes des papillons, il agit en même temps sur les déterminants des cellules pigmentées des ailes et sur les déterminants correspondants contenus dans les cellules sexuelles. C'est possible, peut-on lui répondre. mais cela ne concerne que le mécanisme de la transmission ; le fait de la transmission elle-même subsiste, et cela fait revivre intacte l'idée lamarckienne trop tôt enterrée. D'autre part, l'influence des facteurs externes, que la théorie pure réduit à zéro, reprend ici ses droits, car Weismann la reconnaît pour une des causes capables de réveiller certains déterminants, et c'est elle aussi qui intervient comme cause des modifications acquises se reproduisant dans la génération suivante.

Mais l'addition la plus importante faite par Weismann à son système est la théorie de la *sélection germinale*.

CHAPITRE X

La Sélection germinale. — Critique
de la théorie weismannienne.

Théorie destinée à fournir un appui à la sélection naturelle.
— La lutte des parties (W. Roux); la lutte des déterminants.
— Avantages de la nouvelle hypothèse. — L'idée de la
sélection appliquée à tous les degrés. — Critique de la
sélection germinale. — Critique du système de Weismann
dans son ensemble : la théorie du plasma germinatif, la
représentation des caractères, la migration des biophores.

La dernière en date des théories de Weismann
se rattache surtout à la question de la sélection
naturelle. Elle a pour but, comme dit Weismann
lui-même, de réhabiliter la sélection naturelle,
d'écarter les nuages que les nombreuses critiques
semblent amasser sur sa tête. A ce titre, cette
théorie aurait dû être examinée avec les autres
arguments concernant la sélection naturelle, mais
nous avons été obligés de la reporter ici, parce
qu'elle est basée sur la théorie des déterminants et
ne peut être comprise en dehors d'elle.

Les critiques de la sélection naturelle ont raison,
avoue Weismann, sur beaucoup de points : les
variations se suivant dans un certain sens déter-

miné, le développement des organes complexes à nombreuses parties corrélatives, la présence même des variations utiles au moment nécessaire, l'accroissement ou la régression des organes (même en tenant compte de la panmixie), sont autant de difficultés que la sélection naturelle seule est impuissante à résoudre sans l'aide d'un autre facteur. Ce facteur, il le trouve dans la sélection germinale qui le dispense, ainsi qu'il le reconnaît lui-même, de la nécessité de se jeter dans le lamarckisme, ce qui n'eût pas manqué d'arriver si une nouvelle théorie n'était venue à temps étayer l'ancienne.

L'idée de la sélection germinale repose sur celle de la *lutte entre les parties de l'organisme*, introduite par W. Roux. Weismann étend l'idée de Roux : cette lutte, dit-il, a lieu non seulement entre organes, tissus et cellules, mais aussi entre unités vitales invisibles, non seulement dans les cellules somatiques, mais aussi dans les cellules germinales. Ainsi, lorsque les déterminants se reproduisent par division, les descendants d'un même déterminant ne sont jamais tout à fait identiques comme grosseur et force d'assimilation, car il se produit entre eux, de même qu'entre cellules, tissus et organes, des différences dues à l'apport de nourriture. Or, la nutrition n'est pas un acte purement passif : un élément non seulement assimile la nourriture, mais l'attire à lui, et cela d'autant plus puissamment qu'il est plus fort et doué d'une faculté assimilatrice plus grande.

Dans le germe, les déterminants plus forts attireront donc davantage la nourriture et en deviendront plus forts encore. D'autres, plus faibles, en
seront privés, se développeront plus lentement
et laisseront des descendants moins vigoureux.
Il en résultera qu'à la deuxième génération les
parties de l'organisme qui étaient représentées dans
l'œuf par des déterminants plus forts seront plus
développées. Et comme la cellule germinative de
la deuxième génération recevra le plasma germinatif du parent, avec toutes ses inégalités, la lutte
entre déterminants reprendra en elle à partir d'un
niveau plus élevé (pour les déterminants plus
forts), et à la génération suivante les caractères
correspondants seront plus développés encore.
Ainsi s'explique l'accumulation des caractères (simplement sous-entendue dans la théorie darwinienne) et le fait qu'il semble y avoir des directions
déterminées de développement où certaines modifications s'accumulent à l'exclusion des autres.
Ces variations ne sont cependant pas prédestinées
dans le sens de celles de Nægeli, mais simplement provoquées et conduites par les conditions
extérieures.

Lorsque certains organes ou parties sont favorisés par la sélection naturelle, les déterminants correspondants se nourrissent mieux et laissent des
descendants plus forts. Le degré d'utilité détermine lui-même la direction de la variation, et
c'est là la raison pour laquelle nous voyons que
les variations utiles sont toujours présentes : elles

s'accentuent d'elles-mêmes. La seule chose qui reste obscure, continue Weismann, c'est l'utilité des premiers stades, des commencements : la théorie exige que ces stades aussi soient utiles, car sans cela la sélection naturelle ne peut pas entrer en jeu et rien n'assurera la première victoire des déterminants utiles. Ne pouvant juger de l'utilité, nous avons autant de raisons de l'admettre que de la nier; il nous est donc loisible de l'admettre, d'autant plus qu'elle nous permet de comprendre l'origine de l'adaptation. Weismann revient ainsi à son idée favorite de la conformité au but qui, grâce à la survivance des seuls bien adaptés, règne partout dans la nature, depuis les premiers commencements de la vie.

La lutte entre déterminants explique aussi, dit Weismann, les adaptations complexes portant sur des parties différentes coopérant au même travail (nerfs et muscles, œil et centres visuels, coloration protectrice et instincts correspondants), adaptations que les lamarckiens ont opposées à la sélection naturelle. Celle-ci est, en effet, impuissante à les expliquer, mais la sélection germinale nous fait comprendre [?] que les déterminants en marche ascendante correspondent à *toutes* les parties qui, chez les individus favorisés, contribuent à assurer le fonctionnement d'un organe.

Il en est de même de la dégénérescence des organes inutiles : la panmixie en explique bien les premiers stades (les individus chez lesquels ils sont plus développés étant préservés au même titre que les autres); mais le reste ne se comprend pas sans l'aide d'un autre facteur, la sélection germinale. Un être qui avait l'organe *moins* développé *de naissance* aura dans son plasma germinatif les déterminants correspondants un peu plus faibles. Étant plus faibles, ils attireront moins la nourriture qui ira à leurs voisins; à la génération suivante ils se retrouveront plus faibles encore, et ainsi de suite jusqu'à la disparition complète de l'organe. Ainsi, la panmixie a été une condition préliminaire indispensable de cette décadence; la *lutte pour la nourriture entre déterminants* a fait le reste.

La sélection germinale vient, dit l'auteur de la théorie, prendre place à la base de la sélection naturelle et montrer comment la conception des déterminants devient nécessaire à cette dernière. La grande idée de la sélection doit être étendue à tous les degrés des unités vivantes; la lutte pour l'existence, c'est-à-dire pour la nourriture et la reproduction, se poursuit depuis les biophores hypothétiques jusqu'aux individus et même aux lignées entières. Mais les trois stades principaux de la sélection sont : 1° *Sélection entre individus* (sélection de Darwin et Wallace); 2° *Sélection histonale* (lutte des parties de Roux), et, enfin, 3° *Sélection germinale*, formant la base de tout et étant la dernière conséquence de l'application de la loi de Malthus à la nature vivante. « Cette application du principe de la sélection à tous les degrés des unités vivantes, dit à ce sujet Weismann dans son dernier livre [1], est le noyau même de mes opinions. »

Telle est cette dernière théorie de Weismann, proposée, comme il le dit lui-même, pour remédier à la faiblesse du sélectionnisme exclusif. Quel est le jugement que nous devons porter sur elle? On ne peut manquer de s'apercevoir des nombreuses concessions qu'elle fait aux idées non darwiniennes. C'est, d'abord et surtout, une théorie d'orthogénèse, mettant en avant, au premier plan, la direction définie du développement. Nous aurons par la suite à nous occuper des théories orthogénétiques; celle de Weismann est peut-être une des mieux fondées d'entre elles, car elle donne une explication, hypothétique, il est vrai, comme sont hypothétiques les déterminants eux-mêmes, de ces variations définies. C'est un essai d'explication causale et mécanique de l'orthogénèse. La théorie de la sélection germinale prétend expliquer pourquoi les variations utiles *apparaissent* toujours; en réalité, elle explique seulement pourquoi elles s'accentuent une fois apparues. Elle va même plus loin, et elle explique aussi bien pourquoi *n'importe quelle* variation (à moins d'être si nuisible que l'organisme doit en périr), peut se développer. Dans ce sens, elle va même à l'encontre du but poursuivi.

On y voit en même temps les influences extérieures, soigneusement éliminées dans les pre-

1. *Vorträge über Descendenztheorie*, p. VII.

13.

mières théories, les vraies théories weismanniennes en somme, s'introduire très visiblement. La plus ou moins grande abondance de nourriture ne peut manquer de jouer un rôle dans la lutte des déterminants : la pénurie, par exemple, doit faire périr les déterminants particulièrement faibles et laisser subsister les plus forts seulement. Weismann admet, d'ailleurs, lui-même, que les différences initiales entre déterminants peuvent tenir à la plus ou moins grande quantité de nourriture apportée. Le mode d'alimentation aura donc une importance évidente pour le développement de l'organisme futur, et, ce qui est plus grave encore. les modifications introduites par l'alimentation seront nécessairement *héréditaires*, car, en vertu de la continuité du plasma germinatif, les déterminants faibles, vaincus et disparus chez le parent, ne pourront plus reparaître chez le descendant, le complexe entier de déterminants se transmettant tel quel. Et voilà s'introduisant dans la théorie. la notion lamarckienne de l'hérédité des caractères acquis !

De plus, la lutte des parties de Roux est une idée intimement liée à celle du développement d'un organe par son fonctionnement. comme nous le verrons en examinant sa théorie de *l'excitation fonctionnelle*; s'en servir, comme le fait Weismann, c'est ouvrir une autre porte à l'idée lamarckienne.

En somme, la théorie de la sélection germinale n'est sélectionniste que de nom, et seule la forme sous laquelle les choses nous sont exposées nous fait penser à la sélection naturelle de Darwin. Un lamarckien pourrait parfaitement admettre la lutte entre déterminants, et il l'exposerait dans un langage qui ne différerait de celui de Weismann que parce qu'il laisserait de côté les différences initiales. Il pourrait dire, par exemple : *placés dans des conditions de nourriture plus favorables, les déterminants s'accroissent et se multiplient activement; les parties de l'organisme qui en résultent reçoivent un développement plus grand et transmettent leurs variations à leurs descendantes,* la même idée se rattacherait aussi bien au système lamarckien. Et la grande généralisation de Weismann sur la portée universelle du principe de Malthus est plutôt le résultat d'une habitude de l'esprit qui lui fait voir les choses sous l'angle de la sélection : un autre, habitué à s'exprimer en langage lamarckien, pourrait aussi bien parler de l'influence universelle du milieu et des conditions de vie sur les espèces, les individus et même les déterminants.

Nous nous sommes bornés jusqu'à présent à exposer le système de Weismann avec les diverses modifications que son auteur y a successivement introduites. Le moment est venu de voir si ce système est réellement satisfaisant et si sa base même est acceptable. Weismann a cumulé les avantages des théories de tous ses prédécesseurs : l'idée des particules représentatives de Darwin, la séparation

entre les deux sortes de plasmas et les caractères
élémentaires de Nægeli. la migration des particules
du noyau au cytoplasma de de Vries. En les combinant dans un système de particules hiérarchisées à
plusieurs degrés. il a pu créer un ensemble expli-
quant ce que les propriétés d'une seule catégorie
quelconque d'unités seraient impuissantes à expliquer. Il a éliminé en même temps ce que les
théories précédentes avaient de plus invraisemblable : la circulation des gemmules de Darwin et
la constitution partout la même des faisceaux
micelliens de Nægeli. Il a, de plus, développé l'idée
du plasma germinatif, dont l'ébauche seule existait
chez d'autres (Jæger. Nussbaum) et l'a élaborée si
complètement qu'elle est devenue sienne en quelque sorte.

La théorie du plasma germinatif a été formulée
par Weismann en premier lieu, avant toutes les
autres. Il y a en elle deux parts, dont l'une est une
théorie proprement dite avec tous ses caractères
hypothétiques. tandis que l'autre n'est qu'un fait,
banal même, présenté d'une certaine façon qui
permet d'en tirer des conséquences particulières.
C'est la distinction entre le plasma somatique et le
plasma germinatif, le premier mourant avec l'organisme. le second revivant dans ses descendants
et par conséquent immortel et continu. Weismann
fait de ce second plasma quelque chose de tout à
fait spécial et indépendant, et c'est ainsi qu'il arrive
à la seconde part de la théorie, non seulement
très critiquable. mais conduisant, si on voulait s'y

tenir strictement, à des conséquences tout à fait inacceptables.

Aucune influence ne peut passer de la portion somatique de l'organisme à sa partie germinale, les deux étant séparées dès le début de l'ontogénèse : telle est l'idée fondamentale de la théorie. Le plasma germinatif du descendant se compose donc uniquement du plasma germinatif du parent. sauf les modifications apportées par l'expulsion des globules polaires et la fécondation. Mais ces modifications ne résultent que du remaniement des éléments ayant déjà existé dans la lignée ancestrale ; elles ne peuvent donc rien apporter de nouveau pour l'espèce. D'où viendraient, dans ces conditions, les variations, aussi légères que l'on voudra mais nouvelles, qui donneront naissance à une nouvelle espèce? L'évolution, l'apparition des animaux supérieurs ne se comprend pas du tout et paraît même impossible, car il n'y a pas de raisons pour que notre plasma germinatif soit différent de celui de nos ancêtres les Protozoaires.

En admettant plus tard l'action des conditions extérieures sur la constitution des cellules germinales, Weismann a, il est vrai, ouvert une issue, mais de nature telle qu'elle mine la théorie elle-même, car elle fait tomber tout le système de prédétermination rigoureuse.

Si nous nous tournons vers les agents de cette prédétermination, de nouvelles objections surgissent. D'abord, que sont les biophores porteurs des caractères héréditaires? La notion de *caractère* est une notion abstraite dérivée du fractionnement que 'nous faisons subir mentalement aux sensations produites sur [nous par les objets. Un objet aura pour nous 'autant de caractères que nous serons capables de faire de généralisations d'impressions particulières. Ils n'ont aucune existence par eux-mêmes et ne peuvent, par conséquent, s'incarner dans aucune particule matérielle. D'ailleurs, le fait d'avoir, à nos yeux, certains caractères est commun à tous les objets de l'univers, et les êtres organisés ne présentent, à cet égard, rien de particulier. Faudrait-il donc supposer que les corps inertes doivent aussi leurs propriétés à des espèces de biophores? Et d'où leur viendraient-ils dans ce cas?

Dans la façon même dont ces biophores sont censés opérer dans le système de Weismann il y a des impossibilités. Ainsi, chaque cellule est déterminée par les biophores sortis de son noyau et passés dans son cytoplasma. Mais d'où viennent ces biophores? Ils viennent des ides du noyau; or, dans le noyau, il n'y a pas qu'un seul ide, mais une quantité considérable, chaque ide représentant un ancêtre et l'ensemble représentant la totalité des ancêtres de l'animal. Tous ces ancêtres coopéreront donc à la fois à l'expression des caractères de la cellule. De plus, il y aura dans le cytoplasma de chaque cellule les biophores de toutes les cellules de la lignée ascendante. Tout cela se surajoute, et à la fin de l'ontogénèse les cellules devront posséder tous ces caractères accumulés. Elles ne seront donc déterminées dans aucun sens. Pour qu'elles le soient, pour que les caractères se succèdent au lieu de se surajouter, il faudrait qu'à chaque fois les biophores de la cellule précédente mourussent, mais il n'y a place nulle part dans le système de Weismann pour la disparition des biophores par la mort.

Il y a aussi un autre point : pourquoi les biophores sortent-ils du noyau? C'est la même question et la même impossibilité de réponse que pour les gemmules de Darwin : pourquoi étaient-elles attirées par les cellules? Weismann invoque un certain degré de maturation, mais on ne voit pas, lorsqu'il s'agit de biophores, en quoi cette maturation peut consister et pourquoi cette maturation se produit dans telle ou telle cellule et plutôt dans les cellules somatiques que dans les cellules germinales? On ne pourrait l'expliquer que d'une seule façon : par la différence des conditions dans lesquelles ils se trouvent. Mais ce sera une explication contraire à l'esprit même de tout le système; recourir à elle, c'est rendre inutile toute la hiérarchie des particules représentatives, destinée précisément à tout prédéterminer et à ne rien laisser à l'action du milieu.

L'examen de la théorie la plus parfaite de celles créées dans cet ordre d'idées nous montre ainsi que toutes, elles sont condamnées à aboutir à une impasse. C'est ailleurs, en dehors de toute idée de représentation, qu'il faut chercher la véritable voie.

CHAPITRE XI

La théorie de Roux.

La conception organiciste et ses traits distinctifs. — Importance attribuée aux facteurs extérieurs. — Les représentants de la tendance : O. Hertwig, Herbst, J. Lœb, Driesch. — Tropismes et tactismes. — W. Roux et la biomécanique. — La théorie de la mosaïque; la lutte des parties de l'organisme; l'excitation fonctionnelle.—Exemples à l'appui : formation de la partie spongieuse.de l'os, pseudarthroses. — Critique de la théorie de Roux; ses mérites. — Ses rapports avec le sélectionnisme et le lamarckisme.

La tendance que nous allons exposer maintenant n'a pas fourni de systèmes aussi élaborés, de théories aussi complètes que le courant d'idée contraire, basé sur l'existence de particules protoplasmiques spéciales, représentatives des caractères et parties de l'organisme. Nous avons déjà dit, en définissant cette tendance, qu'elle n'a pas recours à ces hypothèses et opère avec les seules notions de cellule, tissu et organisme entier. Mais cette caractéristique toute négative est, cependant, trop vague et trop générale : il faut noter à côté un autre trait, plus précis : la place importante qu'elle accorde dans l'explication de l'ontogénèse aux influences extérieures et au fonctionnement des divers organes. A cet égard, l'organicisme forme la contre-partie exacte du weismannisme ; de même que celui-ci se rattache à l'ancien évolutionnisme et à l'école néo-darwinienne, celui-là a une parenté évidente avec l'ancienne épigénèse et le transformisme lamarckien.

Il faut noter d'abord que l'organicisme est bien moins une théorie de l'hérédité qu'une théorie de de l'ontogénèse ; ce sont surtout les facteurs de l'évolution individuelle qui occupent W. Roux et les biologistes qui partagent la même tendance. La question principale est ici celle des causes de la différenciation ontogénétique, anatomique et histologique. Nous avons vu que Weismann et son école considèrent les cellules comme différenciées (potentiellement) dès leur naissance et en raison des causes qui leur sont intrinsèques. Les biologistes du camp opposé, O. Hertwig, Herbst, Lœb, Driesch (ce dernier dans ses premiers travaux seulement. ses idées vitalistes actuelles l'ayant amené à d'autres conceptions) et d'autres encore, placent les facteurs de la différenciation en dehors de la cellule.

Ainsi, Hertwig considère les divisions successives de l'œuf comme toutes homogènes et pense que le sort de telle ou telle cellule dépend surtout de la situation dans laquelle elle se trouve placée vis-à-vis de ses voisines. La différenciation, dit-il, est « fonction du lieu ». « Dans la gastrula, ce n'est pas l'endoderme qui s'invagine, mais c'est ce qui s'invagine qui devient endoderme », c'est-à-dire c'est le fait de constituer la paroi interne du sac qui fait apparaître dans les cellules leurs caractères de cellules endodermiques.

D'autres (Hartog, Roux, Kopsch, etc.) invoquent l'action des différents tropismes et tactismes : tels que l'attraction réciproque des blastomères et, plus tard des cellules, attraction que Roux a appelée le *cytotropisme* et Hartog l'*adelphotaxie*, et à laquelle l'un et l'autre ont essayé de donner une explication chimique. Pour démontrer l'action du cytotropisme, Roux isole au sein d'un liquide indifférent des blastomères d'un œuf en segmentation, les observe et constate que, si l'intervalle qui les sépare ne dépasse pas le quart de leur diamètre, ils se meuvent les uns vers les autres et finissent par s'accoler.

Herbst attribue les déplacements des cellules, depuis les premiers blastomères et pendant tout le cours de l'ontogénèse, à une espèce d'attraction chimique, le *chimiotactisme*. C'est cette action chimique qui attire certaines cellules vers la surface du corps où elles deviendront des cellules cutanées, et d'autres vers les régions internes où elles serviront à constituer l'appareil digestif. De même, lorsqu'un nerf se forme, c'est d'abord le prolongement cylindraxile qui s'insinue dans les tissus environnants ; les cellules mésodermiques qui constitueront la gaine de Schwann viennent ensuite se grouper autour de lui, attirées probablement par une force qui est due à la nature chimique du cylindraxe. De même, le périmysium se forme autour des muscles, les couches successives de la paroi des vaisseaux autour de la simple gaine endothéliale à l'intérieur de laquelle se meut le sang, etc. Une cellule conjonctive, d'abord indifférente, sera ainsi déterminée comme cellule de la gaine de Schwann, du périmysium, du périoste, etc., suivant qu'elle sera attirée par tel ou tel tactisme.

En dehors de ce tactisme spécial dont la nature physico-chimique n'est pas encore éclaircie et qu'on a appelé le *biotactisme*, il y a encore l'action morphogène de tous les agents connus — chaleur, lumière, électricité, pesanteur, courant liquide, pression, etc. Le nombre de travaux qui sont venus, dans l'espace d'une vingtaine d'années, prouver l'importance de ces facteurs dans le développement est si grand qu'il est absolument impossible de les citer. Tous les ans, de nouveaux mémoires paraissent sur ces questions et un périodique spécial fondé par Roux, l'*Archiv für Entwickelungsmechanik*, est consacré à l'étude de cette branche de la biologie à laquelle on a donné le nom de *mécanique de développement* ou mieux, de *biomécanique*.

Il ne faudrait pas croire, cependant, que ces divers travaux soient unis par une idée théorique commune et que leurs auteurs soient tous des représentants de l'école organiciste. Loin de là : un grand nombre d'entre eux n'ont formulé aucune conception d'ensemble; d'autres ont même émis des idées tout à fait différentes. Ainsi, Herbst pense pouvoir parfaitement concilier ses conclusions avec celles de Weismann (ce qui, d'ailleurs, nous semble fort douteux) et Hertwig, le principal représentant de l'école épigéniste, a même créé une théorie de particules, facteurs matériels des propriétés élémentaires de la cellule, sa théorie des idioblastes; cette théorie est, cependant, pour son système, une espèce de superfétation dont il ne se sert guère pour l'explication de l'ontogénèse.

D'autre part, Roux, celui qui, en partant de ce point de vue a construit une théorie d'ensemble, mettant surtout en avant l'influence du fonctionnement sur la formation des organes, occupe, dans la question de la préformation et de l'épigénèse, une position beaucoup moins intransigeante que Hertwig, par exemple. Il a émis sur la constitution de l'œuf une théorie dite *de la mosaïque*, d'après laquelle le noyau de l'œuf serait formé de matériaux qualitativement différents, disposés côte à côte à la façon des pièces d'un travail de mosaïque. et destinés à fournir les différentes parties du futur organisme. Cette conception, d'ailleurs en contradiction avec sa théorie principale, ne fait pas partie intégrante du système qui nous occupe. Dans celui-ci, nous pouvons distinguer la théorie de la *lutte des parties de l'organisme* et celle de l'*excitation fonctionnelle*. Nous allons les exposer successivement.

Le protoplasma de la cellule est formé de molécules chimiques de différentes sortes se groupant en plusieurs substances qui, au cours de l'assimilation et de la désassimilation de la cellule, subissent, chacune pour son compte, des modifications. Tel ou tel liquide nutritif entourant la cellule favorise la multiplication des molécules de certaine catégorie plus que d'autres, rompant l'équilibre et donnant la prépondérance à telle ou telle substance. De même, les agents physiques et chimiques exercent leur action sur des substances inégalement sensibles aux excitations de l'agent donné : celle qui réagit davantage se dépense plus qu'une autre, et inversement. Les substances dont l'assimilation est favorisée se développent davantage, mais comme l'espace n'est pas libre, la capacité de la cellule étant limitée, il se produit entre elles une lutte dans laquelle l'une refoule l'autre et finit par devenir prépondérante. C'est cette prépondérance de certaines substances, différentes suivant les cellules parce que d'une part leur état initial n'était pas partout le même et que, d'autre part, les excitations diffèrent suivant la situation des cellules dans l'organisme, qui est la cause première de la différenciation ontogénétique, chimique et fonctionnelle à la fois.

Une lutte semblable existe de même entre les cellules, car elles aussi réagissent différemment aux excitations, et, pour elles aussi, la place est limitée dans l'organisme. Ce sont les plus capables de se multiplier qui prennent le dessus sur leurs voisines. La différenciation s'accentue alors davantage, car, parmi les cellules du même ordre, carac-

14.

térisées par la prédominance d'une même substance, ce sont celles où cette prédominance sera
la plus forte qui se multiplieront le plus.

La lutte se poursuit de même entre tissus et
entre organes, avec cette différence qu'ici certaines
limites lui sont tracées par les exigences de l'organisme : une prédominance trop forte de certains
tissus ou de certains organes pourrait lui être nuisible et le faire éliminer par la sélection naturelle.
La lutte ne se poursuit donc que dans la mesure
où elle contribue à l'utilisation économique de la
nourriture et de l'espace.

Au moment où la différenciation des cellules
s'établit, un autre facteur de l'ontogénèse intervient :
l'*excitation fonctionnelle*. Elle est, d'ailleurs, indissolublement liée à la différenciation cellulaire elle-
même, car lorsqu'une excitation donnée a favorisé
dans la cellule l'assimilation d'une substance quelconque aux dépens des autres et que toutes les
autres sont peu à peu éliminées, la cellule se trouve
n'être adaptée qu'à ce genre spécial d'excitation.
Sa réponse à cette excitation constitue dorénavant
sa fonction propre, et l'excitation elle-même lui
est nécessaire pour vivre. Le fonctionnement
de la cellule, du tissu, de l'organe devient ainsi la
cause qui détermine leur degré de développement
et leur forme. Pour la forme anatomique des organes, c'est là un fait très connu ; mais cela est vrai
aussi pour leur structure histologique. Roux a développé un exemple devenu classique depuis : la
structure de la substance spongieuse de l'os. On a

remarqué depuis longtemps que les trabécules de
cette substance sont dirigés de façon à résister le
mieux possible aux efforts que l'os a à supporter.
La sélection naturelle n'a pas pu produire cette disposition, incontestablement utile. En effet, si au
début, lorsque les trabécules osseux étaient disposés dans toutes les directions, certains d'entre eux
avaient pris une orientation utile, cette variation
légère aurait été insuffisante pour donner prise à la
sélection ; si nous supposons, au contraire, que la
variation a porté sur un grand nombre de trabécules à la fois, outre que ce ne serait plus là de la
variation fluctuante ordinaire, il aurait fallu que ce
grand nombre fût la grande majorité pour que l'utilité se fît sentir ; or, dans ce cas, on ne s'explique
pas pourquoi la transformation ne se serait pas
arrêtée là au lieu d'aboutir à l'orientation analogue
de *tous* les trabécules, ce qui est superflu. La sélection naturelle ne peut pas produire le développement d'une structure utile au delà du nécessaire ;
l'excitation fonctionnelle peut seule le faire.

L'excitation fonctionnelle de l'os, c'est l'action
mécanique qu'il supporte en résistant aux efforts
qui, dans les différents mouvements, tendent à
détruire sa rigidité. C'est dans la direction de cet
effort que l'excitation est la plus énergique ; c'est,
par conséquent, dans les trabécules orientés dans
ce sens que la nutrition se fait le plus activement.
Ce sont donc eux qui se développent le plus, tandis
que ceux orientés différemment dépérissent et
s'atrophient. La cavité intérieure des os creux est

due précisément à ce que les parties qui se trouveraient au centre n'auraient pas été suffisamment atteintes par l'excitation fonctionnelle pour se conserver.

De nombreuses observations servent à Roux pour appuyer cette manière de voir. On a vu que dans les fractures imparfaitement réparées, où les deux portions sont jointes par un segment qui n'est pas dans leur prolongement direct, les trabécules prennent une direction particulière qui est précisément celle du plus grand effort. Un autre phénomène, plus frappant encore, se produit dans les fractures mal consolidées : sous l'influence des mouvements des deux fragments, il se forme entre eux une *pseudarthrose*, c'est-à-dire une articulation avec du cartilage et des ligaments, en un endroit où cette formation n'a pas pu être prévue par l'hérédité.

On a cité, après Roux, d'autres cas où le cartilage disparaît là où le frottement cesse et apparaît là où il s'établit. On a vu aussi un os, appelé à résister à des efforts plus grands que normalement prendre, par suite de l'excitation fonctionnelle, un développement beaucoup plus considérable. Un garçon de sept ans avait presque complètement perdu, à la suite d'une ostéomyélite, la partie médiane de son tibia dont il ne restait plus qu'une sorte d'aiguille de quelques centimètres de longueur formant un prolongement de l'apophyse supérieure ; Poirier essaya de remplacer le tibia par le péroné, en pratiquant une section de ce dernier et en le réunissant à l'apophyse inférieure du tibia manquant. Quinze mois après, le péroné a triplé de volume et est arrivé à remplacer parfaitement le tibia[1]. Dans un autre cas, un phénomène analogue s'est présenté chez un homme adulte, d'une façon naturelle : à la suite d'une maladie dont le tibia avait été atteint dans l'enfance, il s'était produit une séparation entre la tête de cet os et sa diaphyse, la tête étant allée se souder au péroné. Ce dernier a grossi, et, à l'âge où le malade a été examiné (cinquante-cinq ans), les deux os avaient les mêmes dimensions[2].

Cope cite deux exemples analogues (l'un chez l'homme, l'autre chez le cheval) de luxation de cubitus. Le frottement a éliminé le tissu osseux au point de contact, puis une surface articulaire s'est produite[3].

Il en est, d'ailleurs, de même de toutes les autres parties de l'organisme : les organes passifs règlent leur forme et leur structure d'après la direction du plus grand effort qu'ils ont à supporter; les organes actifs (les muscles, par exemple) se développent en raison directe de l'intensité de leur fonctionnement.

Ainsi, beaucoup de structures, que d'autres théo-

1. POIRIER. Rapport au 10e Congrès de Chirurgie (1896) sur le *Remplacement d'une diaphyse tibiale détruite par l'ostéomyélite par la diaphyse péronière.*

2. Communiqué par S. Leduc au directeur de l'*Année Biologique* et exposée dans le volume II de ce recueil.

3. *Proceed. of the Amer. Philos. Soc.*, 1892, cité dans son ouvrage fondamental : *Primary factors of Organic evolution.*

ries attribuent à l'hérédité, sont dues, dans la conception de Roux, à cette cause actuelle, l'excitation fonctionnelle. Le fonctionnement des tissus et organes commence, dit-il, bien avant la naissance; les muscles se forment de bonne heure; les os, les aponévroses, les ligaments sont obligés de bonne heure à résister à des tractions, extensions, etc. Cependant, le fonctionnement dans les limites d'une existence individuelle ne serait pas capable de produire des organes tant soit peu compliqués; il a fallu, pour cela, d'innombrables générations pendant lesquelles les effets du fonctionnement se sont accumulés. Or, cela n'est possible que si les modifications dues à l'excitation fonctionnelle peuvent se transmettre héréditairement. Roux reconnaît ainsi, comme une chose nécessaire, l'hérédité des caractères acquis; mais il n'en propose aucune explication physiologique, sauf en ce qui concerne les modifications chimiques qui peuvent, dit-il, avoir pour cause l'état général de la nutrition de l'organisme retentissant sur ses cellules sexuelles. Pour les caractères morphologiques, il se borne à émettre cette supposition qu'ils sont peut-être accompagnés de modifications chimiques dont l'action est capable de s'étendre aux éléments reproducteurs.

On peut faire à la théorie de Roux un grand nombre d'objections, portant sur presque tous les points de son argumentation. Nous avons déjà dit que sa théorie était très peu une théorie de l'héré-

dité. et, en effet, la lutte des parties et l'excitation
fonctionnelle ne peuvent expliquer que l'apparition
des caractères histologiques et anatomiques très
généraux qui peuvent être et sont, en effet, communs au moins à tous les individus d'une espèce.
sinon à toute une famille. tout un ordre, etc...
Elles n'expliquent pas la ressemblance héréditaire
individuelle. D'autre part, l'hérédité des caractères
acquis est affirmée comme une nécessité logique
pour la théorie, mais aucune explication de son
mécanisme n'est proposée. De même, lorsque Roux
dit que la lutte des cellules pour l'espace et la
nourriture a pour conséquence d'accentuer leur
spécialisation, il ne nous explique pas pourquoi il
en est ainsi : c'était clair lorsqu'il s'agissait des
proportions relatives des différentes substances
chimiques dans une même cellule, car il est naturel. ici, que la plus favorisée augmente; mais il
n'est pas certain que les mêmes causes produisent
la multiplication des cellules. On pourrait faire
beaucoup d'autres objections encore : comme le fait
Plate, opposer aux cas où le fonctionnement développe un organe, des cas où il l'use, au contraire
(les dents, par exemple), montrer des cas de fatigue
non compensée (organes de sens), d'hypertrophie
spontanée, etc.

Et, cependant, malgré toutes les lacunes, malgré
toutes les questions non résolues, Roux conserve
ce grand mérite d'avoir mis en avant un facteur
incontestablement réel et aussi important que
l'excitation fonctionnelle, et d'avoir montré que ce

facteur suffit pour expliquer un grand nombre de faits de première importance. La théorie de Roux est, sous ce rapport aussi, exactement 'contraire au système de' Weismann : chez celui-ci, tout est expliqué, prévu, presque aucune objection de détail n'est possible, mais la base même est fausse ; chez celui-là, les détails manquent, la plupart des questions restent sans solution, mais l'idée |générale est juste et capable de conduire les recherches dans la bonne voie.

L'excitation fonctionnelle n'est certainement pas une idée neuve : elle découle du principe lamarckien de la formation de l'organe par la fonction. Mais en la précisant, en montrant le *comment* de son application, en l'appliquant aux organes même passifs, en la faisant pénétrer jusqu'aux phénomènes de la vie cellulaire, Roux a fait faire un pas très marqué à la question. La théorie de l'excitation fonctionnelle, avec son corollaire, l'hérédité des modifications produites par ce facteur, nous apparaît ainsi comme une théorie à tendance lamarckienne, malgré l'idée, vraie aussi d'ailleurs, de la lutte des parties de l'organisme qui lui donne une vague teinte de sélectionnisme. Mais elle ne peut apporter aux sélectionnistes aucun appui réel, comme le prouve la tentative infructueuse qu'est la lutte des déterminants dans la sélection germinale de Weismann. Par contre, un néo-lamarckien aussi typique que Cope put très logiquement voir dans les travaux et les idées de Roux le pendant embryologique de ses théories phylogénétiques et les prendre pour base.

CHAPITRE XII

La loi de Galton et les lois de Mendel.

Un autre point de vue dans l'étude de l'hérédité.— Les études statistiques de Galton : la *loi de l'hérédité ancestrale.* — Les travaux de Mendel. — L'étude des hybrides ; la *loi de la dominance* et la *loi de la disjonction des caractères.*—Exemples de l'application de ces lois. — Conséquences théoriques des résultats mendeliens.

Dans toutes les théories de l'hérédité que nous avons envisagées jusqu'à présent, la question à résoudre était celle du *processus physiologique* par lequel un organisme en voie de développement devient semblable à ceux qui lui ont donné naissance. Mais on peut aussi poser la question autrement : ne pas s'occuper des phénomènes intimes qui se passent dans l'œuf fécondé et dans les différents tissus, mais, prenant la ressemblance qui en est le résultat comme un fait acquis, étudier cette ressemblance même, ses différents degrés et ses variations dans les séries des générations. C'est dans cette voie qu'ont été faites les recherches et formulées les lois que nous allons exposer maintenant.

15

Ici encore, il faut établir une nouvelle division, car l'emploi de méthodes différentes a amené des conclusions très dissemblables et même contradictoires.

Il y a d'abord l'étude des manifestations de l'hérédité par les méthodes *statistiques*, pour déduire de l'observation des faits, pris *en grand nombre*, certaines lois générales. C'est à Francis Galton qu'on doit l'idée d'avoir appliqué cette méthode aux questions biologiques, spécialement aux phénomènes de variation ; il a jeté les bases d'une nouvelle science, la « *biométrique* », dans ses deux célèbres ouvrages sur l'hérédité, *Hereditary Genius*, paru en 1869, et *Natural Inheritance*, qui date de 1889. Il a été suivi par de nombreux savants, tels que son continuateur immédiat K. Pearson, et par Weldon, Bateson, Darbishire et bien d'autres encore, dont les tendances sont exprimées par une revue spéciale, la *Biometrika*.

La première grande généralisation que Galton ait déduite de ses vastes études statistiques (il a étudié des documents concernant 150 familles, et relatifs aux caractères les plus différents, physiques et psychiques) est celle-ci. Lorsqu'on considère les variations d'un caractère ou d'une faculté, il semble qu'il y ait, pour chaque génération, une moyenne constante et que les écarts se compensent réciproquement. Ainsi, par exemple, si le père dépasse de beaucoup la moyenne, en plus ou en moins, le fils aura une tendance à varier en sens contraire. On a souvent observé que les enfants des grands hommes sont médiocrement doués et qu'au contraire, les hommes très remarquables ont des parents au-dessous de la moyenne. Plus un parent est doué, moins il a des chances de donner naissance à un fils qui le sera autant que lui, et, à plus forte raison, davantage. L'hérédité du talent, des qualités supérieures n'est ainsi rien moins qu'assurée, mais il en est de même, en revanche, des différentes tares individuelles. Un caractère saillant, quel qu'il soit, ne se transmet jamais en entier, mais se trouve toujours atténué dans la génération suivante. C'est le retour à la moyenne, qui tient en partie à ce que cette moyenne représente l'état d'équilibre le plus stable, en partie à ce qu'on n'hérite pas de ses seuls parents, mais aussi de ses grands-parents, de ses ancêtres, etc. Cela nous amène à la seconde grande généralisation de Galton, connue sous le nom de *loi de l'hérédité ancestrale*.

L'idée de l'hérédité ancestrale de Galton renferme, outre la constatation implicite de la continuité du plasma germinatif, un calcul de la contribution de chaque génération à la constitution d'un être donné. L'héritage d'un ancêtre rapproché se fait sentir dans cette constitution plus que celle d'un ancêtre éloigné. Galton détermine ainsi ces parts relatives : *les deux parents ensemble déterminent un caractère hérité pour une moitié ou chacun pour un quart ; les quatre grands-parents contribuent ensemble pour un quart, chacun pour un seizième, etc., la somme de toutes ces fractions donnant l'unité, le caractère de l'individu envisagé.*

Cette loi de l'hérédité ancestrale (que ce soit avec les proportions proposées par Galton ou sous une autre forme plus ou moins modifiée, telle qu'elle apparaît chez d'autres biométriciens) nous montre tout ce qu'il y a d'inévitable dans l'atténuation des effets de l'hérédité et la disparition graduelle des variations abandonnées à leur propre sort. Elle constitue, envisagée ainsi, un des arguments contre la fixation définitive des variations fortuites, nées en dehors de l'influence directe du milieu ambiant. Et elle a, comme nous l'avons vu, joué ce rôle dans la polémique soulevée autour de la sélection naturelle, fournissant des armes contre ses partisans exclusifs. Actuellement, la redécouverte des travaux de Mendel, dont nous allons parler plus loin, semble saper la croyance à l'exactitude de la loi de Galton, au moins comme loi universelle, et le départ n'est pas encore fait entre les cas où elle est toujours considérée comme seule applicable et ce qu'on a appelé les « cas mendeliens ». D'une façon générale, il semble que la loi de Galton s'applique plutôt à la reproduction au sein d'une même race ou variété, tandis que les lois de Mendel, qui ont eu pour point de départ des expériences de croisement, visent surtout les caractères des hybrides.

Les travaux de Mendel sont déjà anciens. Grégoire Mendel était un moine qui, pendant des années, s'est livré, dans le jardin du cloître de Brünn, à des expériences de croisement sur des plantes. C'est en 1866 qu'il publia, dans un recueil peu connu que faisait paraître la Société d'histoire naturelle de Brünn, les résultats de ses expériences, mais ils restèrent sans aucun écho et furent redécouverts en 1900 par les botanistes Correns, de Vries et Tschermak.

En croisant de différentes façons 22 variétés ou sous-espèces de pois (*Pisum sativum*), Mendel suivait certains caractères, tels que la forme et la couleur des graines, celle des gousses, la taille de la plante, etc., à travers les générations successives, en étudiant chaque fois un seul caractère, à l'exclusion des autres.

Ainsi, en envisageant uniquement la couleur des graines, il croise la variété à pois jaunes avec celle à pois verts, et il constate que les descendants montrent uniquement le caractère de l'un des parents, sans mélange aucun : ils ont tous des pois jaunes. Il donne au caractère qui apparaît chez eux le nom de *caractère dominant* et au caractère qui semble ne pas s'hériter celui de *caractère récessif*. La constatation de ces faits fournit la première loi de Mendel, la *loi de la dominance.*

Voyons maintenant ce qui se produit dans la génération suivante. On croise entre eux ces hybrides qui ressemblent tous à un des parents (qui ont tous, par exemple, des pois jaunes) et on constate que, parmi leurs descendants, les uns sont à pois jaunes, les autres à pois verts, dans la proportion, en moyenne, de trois individus portant le caractère dominant contre un à caractère

15.

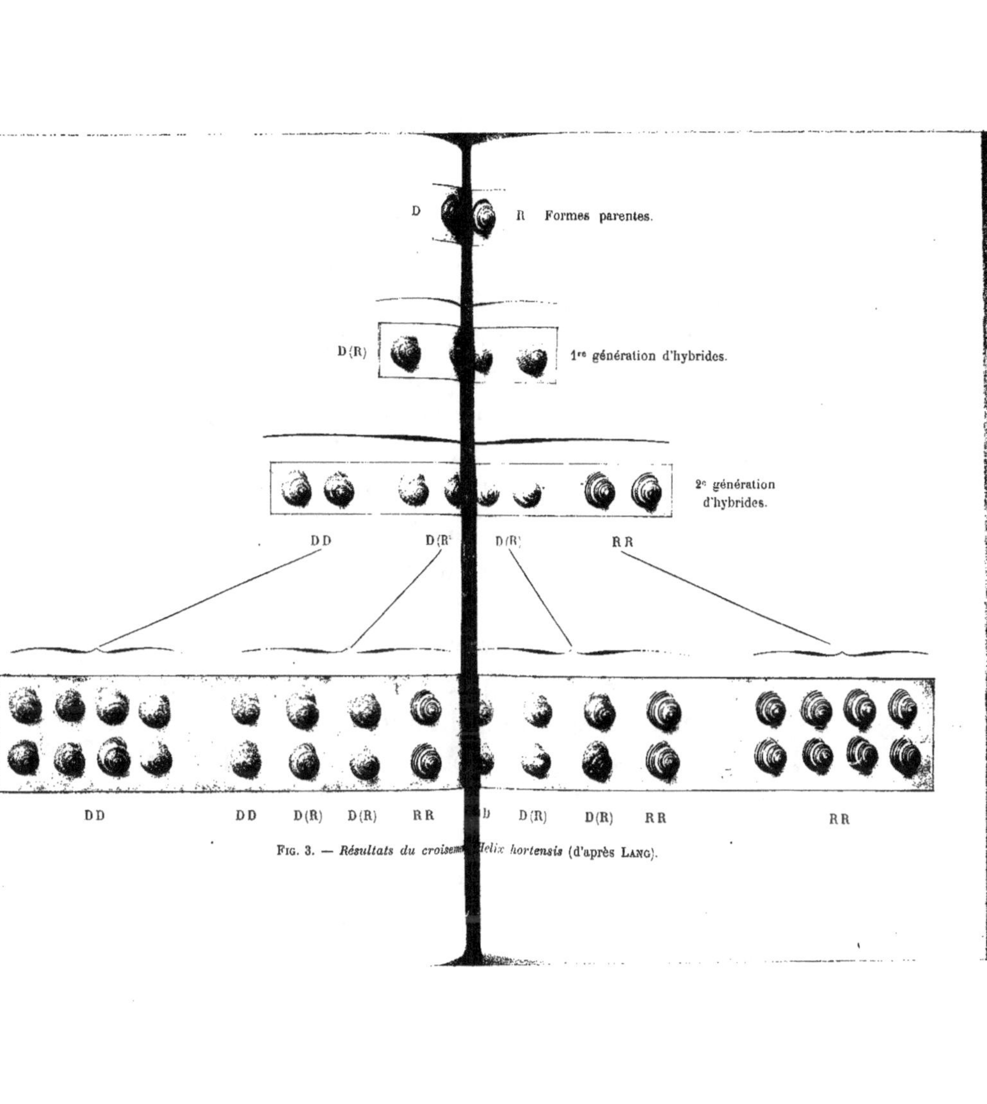

Fig. 3. — *Résultats du croisement Helix hortensis* (d'après Lang).

récessif. La disparition du caractère « graines
vertes » n'était donc qu'apparente dans la première
génération d'hybrides, puisque ce caractère réap-
paraît dans la deuxième, à laquelle chacune des
deux variétés initiales semble avoir transmis son
héritage séparément. C'est la *disjonction des caractères* que constate la seconde loi de Mendel.

La descendance de cette deuxième génération
fournit des résultats curieux et permet certaines
prédictions en ce qui concerne le nombre d'individus de chaque catégorie. Voici ce que l'on
observe. Les individus « récessifs » (on les appelle
ainsi par abréviation), les individus à pois verts,
par exemple, donnent, en se reproduisant entre
eux, des « récessifs » pendant un nombre indéfini
de générations ; les « dominants », lorsqu'ils se
reproduisent entre eux, donnent des descendants
de deux sortes ; un tiers de ceux qu'on a appelé
« dominants purs », parce que, en se reproduisant
entre eux, ils donnent indéfiniment des individus
identiques à eux, et deux tiers de « dominants »,
tels que leur reproduction fournit de nouveau un
mélange de « dominants » et de « récessifs » dans
la proportion de trois à un. Ceux-ci se comportent
comme ceux de la deuxième génération, et ainsi
de suite. Le schéma suivant aidera peut-être à mieux
comprendre cette répétition de résultats identiques.
A la base, D et R représentent les premiers parents,
individus appartenant aux deux variétés qu'on
croise. D est l'individu exclusivement pourvu du
caractère dominant ; R, celui pourvu de caractère

récessif; Dr, celui à caractère dominant prononcé et à caractère récessif à l'état latent.

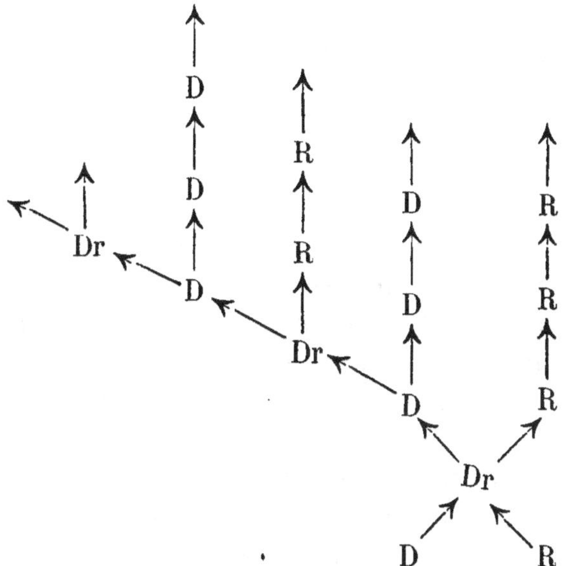

Les expériences de Mendel furent reprises et ses résultats contrôlés par un grand nombre de botanistes et de zoologistes. Correns, expérimentant sur le pois et le maïs surtout, Tschermak, de Vries, Bateson et ses collaborateurs, sur des objets différents ; Darbishire et Cuénot, sur les souris ; Hurst, sur les lapins ; Toyama, sur les vers à soie ; Davenport, sur les poules, etc., constatèrent que les lois de Mendel se justifiaient, approximativement au moins, dans la plupart des cas étudiés. Certains exemples sont frappants par l'exactitude avec laquelle les prévisions découlant de ces lois se réalisent. C'est ainsi que Lang croise deux formes d'*Helix hortensis*, le colimaçon ordinaire : l'une à coquille unie, l'autre à coquille striée. Les hybrides de la première génération ont tous des coquilles lisses (caractère dominant); dans la suite, la distribution des caractères antagonistes est, comme on peut s'en assurer par la figure 3, exactement celle prévue par la loi de Mendel[1].

Un autre exemple, choisi entre beaucoup : Correns croise deux variétés d'orties, l'*Urtica pilulifera* et l'*Urtica dodartii*, qui ne diffèrent entre elles que par les bords de la feuille, dentelés chez l'une et presque arrondis chez l'autre, et obtient des résultats aussi exactement conformes à la loi de Mendel. (Voir fig. 4.)

Outre ces cas simples, divers auteurs ont étudié les caractères corrélatifs, les caractères réagissant l'un sur l'autre, les types où il y a deux caractères dominants et deux caractères récessifs liés entre eux, les croisements entre les dominants « purs » et « impurs », etc. Nous laissons de côté ces complications d'une nature trop spéciale, et nous passons au côté de la question qui nous intéresse le plus : à la portée théorique des lois de Mendel.

L'existence de caractères indépendants ne se mélangeant pas et susceptibles de varier isolément, de *caractères-unités*, est une conclusion que

---

1. A. Lang. *Ueber die Mendelschen Gesetze, Art und Varietätenbildung, Mutation und Variation, insbesondere bei unsern Hain-und Gartenschnecken.* (Verh. schweiz. Naturf. Ges. 1905, Luzern.)

Mendel lui-même a tirée de ses expériences. Ces
caractères possèdent, a-t-il dit, dans les cellules
germinales des représentants matériels qui, au
moment de la fécondation croisée, se combinent,
mais de façon à ce que ceux d'un caractère seu-

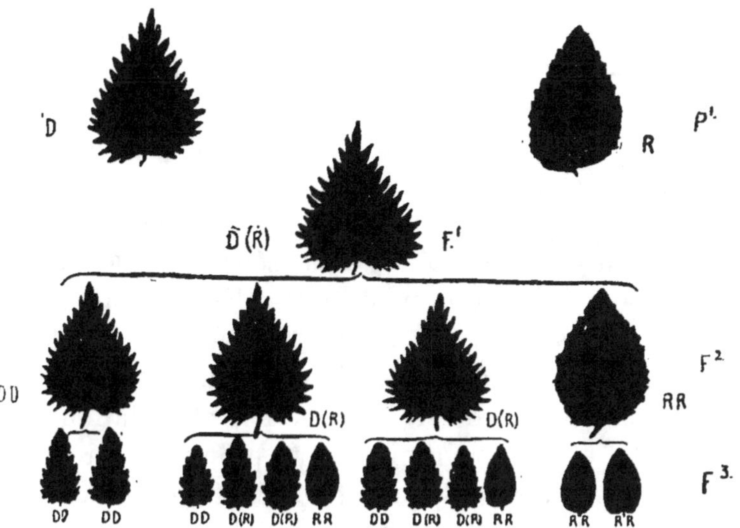

Fig. 4. — *Résultats du croisement chez l'Ortie*
(d'après J.-A. Thomson : *Heredity*).

P¹. feuilles des deux parents : D, *Urtica pilulifera;* R, *Urtica dodartii.*
F¹. feuille de l'hybride provenant de leur croisement; F² et F³, feuilles
de la 2e et 3e générations d'hybrides. D, parent à caractère dominant,
R, parent à caractère récessif, D (R), individus à caractère dominant
prononcé et caractère récessif latent; DD, dominants purs; RR, récessifs purs.

lement deviennent actifs. La présence des représentants de l'autre dans les cellules germinales
de l'hybride ne se révèle que dans la descendance
de ce dernier. L'hybride produit deux sortes de
cellules germinales, en nombre égal, représentant

en puissance les deux caractères « antagonistes ». C'est ainsi que s'explique la « disjonction des caractères ». A cette idée ancienne de Mendel, Correns a proposé de substituer une autre : la disjonction aurait sa source daus la division réductrice lors de la maturation. Mais quelle que soit sa cause, l'existence même de cette disjonction cadre parfaitement avec les théories actuelles des particules représentatives ; elle constitue un argument en faveur de la conception weismannienne du développement et de l'hérédité.

La seconde conséquence des lois de Mendel concerne la question de la sélection naturelle, spécialement l'argument anti-sélectionniste basé sur la disparition nécessaire des effets de la sélection naturelle dans la série des générations, surtout dans les cas de croisement. Les observations de Mendel et de ses continuateurs prouvent, en effet, que les caractères peuvent se perpétuer tels quels, sans s'atténuer ; l'argument, qui s'appuyait surtout sur la loi de Galton, tombe par conséquent. Telle est la conclusion qu'en tirent les néo-darwiniens, dont ce second point favorise également la thèse.

Le troisième point, le fait que les nouveaux caractères apparaissent brusquement et non par accumulation de petites variations darwiniennes, constitue un argument en faveur de la variation discontinue et fournit un appui à la théorie de la mutation de de Vries, dont nous aurons à nous occuper plus loin.

Voyons maintenant comment envisagent la

portée de ces lois les représentants de la tendance opposée, de la tendance lamarckienne. Dans son livre récent, *La crise du transformisme*, le plus décidé des lamarckiens français, Le Dantec, examine longuement la théorie de la mutation et consacre un chapitre aux faits de l'hérédité mendelienne. Son idée essentielle, c'est que la continuité de l'évolution est le point central de tout le transformisme ; l'auteur est en même temps un adversaire résolu de la conception des particules représentatives et du langage weismannien. Or, il s'agit ici de variation essentiellement discontinue et des caractères qui semblent bien se comporter comme des entités. Voici, dans ces conditions, comment Le Dantec interprète les faits.

Il y a, dit-il, chez les êtres, deux sortes de caractères : les « caractères de mécanisme », caractères essentiels, adaptatifs, nécessaires à la vie ; ils sont les produits de la seule évolution lente et ne montrent rien qui autorise l'usage du langage weismannien ; d'autre part, des « caractères d'ornementation », des particularités de forme qui peuvent être soumises à des lois différentes. Ce sont des caractères sans importance pour l'évolution de l'espèce. Or, tous les caractères « mendeliens » sont de ce nombre, et les cas « mendeliens », loin d'être une règle générale, sont une exception.

Dans ces cas exceptionnels, les caractères sont bien réellement *représentés* par quelque chose et il y a bien réellement discontinuité. Mais « cette nouvelle cause de discontinuité se réduit à la présence

ou à l'absence d'un microbe symbiotique déterminant des caractères qui équivalent à des diathèses »[1]. Les « particules représentatives » ne
sont autre chose que des êtres indépendants, des
microbes. qui manquent dans les cas ordinaires,
lorsqu'il s'agit de caractères de mécanisme. mais
qui viennent se surajouter à l'œuf dans d'autres
cas. créant par leur présence des caractères
d'ornementation, des caractères descriptifs. Décrire
les choses ainsi, c'est, dit Le Dantec, substituer
simplement le langage de Pasteur à celui de Weismann, sans rien altérer de la nature des faits,
car la définition de la particule représentative
et les propriétés qu'on lui attribue sont identiques
à celles du microbe. La seule différence, c'est
que, au lieu d'être parasitaires comme les microbes,
les particules représentatives vivent avec l'organisme en une espèce de symbiose. Mais les caractères provoqués par elles n'ont aucun intérêt
pour la formation des espèces.

Voici comment Le Dantec interprète, en employant le langage adopté par lui, les faits de l'hérédité mendelienne. On croise deux individus de
la même espèce, mais de variétés différentes, se
distinguant entre elles en ce que l'une est caractérisée par la diathèse a, l'autre par la diathèse b. L'œuf qui donnera naissance à l'hybride
est composé de : 1° l'œuf proprement dit de l'espèce considérée, et deux microbes, l'un déter-

____

1. *La crise du transformisme*, p. 211.

minant la diathèse *a*, l'autre déterminant la diathèse *b*. L'individu qui sortira de cet œuf sera donc de la même espèce que ses parents, mais muni en outre des deux diathèses; ce sera un *hybride de diathèse*, un *hybride mendelien*. Dans certains cas, les deux diathèses existeront côte à côte; dans d'autres (cas surtout étudiés par les mendeliens), une seule arrivera à se manifester, de même que cela se passe dans les cas d'antagonismes microbiens.

La discontinuité dans l'évolution tiendrait toujours ainsi à la présence ou à l'absence d'un microbe symbiotique, déterminant tel ou tel caractère-diathèse. C'est ainsi qu'on pourrait, continue l'auteur, expliquer la mutation : le changement morphologique brusque peut s'interpréter comme l'apparition d'une diathèse causée par un microbe symbiotique introduit fortuitement. « Si ces microbes existent dans les pays où poussent les plantes mutantes, s'ils sont surtout parasites externes de ces plantes, on conçoit facilement qu'un traumatisme ou une fécondation par un tube pollinique ayant traversé un stigmate pollué, détermine l'inoculation, dans les bourgeons ou dans l'œuf, de ce nouveau facteur d'action[1]. » Il faut toutefois faire remarquer que Le Dantec ne propose pas cette hypothèse comme une véritable explication de la mutation dont il cherche les causes ailleurs : il ne l'émet qu'à titre d'exemple.

---

1. *Ibid.*, p. 212.

Pour nous, nous ne croyons pas avoir besoin d'une interprétation aussi spéciale pour tirer des conclusions. Les faits de l'hérédité mendelienne sont incontestables, et nous n'avons, jusqu'à preuve du contraire, aucune raison pour les considérer comme produits par une symbiose ou comme constituant un phénomène anormal. Les lois de Mendel s'appliquent à un grand nombre de cas ; un grand nombre d'autres, sinon plus grand encore, restent en dehors d'elles et obéissent à d'autres lois. Les cas mendeliens, de même que les expériences de de Vries sont une preuve manifeste de l'existence d'une variation discontinue ; nous pouvons discuter l'étendue de son application, son rôle dans l'évolution des espèces, etc., mais nous ne pouvons pas la nier pour sauver une opinion théorique. Et, d'ailleurs, nous ne voyons pas en quoi elle contredit la conception transformiste qui, en elle-même, ne préjuge en rien du *mode* de variation (lente ou brusque) par lequel la transformation des espèces s'opère. C'est pourquoi nous ne partageons pas les craintes de Le Dantec à cet égard, et ni les lois de Mendel, ni la théorie de la mutation ne nous apparaissent comme des espèces d'hérésies dangereuses.

Les observations de Mendel montrent en même temps, contrairement aux idées de Galton, qu'il existe dans certains cas (les cas « mendeliens ») des caractères qui ne s'effacent pas ; c'est aussi très vrai, mais il n'en est pas ainsi pour tous les cas et pour tous les caractères. Les caractères à peine perceptibles d'abord et ne devant s'accentuer que par la suite (les plus intéressants, par conséquent, au point de vue darwinien) se prêtent mal aux expériences de croisement où il faut, pour tirer des conclusions, avoir affaire, au contraire, à des caractères bien tranchés; aussi ne pouvons-nous rien dire sur la possibilité d'une application générale des conclusions mendeliennes.

En ce qui concerne le troisième point, l'idée des particules représentatives, nous repoussons cette idée *a priori*, pour des raisons que nous avons indiquées plus haut. Le principe même de ces particules, savoir la représentation d'une notion abstraite par une particule matérielle, est une impossibilité logique. C'est pour cela que les auteurs de ces théories n'ont jamais fourni une expérience ou une observation à l'appui de leurs conceptions, et nous sommes en droit de supposer qu'il en sera éternellement ainsi. C'est pourquoi il faudra chercher ailleurs l'explication de l'apparition indépendante des caractères, comme on doit chercher ailleurs l'explication de tous les autres faits particuliers que nous montre l'étude de l'hérédité pour lesquels les « particules représentatives » semblent à première vue fournir une explication si commode.

CHAPITRE XIII

L'hérédité des caractères acquis :
Discussions théoriques.

Importance de la question. — Les faits d'observation quotidienne. — L'hérédité des caractères acquis chez Darwin. —
Discussions actuelles. — Les définitions du caractère acquis :
de Montgomery, de Le Dantec, de Weismann. — Cas que
l'école weismannienne considère comme non valables. —
Difficulté de résoudre la question. — Controverse entre
Spencer et Weismann ; les papilles de la langue, le sens du
tact, la réduction du petit orteil, le dimorphisme saisonnier
des papillons, les neutres des fourmis et des abeilles.

Parmi toutes les questions que soulève le problème de l'hérédité, la transmission des caractères
acquis sous l'influence des conditions de vie est
celle qui se rattache le plus directement aux différentes théories sur l'évolution phylogénétique. Sélection naturelle des variations innées ou hérédité
des caractère acquis. telles sont les deux solutions
possibles que l'on prévoit actuellement au problème
essentiel de la biologie : l'explication du fait général
de l'adaptation. La divergence d'opinions est ici très
profonde et dépasse les limites du problème lui-
même : suivant le point de vue adopté. on inter-

prétera différemment les processus de l'ontogénèse, les faits de la régénération, l'hérédité, etc. On peut même dire que, sous sa forme la plus générale, le dilemme : caractères innés ou action du milieu, trouve son application bien au delà de la biologie, même dans le domaine moral et social.

L'hérédité des caractères acquis est ainsi devenue le point capital, la question la plus brûlante du transformisme. Et on comprend aisément qu'il en soit ainsi : si les modifications acquises par l'organisme sous l'influence des nécessités de son existence se transmettent aux descendants, l'évolution de l'espèce s'explique d'elle-même, sans constructions compliquées, hypothèses adjuvantes ou subterfuges logiques.

C'est une hypothèse que tous les faits connus relatifs aux effets de l'usage ou du non-usage des organes, à l'influence du milieu sur la structure des êtres, etc., suggèrent naturellement. Le fait que les parties du corps qui fonctionnent davantage deviennent plus développées et qu'au contraire les organes qui ne s'exercent pas s'atrophient est d'observation quotidienne. Les forts muscles des bras du forgeron, les « mains calleuses » des ouvriers manuels, les mains plus petites dans les familles où on n'avait jamais fait aucun travail physique, le développement des aptitudes les plus différentes par l'usage, le cachet qu'imprime à l'extérieur d'un homme la profession qu'il exerce, etc., sont des faits très familiers et, bien que ne reposant sur aucune observation précise, l'idée de leur transmission était de tout temps acceptée par tous comme absolument naturelle. Dans le monde animal, les longues jambes des oiseaux échassiers, le cou de la girafe, la dégradation causée par le non-usage, dans les cas de parasitisme, la dégénérescence des yeux chez les animaux vivant dans l'obscurité, la régression des os des membres postérieurs de la baleine sont autant d'exemples qui semblent prouver que les particularités déterminées par les conditions de vie sont héréditaires.

C'est cette idée qui forme la base du transformisme de Lamarck et c'est encore à elle que Darwin a recours toutes les fois que la sélection naturelle ne lui semble pas fournir une explication suffisante des faits. Car, il ne faut pas l'oublier, Darwin reconnait explicitement l'hérédité des caractères acquis, et c'est un peu abusivement que les négateurs systématiques de cette hérédité prennent le nom exclusif de darwiniste s. L'*Origine des espèces* nous fournit un grand nombre de passages qui le prouvent, dont voici un très clair : « Le changement des habitudes produit des effets héréditaires ; on pourrait citer, par exemple, l'époque de la floraison des plantes transportées d'un climat dans un autre. Chez les animaux, l'usage ou le non-usage des parties a une influence plus considérable encore. Ainsi, proportionnellement au reste du squelette, les os de l'aile pèsent moins et les os de la cuisse pèsent plus chez le canard domestique que chez le canard sauvage. Or, on peut incontestablement attribuer ce changement à ce que le canard domestique vole moins et marche plus que le canard sauvage. Nous pouvons encore citer, comme un des effets de l'usage des parties, le développement considérable, transmissible par hérédité, des mamelles chez les vaches et chez les chèvres dans les pays où l'on a l'habitude de traire ces animaux, comparativement à l'état de ces organes dans d'autres pays. Tous les animaux domestiques ont, dans quelques pays, les oreilles pendantes ; on a attribué cette particularité au fait que ces animaux, ayant moins de causes d'alarmes, cessent de se servir des muscles de l'oreille, et cette opinion semble très fondée [1]. »

D'ailleurs, dans sa forme générale, l'hérédité des caractères acquis a été reconnue par presque tous les naturalistes jusqu'à une époque relativement récente où Weismann, en partant de considérations théoriques que nous avons exposées plus haut, a remis les choses en question. Dès lors, les naturalistes se divisèrent en deux camps, et c'est de ce moment que datent les discussions entre néo-darwiniens et néo-lamarckiens. Pour le moment, la balance semble pencher du côté de la non-hérédité, surtout depuis que la nouvelle théorie des « mutations » de de Vries (dont il sera question plus loin) a fourni une nouvelle hypothèse acceptable à ceux que la sélection darwinienne des petites variations n'arrivait pas à satisfaire pleinement. Cependant, la croyance à

1. *L'Origine des Espèces*, trad. E. Barbier, p. 12.

l'hérédité des caractères acquis se maintient malgré toutes les critiques et la question semble loin encore d'être tranchée.

La discussion porte en somme sur deux questions bien distinctes : d'une part, la réalité et l'interprétation exacte des faits cités par les néo-lamarckiens comme preuve de l'hérédité des modifications acquises ; d'autre part, la possibilité ou l'impossibilité de cette transmission héréditaire, c'est-à-dire l'existence ou non d'un mécanisme par lequel une modification survenue sous l'influence du milieu extérieur ou comme réaction à ce milieu, dans une partie du corps, puisse être transmise aux cellules germinales et réapparaître sous la même forme dans leur produit. Voyons d'abord la discussion des faits et expériences.

Cette discussion, avec toutes les critiques et toutes les polémiques qu'elle a soulevées a conduit à mieux définir ce qu'on entend par caractères *innés* et *acquis* et à mieux distinguer les différents cas de transmission et de non-transmission. C'est là un grand mérite de Weismann, d'avoir, par ses critiques, provoqué un examen plus approfondi de la question et un contrôle plus sévère des faits.

Par *caractère acquis*, il faudrait entendre un caractère qui, chez un individu, est non seulement nouveau par rapport à ses parents (car toutes les variations *innées* seraient dans ce cas), mais qui ne tient ni à l'œuf ni au spermatozoïde. On peut, d'autre part, donner à ces mots un sens beaucoup plus large, comme le fait Montgomery, par exemple [1], ou un sens beaucoup plus restreint, comme le fait Weismann.

La question est mal posée, dit Montgomery. Il faut demander non pas : « les caractères acquis sont-ils héréditaires ? » mais : « quels sont, parmi les caractères acquis, ceux qui sont héréditaires ? » « Dans tous les faits de la transformation des espèces, à chaque stade des ʼchangements subis par elles au cours de leur existence, nous avons des exemples incontestables ʼde la transmission héréditaire des caractères acquis au cours de l'histoire de la race. Car chaque pas en avant dans cette transformation est un nouveau caractère qui a été acquis. » De deux choses l'une : ou bien nous devons supposer que tout le développement des êtres a été prédéterminé dès le début par la nature du plasma germinatif ancestral, de sorte que la phylogénèse n'a été que la réalisation de ce plan primitif, et alors nous admettrons que les variations apparaissent dans le plasma germinatif automatiquement ; ou bien ces variations sont « l'expression des énergies du plasma germinatif combinées avec les influences du milieu. » C'est à cette dernière solution que nous devons nous arrêter, car d'une part le plasma germinatif n'est pas isolé, anatomiquement et physiologiquement, du reste de l'organisme, et, d'autre part, admettre la possibilité de variations sans cause serait aussi

1. Th. H. Montgomery. *The analysis of racial descent in animals* (1906, New-York), ch. v : *Variations and Mutations*, p. 140-150.

absurde que d'admettre la génération spontanée.
Toutes les variations sont donc acquises, et il n'y
a pas de raison pour réserver ce nom à celles-là
seules qui apparaissent à une période plus ou moins
tardive de l'existence et dont l'apparition a lieu
sous nos yeux.

Un autre auteur néo-lamarckien, Le Dantec,
donne, de son côté, une définition des caractères
acquis qui semble rendre inutile toute discussion au sujet de leur transmission héréditaire.
« Il faut réserver, dit-il, le nom de caractères
acquis aux modifications *définitives*, à celles qui
ne disparaissent pas avec la cause qui les a produites. C'est seulement pour ces caractères véritablement acquis que se pose la question de savoir
s'ils sont susceptibles d'être transmis héréditairement. » Ces caractères véritablement acquis ne
restent jamais purement locaux, car « l'organisme
ne peut éprouver que des modifications d'ensemble » et toute influence locale provoque nécessairement un trouble dans l'équilibre général,
trouble qui s'étend jusqu'aux éléments reproducteurs et, par conséquent, jusqu'aux êtres futurs
auxquels ils donneront naissance. La modification
acquise est ainsi nécessairement « inscrite au
patrimoine héréditaire » et, par conséquent,
transmise.

Comment expliquer, pourtant, ce fait qu'il existe
des modifications acquises purement locales et non
transmissibles, telles que les mutilations? Le Dantec s'efforce de sortir de cette difficulté à l'aide du

raisonnement suivant. Supposons qu'on coupe le bras à un homme. « Il pourrait donc y avoir, chez l'homme, un caractère acquis réellement local ? » « Pas le moins du monde, si l'on y réfléchit bien »... et il nous explique que ce qui est cause de la nouvelle forme prise par l'organisme après l'ablation du bras, ce n'est pas l'acte de cette ablation même, mais la forme qu'a acquise après cet acte le squelette. Or, cette forme persiste. « Si donc la propriété d'être manchot est un caractère local, ce n'est pas un caractère acquis au sens que nous avons défini plus haut. Nous appelions, en effet, caractère acquis un caractère réalisé par l'influence directe d'une cause *étrangère à l'homme* et persistant après que cette cause a cessé d'agir ; or, dans l'homme manchot, la cause de la mutilation *persiste ;* c'est l'ablation du squelette du bras. On ne peut donc pas dire qu'en devenant manchot, l'homme a *acquis* un caractère local. » D'une façon générale, continue Le Dantec, « nous ne pouvons plus concevoir qu'un caractère soit réellement acquis s'il n'est pas inscrit dans le patrimoine héréditaire », autrement dit s'il n'est pas transmissible [1].

La différence entre la manière de voir habituelle et celle de Le Dantec, est celle-ci. La cause de l'état du manchot est, pour le commun des mortels, le coup de hache qui a supprimé le segment inférieur du membre, et l'effet est l'absence de ce

---

1. LE DANTEC. *L'Unité dans l'être vivant,* 1902, p. 57-64.

segment, en sorte qu'il y a là un caractère ayant survécu à sa cause, par conséquent acquis au sens de Le Dantec, et qui cependant est resté local et n'est pas devenu transmissible. Le Dantec, lui. déclare, pour sortir de cette difficulté, que la cause de l'état du manchot est *l'absence de l'os* du segment amputé et l'effet est la conformation que prennent les parties molles autour du moignon. La cause se trouve ainsi persistante aussi longtemps que l'effet lui-même et le caractère du manchot n'est plus un caractère acquis, puisqu'il ne survit pas à sa cause ; il est donc, de droit, non transmissible.

C'est une manière bien artificielle de résoudre la difficulté. En dehors même de la question qui a une allure bien scholastique de savoir qu'est-ce qui est véritablement la cause de l'infirmité du manchot : l'acte unique et limité dans le temps de l'ablation du bras ou l'absence de ce bras, état durable, toute cette tentative de démontrer à l'aide de constructions logiques l'hérédité des caractères acquis ne fait faire aucun pas à la question : introduire, pour définir un terme, la notion qui, précisément, est l'objet de la discussion, c'est résoudre la question d'une façon purement verbale. Supposons même que la définition de Le Dantec soit juste et que le nom de *caractères acquis* ne doive désormais être appliqué qu'aux modifications héréditairement transmissibles ; la question n'en subsiste pas moins tout entière, avec cette seule différence qu'il faudra maintenant créer un terme nouveau pour désigner *tous* les caractères, transmis ou non, auxquels on applique maintenant le nom d'acquis.

La définition de Montgomery a, certainement un sens beaucoup plus profond. Il est à se demander, en effet, si entre les modifications produites pendant le développement des cellules germinales et celles survenues plus tard la différence est si essentielle. Weismann lui-même, en introduisant la sélection germinale comme facteur de développement, a dû, comme nous l'avons vu, admettre que la victoire des déterminants dans leur lutte pour l'existence est liée à l'apport de substances et à la nutrition, idée qui se rapproche de celle de Montgomery.

Si le terme de « caractère acquis » prend dans la conception, plutôt lamarckienne, de Montgomery un sens très large, exigé d'ailleurs par l'interprétation que donne l'auteur du mécanisme même de la transmission héréditaire de ces caractères, Weismann et ses partisans en donnent, de leur côté, une définition par trop étroite et par trop exclusive, rendue, elle aussi, nécessaire par l'idée directrice : l'indépendance du plasma germinatif de tout le reste du corps. Weismann n'envisage comme véritables *caractères acquis* que ceux-là seulement qui, apparus *d'abord* dans une certaine région du corps, sous l'influence de quelque condition extérieure, exercent *ensuite* une influence sur les cellules germinales. Il exclut ainsi tous les cas où l'action est exercée *simultanément* sur les cel lules somatiques et les cellules germinales, et demande aux lamarckiens de prouver que cette condition est réalisée dans les cas allégués par eux. Voici un exemple : Paul Bert a essayé de faire vivre des Daphnies dans l'eau salée, en ajoutant graduellement du sel à l'eau de leur aquarium. Au bout de quarante-cinq jours, lorsque la teneur de l'eau en sel eut atteint 1,5 °/₀, toutes les Daphnies ont péri, mais les œufs contenus dans leurs chambres incubatrices ont survécu. Ils ont donné naissance à une nouvelle génération de Daphnies qui, elles, ont prospéré dans ce milieu, néfaste pour la première génération. Le lamarckien Packard qui a cité ce cas d'après Cuénot, y voit une preuve de l'hérédité d'une modification acquise, tandis que Thomson, un wéismannien, le récuse absolument, disant qu'il s'agit là d'une modification directe des cellules germinales ou même de l'embryon [1].

La distinction est, dans la plupart des cas, très difficile à établir et la preuve exigée des lamarckiens difficile à faire, la dissociation des deux actions n'étant pas d'une réalisation aisée dans la pratique. Et d'ailleurs, le pourrait-on, que cela n'aurait qu'une importance toute théorique, pour les vues particulières de Weismann relatives au plasma germinatif, et ne changerait rien à la question de l'hérédité des caractères acquis considérée comme facteur de l'évolution des espèces. Ceci ne constitue un

1. J.-A. Thomson. *Heredity*, p. 189.

argument véritable que lorsqu'il s'agit de caractères produits par l'usage et le non-usage qui sont généralement nettement localisés. Il est vrai que ce sont, pour les lamarckiens, des cas très importants auxquels ils ne sont pas parvenus jusqu'à présent à donner une explication. Mais pour tous les autres cas, qu'importe à ce point de vue que la modification soit produite directement et simultanément dans les cellules germinales et dans les cellules somatiques, ou bien dans ces dernières d'abord et dans les premières ensuite?

Une autre distinction, non moins subtile et tout aussi inutile pour l'explication de l'évolution est celle, faite par certains weismanniens, entre la transmission d'une modification particulière et celle des résultats indirects ou des changements corrélatifs de cette modification. Ainsi, par exemple, la profession des parents peut exercer une influence sur leurs enfants, mais tant que les modifications structurales ne seront pas identiques à celle des parents, on ne parlera pas de la transmission de caractères acquis [1].

Les weismanniens exigent encore qu'un caractère acquis soit transmis *totalement*, tel quel, d'un parent à un descendant; si ce dernier manifeste un trait non pas identique, mais seulement portant sur le même tissu ou le même système que celui du parent, ce trait tombe dans la catégorie des

1. *Ibid.*, p. 190. L'auteur accorde jusqu'à un certain point la transmissibilité de cette dernière catégorie de caractères.

caractères corrélatifs et le fait de sa transmission perd toute valeur.

Le débat se trouve ainsi de plus en plus circonscrit, mais circonscrit artificiellement et un peu arbitrairement; ces restrictions ne le rendent guère plus clair, mais entourent de difficultés presque insurmontables toute expérience qui voudrait être concluante. Comment, en effet, créer des conditions telles qu'on ne puisse classer le caractère envisagé dans aucune de ces catégories, et comment, surtout, interpréter les phénomènes qui ne sont pas provoqués par nous, mais que nous rencontrons tels quels dans la nature et au sujet desquels nous ne pouvons pas connaître toutes les conditions qui ont entouré leur origine?

Weismann et les autres adversaires systématiques de l'idée lamarckienne récusent de même tous les cas de transmission où il s'agit d'organismes unicellulaires, tels que cultures bactériennes modifiées par certaines influences extérieures, dont on a, par exemple, réussi à atténuer la virulence, qui transmettent leurs nouveaux caractères à des centaines de générations. Ces expériences, disent-ils, ne prouvent rien, car chez les êtres unicellulaires la différence entre le plasma germinatif et le plasma somatique n'est pas encore parvenue à s'établir. Mais là aussi on peut faire observer, comme l'a fait un de nous dans un précédent ouvrage[1] que la différence n'est pas si considé-

____

1. Yves Delage. *L'Hérédité*, etc., p. 238 (éd. 1903).

rable et que ce qu'il faut comparer, ce n'est pas la reproduction d'un protozoaire à celle d'un métazoaire, mais la division d'un organisme unicellulaire à celle de l'*œuf* de l'organisme pluricellulaire. Chez ce dernier, d'une génération à l'autre il y a une multitude de divisions cellulaires, et non pas une seule comme chez l'unicellulaire, et il se peut qu'au cours de l'ontogénèse une modification soit transmise, à partir de l'ovule, à un grand nombre de générations de cellules, mais qu'elle arrive à se perdre avant d'atteindre au terme du développement. De cette façon, une modification peut parfaitement être héréditaire et transmise, de même que chez les bactéries, bien que nous n'en apercevions pas de traces dans l'organisme adulte.

Ces restrictions et ces réserves rendent la discussion des exemples cités à l'appui de la thèse de la transmissibilité extrêmement difficile et confuse. En somme, ses adversaires systématiques déclarent, toutes les fois que la transmission d'un caractère est prouvée, que ce caractère n'est pas un « véritable » caractère acquis, et ne considèrent comme exemples probants que ceux où la transmission d'un caractère ne peut pas être prouvée et où on peut le supposer inné. Et c'est peut-être cette difficulté de satisfaire à toutes les conditions exigées qui est la raison de ce fait étrange que, loin d'être innombrables, comme on pourrait s'y attendre si la théorie lamarckienne est juste, les exemples cités en sa faveur par les différents auteurs sont relativement peu nombreux et toujours les mêmes.

Les partisans de l'hérédité des caractères acquis citent des cas qui *peuvent* être expliqués par leur hypothèse; leurs adversaires en citent d'autres qui *peuvent* l'être également par la leur. Il faut aussi remarquer que ce qui rend également la discussion et la preuve difficiles, c'est que les uns et les autres doivent prouver une négative : les néo-lamarckiens, que telle modification *ne peut pas* être l'œuvre de la sélection naturelle; les néo-darwiniens, qu'elle *ne peut pas*, au contraire, être produite par la transmission héréditaire des caractères acquis. Or, on sait à quel point il est difficile de prouver une proposition négative.

Spencer, qui a toujours considéré l'hérédité des caractères acquis comme aussi incontestable que toute autre transmission héréditaire de caractères de la race ou de la famille, indique dans ses *Principes de Biologie*[1], une de ses œuvres les plus anciennes (1864), la raison suivante, tenant non pas au mode de la discussion, mais à la nature des phénomènes eux-mêmes, pour laquelle les exemples de cette hérédité qui devraient être si nombreux, ne sont en réalité qu'en petit nombre. Les changements dans le volume des parties dus à l'usage ou au non-usage, dit-il, sont généralement peu apparents. Quand un muscle a augmenté de volume, on ne le voit guère généralement, à moins que l'exagération du volume ne soit excessive. On ne voit pas non plus les modifications produites

___

1. *Principes de biologie*, [vol. I, p. 296 et suiv. (Paris, 3ᵉ édition, trad. M. E. Cazelles, 1888.)

sous l'influence du fonctionnement dans la distribution et le degré de développement des nerfs ou dans la structure de quelque autre partie interne. Et s'il est difficile de constater ces changements sur l'individu même soumis à l'influence des conditions modificatrices, la difficulté est encore bien plus grande pour son descendant où la modification peut facilement être masquée par d'autres, provenant d'autres conditions et d'autres habitudes, ou bien produite par la sélection naturelle ou artificielle. L'hérédité des caractères acquis est pour Spencer, comme nous l'avons vu, une nécessité théorique et logique, de même que l'hypothèse contraire l'est pour Weismann.

C'est entre ces deux esprits remarquables, entre Spencer et Weismann, que s'est poursuivie la polémique la plus précise, la plus vaste et la plus caractéristique au sujet de la question qui nous occupe[1]. La controverse a débuté par la critique, de la part de Spencer, du principe de la sélection naturelle comme unique facteur de l'évolution des espèces. Nous avons exposé, en parlant de cette question, les plus importantes de ses critiques. Ici nous ne nous occuperons que de ce qu'on pourrait

1. H. SPENCER. *Inadequacy of natural selection (Contemporary Rewiev*, février, mars et mai, 1893); *A Rejoinder to prof. Weismann (Ibid.*, décembre 1893); *Weismannism once more (Ibid.*, octobre 1894); Weismann : *The All-Sufficiency of Natural Selection (Ibid.*, septembre 1893); *The Effect of External Influences upon Development* (The Romanes Lecture, 1894); *Neue Gedanken zur Vererbungsfrage. Eine Antwort an Herbert Spencer* (1895).

appeler la contre-partie de cette argumentation, de l'hérédité des caractères acquis, c'est-à-dire d'un facteur qui. pour lui, sans s'opposer à la sélection, joue un rôle au moins aussi important que celle-ci. La sélection naturelle agit presque seule. dit Spencer. dans le monde végétal et chez les animaux inférieurs. Mais à mesure qu'on s'élève dans l'échelle. à ses effets s'ajoutent de plus en plus ceux produits par l'hérédité des caractères acquis; enfin chez les animaux les plus complexes, cette dernière devient une cause importante, sinon principale. de l'évolution.

L'hérédité des caractères acquis agit donc toujours, seule ou en se combinant avec la sélection naturelle; sans elle l'évolution devient incompréhensible, « ou bien il y a eu transmission héréditaire des caractères acquis, ou bien il n'y a pas eu d'évolution du tout »[1]. Et lorsqu'on demande quels sont les faits prouvant l'hérédité des caractères acquis, on peut répondre que puisque beaucoup de modifications qui surgissent dans l'organisme sont héréditaires, on peut légitimement supposer que toutes peuvent l'être, et c'est à ceux qui affirment que certaines seulement le sont, à l'exclusion des autres. de prouver leur thèse. Il est vrai que tous les caractères acquis ne se transmettent pas, mais cela tient à ce fait que les caractères sont, en général, d'autant mieux enracinés qu'ils sont plus anciens et disparaissent

1. *Inadequacy of natural selection*, p. 30.

d'autant plus vite qu'ils ont existé depuis moins longtemps. C'est pourquoi un caractère dont l'acquisition a duré de longues générations s'hérite plus facilement qu'un caractère récent, lequel en outre disparaît plus vite.

Spencer cite ensuite un certain nombre de faits qui ne peuvent être expliqués ni par la sélection naturelle ni par la panmixie, et où l'hérédité des caractères acquis a seule pu agir. Ainsi, prenons l'origine des nombreuses papilles de la langue. Elles se sont multipliées non parce qu'elles sont utiles ou nécessaires à la vie, mais parce que cet organe, pendant l'alimentation et dans l'usage de la parole, vient constamment en contact avec les différents points de la paroi buccale. Toute la distribution de la sensibilité tactile sur la surface du corps montre que les corpuscules du tact sont le plus nombreux non pas là où ils pourraient être le plus utiles (car ils seraient alors plus nombreux sur la face dorsale du corps, où ils pourraient mieux avertir du danger que sur la face ventrale), mais là où le corps vient le plus fréquemment en rapport avec les objets extérieurs. D'ailleurs, on sait à quel point le sens du tact se développe par l'usage chez les aveugles, les compositeurs typographes, etc. Un autre exemple : la réduction du petit orteil chez l'homme est une propriété acquise et devenue héréditaire ; elle est due à l'habitude de la marche bipède qui, pour maintenir le corps en équilibre, développe exclusivement le côté interne du pied. A cela Weismann fait cette objection que la sensibilité de la langue, si elle n'est pas utile chez l'homme, a pu l'être chez ses ancêtres et avoir ainsi donné prise à la sélection ; Spencer lui répond que c'est bien là que la panmixie, si active ailleurs, aurait dû agir et ne pas laisser cette sensibilité subsister chez l'homme. Pour la réduction du petit orteil, Weismann répond à l'hypothèse de Spencer par une autre hypothèse : cette réduction, dit-il, est une variation innée et non acquise.

La réaction des organismes au milieu, est, pour Weismann, dans une certaine mesure, prédéterminée longtemps à l'avance, car, dans la lutte entre les déterminants, la sélection germinale a laissé subsister ceux d'entre eux qui étaient pourvus d'une sensibilité plus grande à leur excitant spécifique, et c'est cette sensibilité qui détermine les réactions ultérieures de l'organisme. Ce ne sont pas les changements somatiques survenus à la suite de l'accomplissement d'une certaine fonction qui sont primaires : ce sont, au contraire, les modifications du plasma germinatif qui précèdent les changements somatiques. Le changement de la forme, résultat de la lutte entre parties, entraîne et précède dans le temps le changement de la fonction ; c'est la contre-partie absolue de l'adage lamarckien « la fonction fait l'organe ».

L'action du milieu extérieur ne peut être qu'indirecte. Lorsque certains animaux changent de couleur à la suite d'un changement de milieu, lorsque, par exemple, un papillon tel que le *Vanessa* présente deux pigmentations différentes suivant la saison, ou que certains animaux du nord blanchissent en hiver, il s'agit là non d'une action immédiate des conditions externes, mais d'un processus plus compliqué dans lequel la sélection naturelle, aidée de la sélection germinale, produit une variation protectrice.

On peut même donner de ces faits une explication plus précise. Certains insectes produisent deux générations par an : l'une en été, l'autre en automne, et leurs chenilles prennent une coloration différente dans les deux saisons. C'est ainsi que chez un papillon américain, le *Lycæna pseudargiolus*, les chenilles d'été vivant sur les boutons blancs des fleurs de *Cimicifuga racemosa*, sont blanches, tandis que celles d'automne qui vivent sur les boutons d'*Actinomeris squamosa* portant des fleurs jaunes sont vertes ou d'une couleur vert-jaune. Weismann se sert ici des mêmes « déterminants de réserve » qu'il a créés pour tous les cas de dimorphisme en général (dimorphisme saisonnier, dimorphisme sexuel). « Le germe, dit-il, contient toutes les ébauches (Anlagen) des différentes formes, et un excitant, la qualité des aliments, la lumière, la chaleur ou quelque autre influence extérieure, arrive tôt ou tard à provoquer le développement de telles ou telles de ces ébauches et à décider lesquelles se développeront[1] ». Mais ce qui permettra à ces excitants d'agir, c'est l'existence *préalable* de diffé-

1. *The effect of External Influences*, etc., p. 52-53.

rences individuelles entre ces ébauches, d'adaptations *préformées,* due à la sélection naturelle. La détermination du sexe chez les abeilles et les fourmis offre à Weismann un bon exemple. La stérilité des ouvrières est due non pas directement à l'insuffisance de la nourriture que reçoivent leurs larves, comme le croient les lamarckiens, mais à la présence dans l'œuf. par suite de la sélection, de déterminants d'un ovaire rudimentaire et d'autres, correspondant à un ovaire parfait, les premiers se développant précisément lorsque les jeune larves sont moins bien nourries. La quantité de nourriture joue certainement un rôle. mais un rôle indirect : une nourriture moins abondante est l'excitant qui fait sortir les déterminants correspondants de leur état latent et provoque non seulement le développement des caractères d'un ovaire rudimentaire, mais celui de tous les caractères sexuels secondaires qui distinguent l'ouvrière de la reine.

Il est inutile de faire ressortir à quel point l'auteur est amené à des hypothèses arbitraires (les déterminants d'un ovaire stérile ayant pour excitant l'absence de nourriture) pour faire cadrer coûte que coûte la théorie avec les faits.

Le dimorphisme sexuel chez les fourmis et les abeilles et les caractères des neutres ont fourni le principal exemple, le plus longuement discuté, dans la controverse entre Weismann et Spencer. La dégénérescence de l'ovaire et les divers caractères qui y sont liés ne peuvent pas être une conséquence de son non-fonctionnement, dit Weismann, car les neutres ne se reproduisent pas et ne laissent pas d'héritiers auxquels ces caractères auraient pu être transmis. A quoi Spencer répond que les neutres ne sont que des femelles ayant subi un arrêt de développement. Et la preuve, c'est que la communauté d'abeilles ou de fourmis produit, en cas de besoin, des reines en suralimentant des larves destinées, dans les conditions ordinaires, à donner des ouvrières. Quant à leurs autres caractères, y compris les instincts, le développement graduel de la vie sociale chez les insectes permet de supposer que ces caractères ont été acquis *avant* l'établissement des castes, lorsque ces insectes vivaient encore isolément, ou bien dans une société homogène.

Bien d'autres exemples ont été cités encore par les deux champions de cette controverse que nous sommes loin d'avoir exposée ici complètement. Quelle est la conclusion qui peut s'en dégager? Ni Spencer, ni Weismann n'ont remporté une victoire réelle ; plus encore : en employant trop souvent comme argument ce mode de raisonnement : « pourquoi ne supposerait-on pas telle ou telle chose? » Weismann a donné à la discussion le caractère d'un tournoi logique et verbal qui devait rester sans résultats.

CHAPITRE XIV

L'hérédité des caractères acquis. — Exposé et critique des observations et expériences.

Expériences faites pour vérifier la transmission héréditaire des caractères acquis. — Les mutilations et les maladies. — Les cobayes de Brown-Séquard. — Adaptation des êtres aux conditions externes — Variations des papillons sous l'influence de la température et [du régime : expériences de Kellogg et Bell, de Pictet, de Fischer. — Actions produisant des modifications locales ; [faits cités par Cunningham, Hyatt, Cattaneo. — Transmission des caractères psychiques, le talent musical. — Mécanisme possible de l'hérédité des caractères acquis. — Conception chimique ; idées de A. Gautier, de Le Dantec, de Montgomery. — Voie à suivre.

Les expériences faites en vue de démontrer l'hérédité des caractères acquis et les exemples cités à l'appui sont nombreux, d'une valeur très inégale et susceptibles d'objections à des degrés variés. Peu sont probants, peut-être pour des raisons dont nous avons parlé plus haut : difficultés d'expérimentation et surtout difficultés d'interprétation. Nous allons en faire connaître quelques-uns, en commençant par les plus discutables pour finir par les plus démonstratifs.

Une des expériences les plus simples et les plus commodes à faire est celle qui consiste à produire une mutilation et à en observer, s'il y a lieu, les effets héréditaires. Ce sont les faits de cet ordre qui ont surtout servi d'arguments aux partisans de la non-transmissibilité, car les mutilations, même répétées pendant plusieurs générations, ne sont pas héritées par les descendants.

Dans beaucoup de pays on a l'habitude de couper la queue aux chiens ou aux chats sans que leurs descendants soient privés de cet organe. Weismann a fait la même expérience sur plusieurs générations de rats sans plus de résultats. On sait de même très bien que les amputations, les conséquences d'accidents, telles que fractures, cicatrices, etc., ne se transmettent pas; il en est de même des mutilations en usage chez certains peuples (telles que la circoncision chez les Israélites et les Musulmans, la déformation du pied chez les Chinoises, le percement du nez ou des oreilles chez certaines peuplades sauvages, etc.) qui, bien que continuées pendant d'innombrables générations, ne sont pas devenues héréditaires.

Peut-être ne pourrait-on pas tirer des conclusions aussi catégoriques relativement à des mutilations ou lésions capables d'entraîner des troubles dans tout l'organisme, surtout dans le système nerveux, mais, somme toute, on peut dire que toutes les expériences faites jusqu'à présent montrent que les mutilations en général ne sont pas héréditaires. Sur ce point spécial, les antilamarckiens ont donc facilement gain de cause; on pourrait cependant leur faire remarquer que la thèse de la transmissibilité des caractères acquis n'exige nullement que *tous* ces caractères le soient : il suffit que la possibilité de la transmission de *certains* caractères soit démontrée.

Il semblerait que les maladies non congénitales. mais acquises, doivent fournir des arguments décisifs en faveur de l'une ou l'autre opinion. Il n'en est rien cependant, et tous les faits cités sont susceptibles d'interprétations très diverses.

Sans parler de la difficulté qu'il y a à déterminer si la maladie est innée ou acquise au cours de l'existence, il faut considérer que dans les maladies microbiennes il peut y avoir transmission directe du microbe pathogène par le germe, ce qui ne constitue évidemment pas la transmission d'un caractère par hérédité ; or, parmi les maladies dont nous ignorons actuellement les causes, beaucoup se révéleront peut-être un jour comme maladies microbiennes. D'autre part, là où la maladie s'accompagne de production d'une certaine toxine ou se trouve déterminée par une cause d'ordre chimique, la substance correspondante pourra de même passer directement de l'organisme du parent à celui du descendant. Sanson[1] cite l'exemple d'un troupeau de moutons qui a contracté une maladie des articulations par suite du séjour dans un climat humide; on a transporté ensuite ce trou-

1. Sanson. *L'Hérédité normale et pathologique* (1893).

peau dans un pays sec, mais pendant plusieurs
générations encore les moutons ont continué à
souffrir de cette maladie, jusqu'à ce qu'on ait
remplacé tous les individus malades par d'autres
de la même race, mais n'ayant pas subi les
mêmes influences. Un caractère acquis a bien été
transmis, mais comme il s'agit là d'une maladie
d'origine chimique (et peut-être microbienne), ce
cas est passible de l'objection dont nous avons parlé
plus haut.

Un exemple classique, cité et discuté dans tous
les écrits concernant cette question, est celui des
cobayes de Brown-Séquard. Pendant de longues
années (de 1869 à 1891) et expérimentant sur des
milliers de cobayes, il déterminait chez eux, au
moyen de certaines lésions nerveuses (hémisec-
tion transversale de la moelle épinière ou section
du sciatique), une certaine forme d'épilepsie, et il
a observé des cas où les petits des parents ayant
subi cette opération présentaient la même forme
d'épilepsie. Ces expériences ont été depuis confir-
mées par certains, mises en doute et discutées par
d'autres; Weismann leur a opposé précisément
cette objection que l'épilepsie peut être une maladie
microbienne inoculée aux parents pendant l'opération et directement transmise par le germe. Il est
vrai que c'est là une supposition que nous n'avons
aucun droit, pour le moment, d'avancer comme
une certitude, mais on a fait d'autres objections
encore, telles que la facilité avec laquelle les cobayes, en général, deviennent épileptiques (les

résultats de Brown-Séquard pourraient ainsi n'être qu'une simple coïncidence) ou l'hypothèse de la transmission d'une substance chimique. C'est cette dernière hypothèse que suggèrent Voisin et Péron[1] qui expliquent ces expériences 'par la production, dans l'épilepsie, d'une toxine qui vient influencer les cellules sexuelles. Quoi qu'il en soit, ces expériences très discutées doivent être considérées comme douteuses au point de vue des conclusions et ne constituent pas d'argument décisif dans la controverse qui nous intéresse.

Passons aux exemples dans lesquels certaines modifications incontestablement produites par une influence extérieure se retrouvent aussi incontestablement chez les descendants; tels sont les faits d'adaptation des plantes aux différents climats. On voit les rejetons de ces plantes présenter d'emblée les modifications que leurs ancêtres n'ont acquises que progressivement, en un grand nombre de générations ; tel est le cerisier qui, transporté à Ceylan, y devient un arbre à feuilles persistantes (exemple raconté par Detmer). Mais dans tous les cas semblables les causes modificatrices continuant à agir, il est impossible de déterminer la part de l'hérédité dans la fixation des nouveaux caractères.

Il y a cependant d'autres cas où les plantes modifiées, retransportées dans le pays d'origine, conservent pendant quelques générations les carac-

1. *Archives de Neurologie*, 1892-93, et Voisin : *L'Épilepsie* (Paris, 1897, p. 125-133), cités par J.-A. Thomson : *Heredity*, p. 235.

tères acquis sous l'influence du précédent changement de climat.

Pour le règne animal, nous avons cité plus haut
l'exemple analogue de la transmission héréditaire
des effets d'acclimatement chez les Daphnies;
en voici un autre. En expérimentant l'action des
différents degrés de salure de l'eau sur les animaux, Ferronière[1] transporte un oligochète, le
Tubifex de l'eau douce dans l'eau saumâtre. L'animal s'acclimate et présente certaines modifications
(perte des soies) qui vont s'accentuant dans les générations suivantes. Mais ce qui est plus important,
c'est que, après plusieurs générations, il devient
absolument incapable de vivre dans ses conditions
primitives. L'influence du milieu semble donc avoir
eu des effets plus durables qu'elle-même.

Voici maintenant des expériences plus suivies et
plus probantes qui ont eu pour objet les variations
produites sous l'influence des conditions environnantes chez les chenilles de certains papillons.
Les papillons offrent à cet égard un sujet d'étude
commode; aussi de nombreux expérimentateurs
se sont-ils appliqués à placer des chenilles dans
des conditions diverses, à faire varier la température, l'éclairage, l'alimentation, etc., et à observer
le retentissement de l'action de ces agents sur
l'être adulte et ses descendants.

Kellogg et Bell, par exemple, soumettent à
des régimes alimentaires différents les chenilles

1. *Études biologiques sur la forme supralittorale de la
Loire-Inférieure*, 1901.

du *Bombyx mori*, le ver à soie, en faisant varier la quantité de feuilles de mûrier qui leur sont données en pâture ou en remplaçant le mûrier par la laitue[1]. L'insuffisance de la nourriture produit d'abord une réduction de la taille de l'imago, réduction qui persiste jusqu'à la troisième génération, bien que les larves des descendants soient soumises au régime normal. Si la nourriture insuffisante est continuée pendant trois, ou même deux générations, il se produit une race naine de vers à soie dont les papillons ont les dimensions des microlépidoptères. La pénurie d'aliments ou le remplacement de la nourriture habituelle par une autre, moins favorable, entraînaient en même temps un retard dans les différents processus physiologiques, mues, métamorphose, etc., et une diminution de la fertilité; tous ces caractères ont été hérités jusqu'à la troisième génération, à laquelle s'arrêtent les observations, les vers à soie ayant péri au bout de trois ans.

L'influence héréditaire est évidente dans cet exemple, mais on pourrait faire cette objection qu'il s'agit là d'une action d'ordre trop général, d'un simple affaiblissement de l'organisme et que ce ne sont pas certains caractères dus à l'action du milieu qui ont été transmis, mais que des parents affaiblis ont donné des descendants affaiblis dont

---

1. *Variations induced in larval, pupal and imaginal stages of Bombyx mori by controlled varying food supply.* (*Science*, XVIII, 1903, p. 741-748.)

l'état ne pouvait se manifester que, précisément,
par ces caractères.

Les expériences suivantes, dues à Pictet, sont
analogues, mais à conclusions plus précises, car il
s'agit là non d'un état général plus ou moins flo-
rissant, mais d'un caractère physiologique déterminé. Pictet étudie l'influence sur les papillons,
des divers modes d'alimentation et de l'humidité[1].
Les chenilles de chaque espèce de papillons se
nourrissent exclusivement de certaines feuilles et
s'habituent difficilement à d'autres. A celles qui,
habituellement, ne mangent que des feuilles de
chêne, Pictet donne des feuilles d'autres plantes,
laitue, noyer, etc. ; elles ne s'y adaptent qu'avec
peine, mais, une fois adaptées, donnent des papillons dont les descendants-chenilles consom-
ment cette nouvelle nourriture sans difficulté. Il y
a donc eu là une modification, chimique probablement, qui s'est transmise d'abord au papillon, puis
à l'œuf de celui-ci et à la nouvelle génération des
chenilles.

Dans l'espèce *Ocneria dispar* les chenilles se
nourrissent habituellement de feuilles de chêne
ou de bouleau ; Pictet leur fait manger des feuilles
de noyer auxquelles elles finissent, non sans difficulté, par s'habituer. Les papillons que donnent
ces chenilles présentent certains changements dans

---

1. ARNOLD PICTET. *Influence de l'alimentation et de l'humidité sur la variation des papillons*. (Mémoires de la Société
de physique et d'histoire naturelle de Genève, XXXV, fasc. 1,
1905.)

es dessins et la coloration des ailes, qui s'accentuent si on continue le même régime pendant plusieurs générations.

FIG. 5. — Mâle normal d'*Ocneria*.

Ainsi, à l'état normal, le mâle est gris-cendré ou brunâtre, avec quatre lignes noires transversales en zigzag aux ailes supérieures (voir fig. 5); la femelle est plus claire, d'un blanc grisâtre ou jaunâtre, avec des dessins moins marqués (voir fig. 6). En nourrissant les chenilles de ce papillon avec des feuilles de noyer, on obtient, à la première génération, des individus de taille plus petite, de teinte plus pâle, aux dessins moins accentués ; la femelle devient presque transparente (voir fig. 7 et 8). A la génération suivante, la même nourriture con-

FIG. 6. — Femelle normale d'*Ocneria*.

tinuant, les mêmes caractères persistent. — Voici une autre expérience, dans laquelle l'effet héréditaire se montre malgré le retour à la nourriture normale (sixième expérience de Pictet). La première génération est nourrie de feuilles de noyer et manifeste les caractères que nous venons de décrire ; la deuxième et la troisième sont nourries de feuilles de chêne, mais les caractères dus au noyer persistent. La figure 9 représente le mâle de la troisième génération ; Pictet ne donne pas de

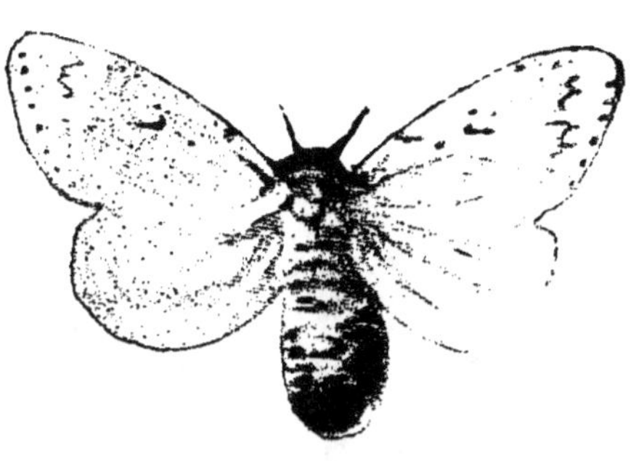

Fig. 7. — Femelle modifiée. (1re génération.)

figure pour la femelle, mais la décrit comme ayant des ailes transparentes, avec quelques indications de retour au type normal (accentuation de certaines lignes).

Fig. 8. — Mâle modifié.
(1re génération.)

Comment pouvons-nous interpréter ces expériences ? Pictet a observé quelques cas où l'accoutumance au noyer était devenue si complète qu'un retour à la forme primitive avait lieu à la fin. Ceci semblerait indiquer qu'il s'agit, là aussi, d'un état général défectueux de l'organisme, résultat d'une adaptation imparfaite, et que les caractères observés sont des manifestations générales de cet état affaibli. Le fait que les feuilles du noyer ont pour effet de

19

diminuer l'intensité de la coloration et d'effacer les dessins semble parler dans le même sens. Cependant, d'autres expériences montrent que le changement de nourriture n'a pas toujours cette influence : quelquefois il a au contraire pour effet de rendre la coloration plus foncée et les lignes plus accentuées. C'est ce que Pictet a observé en nourrissant ses chenilles avec de l'esparcette et de la dent du lion. Il combinait aussi les différentes nourritures anormales, en donnant aux

Fig. 9. — Mâle modifié et resté tel malgré le retour à la nourriture normale. (3e génération.)

chenilles d'abord du noyer, puis, pendant deux générations, de l'esparcette : les caractères dus au noyer persistaient malgré son remplacement par l'esparcette. Nous pouvons supposer, dans ces conditions, qu'il s'agit là de quelque chose de plus que d'un simple affaiblissement général de l'organisme. Les preuves nous manquent pour l'affirmer catégoriquement, mais il n'en reste pas moins là un doute pour la validité de la théorie.

Les expériences de Fischer[1], sur les papillons également, ne prêtent pas le flanc à cette objection. Il a étudié spécialement l'action de la température. Des pupes de l'*Arctia caja* ont été soumises par lui à des refroidissements considérables (8°) ; le papillon adulte montrait certaines anomalies

---

1. Cité par Kellogg. *Darwinism to-day*, p. 296.

comme dessins et comme coloration et même des différences d'ordre morphologique : des changements de forme des ailes et des pattes. On effectuait alors des croisements, en replaçant les pupes des générations suivantes dans les conditions normales ; malgré cela, on retrouvait chez un grand nombre de produits de ces croisements les caractères autrefois provoqués par le froid. Ici, nous avons bien des caractères précis, transmis aux descendants tels quels, car une forme modifiée de l'aile par exemple, est plus qu'une manifestation d'un état général précaire. C'est bien là un exemple de transmission héréditaire d'un caractère acquis sous l'influence du milieu.

Cependant, aux yeux des anti-lamarckiens intransigeants, lui non plus ne trouverait peut-être pas grâce, car rien ne prouve que l'action du froid ne se soit exercée simultanément sur les cellules somatiques et les cellules germinales. Nous avons déjà dit que cette objection ne nous paraissait pas avoir de l'importance pour la recherche des facteurs de l'évolution, mais comme elle en a une au point de vue des théories de l'hérédité, et qu'elle est toujours mise en avant dans les polémiques sur cette question, cherchons d'autres exemples encore, auxquels même ce reproche ne pourra pas être adressé.

Ces exemples existent. Une des expériences les plus précises et les plus remarquables est celle de Cunningham. Tout le monde connaît les Pleuronectes, ces poissons plats (sole, turbot, etc.)

qui sont asymétriques, un côté du corps coloré, l'autre incolore et les deux yeux du même côté. Cette organisation si spéciale tient au mode d'existence de ces poissons : symétriques et bilatéraux dans leur jeune âge, ils se laissent ensuite tomber au fond de l'eau et restent dans cette position. Le côté sur lequel ils sont couchés, privé de lumière, reste incolore; en même temps se produit le déplacement de l'œil correspondant. Cunningham fait l'expérience suivante [1]. Il prend une quinzaine de petits poissons de 11 à 12 millimètres de longueur, encore symétriques comme forme, mais ayant déjà commencé leur métamorphose, c'est-à-dire pris l'habitude de se coucher sur le côté gauche; une pigmentation assez abondante était déjà apparue sur le côté droit, le côté gauche restant incolore. Ces poissons sont alors placés dans un aquarium éclairé par en bas à l'aide d'un miroir et recouvert d'un couvercle opaque pour empêcher la lumière de venir d'en haut. De nombreux témoins, pris dans le même lot, sont placés dans les conditions ordinaires. Un mois et demi après, Cunningham compare les deux lots et ne trouve entre eux que peu de différence : le côté gauche est chez les uns comme chez les autres d'un blanc opaque. Le pigment n'est donc pas apparu chez les poissons en expérience bien qu'ils aient été placés dans des conditions qui auraient dû le faire

1. J. T. Cunningham. *An experiment concerning the Absence of Colour from the lower side of Flat-fishes* (*Zoologischer Anzeiger*, 1891, n° 354, p. 27-32).

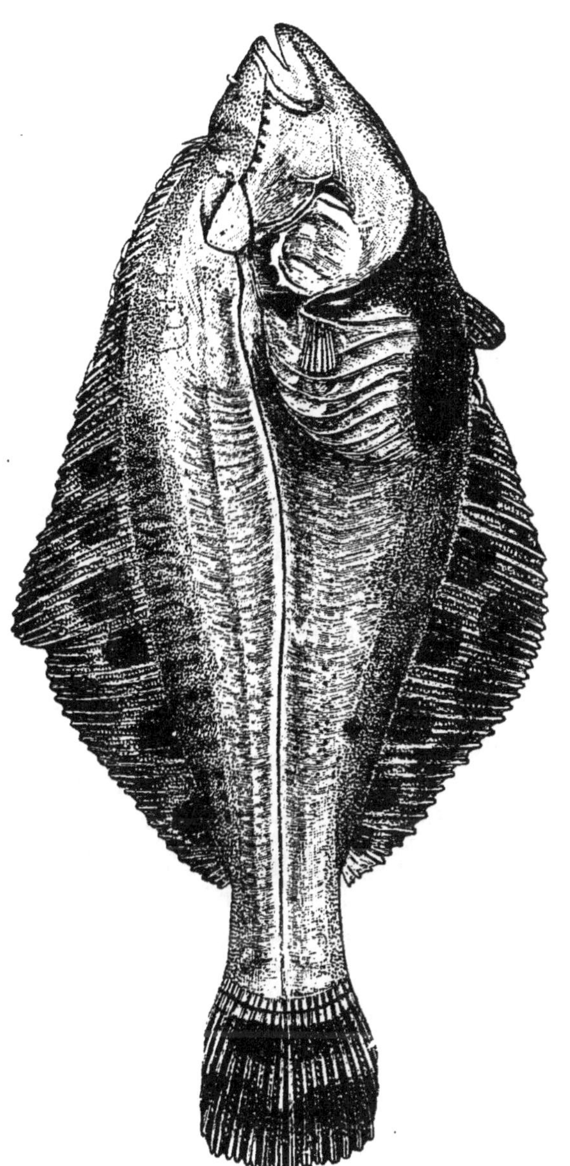

Fig. 10. — Poisson plat des expériences de Cunningham.

19.

naître : une distribution déterminée du pigment, causée dans la série des ancêtres, par les conditions extérieures, a subsisté ici grâce à l'hérédité. Dans la suite, cependant, les conditions actuelles semblent avoir pris le dessus : deux mois après (époque à laquelle l'expérience prit fin, les poissons ayant péri) Cunningham aperçut chez un certain nombre d'individus, quelques chromatophores noirs et jaunes à la base des nageoires dorsales et deux bandes colorées longitudinales sur la face inférieure du corps, s'étendant jusqu'à la tête (voir fig. 10); d'autres exemplaires restèrent incolores. Les témoins ne présentaient sur la face intérieure du corps aucune trace de pigmentation.

Cette expérience paraît concluante. Il ne peut être question ici ni d'un état général vague, ni de substance chimique transmise, ni même d'action simultanée sur les cellules germinales et les cellules somatiques : comment les cellules germinales pourraient-elles être directement atteintes par l'absence de lumière ? Il y a bien là transmission d'un caractère incontestablement acquis et exclusivement somatique. Il faut cependant dire, non pas parce que les arguments invoqués seraient convaincants, mais parce qu'il est bon de montrer jusqu'où peut aller le parti pris, que là aussi les anti-lamarckiens trouvent des raisons pour ne pas admettre cette conclusion. C'est ainsi que Morgan[1] fait à Cunningham cette objection étrange :

1. Th. H. MORGAN. *Evolution and adaptation* p. 258-259.

« Il n'est pas démontré que si la perte de la couleur sur le côté inférieur avait été le résultat de la transmission héréditaire d'un caractère acquis, les phénomènes seraient ce qu'ils sont dans l'expérience de Cunningham ». Pour que cet argument ait quelque valeur, Morgan devrait nous montrer comment, à son avis, les choses auraient dû se passer dans ce cas. Tant que ce n'est pas fait, nous ne pouvons que conclure dans le même sens que Cunningham, aucune autre interprétation ne paraissant possible. On pourrait aussi, dit Morgan, fournir une autre explication qui, formellement au moins, serait parfaitement acceptable : on pourrait aussi bien supposer que la différence de coloration entre les deux côtés est, chez ces poissons, le résultat d'une variation germinale consistant en ce que, d'un côté du corps, le caractère « coloration » était resté à l'état latent ; au moment où un facteur extérieur, la lumière, est venu agir, il y a eu simplement réveil de ce caractère latent. Mais on pourrait objecter qu'il est bien difficile de comprendre pourquoi cette variation *germinale*, par conséquent indépendante de l'action directe du milieu, a coïncidé précisément avec l'absence de lumière, facteur qui généralement produit la décoloration, et pourquoi, de plus, cette variation accidentelle a porté sur le groupe tout entier de ces poissons. C'est, encore une fois, proposer une interprétation compliquée et tout arbitraire et fermer les yeux sur celle que les faits suggèrent naturellement.

Comme un des meilleurs exemples de transmission héréditaire d'un caractère acquis on peut citer aussi les coquilles fossiles étudiées par A. Hyatt, un paléontologiste américain et un des principaux représentants de l'école néo-lamarckienne. Il s'agit de ces céphalopodes dont il ne reste actuellement qu'un seul représentant vivant, le Nautile. Depuis les terrains primaires, leurs coquilles ont pris successivement différentes formes : d'abord en cônes allongés droits (coquilles orthocératiques), elles prennent ensuite une forme recourbée (cyrtocératique) qui s'accentue de plus en plus et aboutit à une forme spirale, à tours de spire d'abord lâches, ne se touchant pas (coquille gyrocératique), puis plus serrés, en contact les uns avec les autres (coquille nautilienne). Plus tard, ces coquilles suivent une évolution inverse : par une sorte de dégénérescence, les tours de spire redeviennent plus lâches et vers le moment de l'extinction de ces animaux on revient à la forme simplement recourbée ou même droite. Mais pendant la partie ascendante de cette évolution la spire se serrant de plus en plus, il arrive que le tour de spire externe s'imprime sur celui qui est à l'intérieur de lui et produit un sillon caractéristique. Hyatt démontre par toute une série de preuves que l'origine de ce sillon est bien mécanique ; on voit d'ailleurs les surfaces se mouler exactement l'une sur l'autre. Or, ce sillon dorsal, qui apparait d'abord chez l'adulte où il est dû ainsi à des causes mécaniques, se retrouve ensuite dans la coquille larvaire à un stade où aucune pression effective n'existe encore et qui est d'autant plus précoce qu'il s'agit de terrains plus récents[1]. C'est bien là un exemple d'action purement locale retentissant sur la descendance, exemple que le grand nombre et la précision des faits cités par Hyatt rend indiscutable.

Le Dantec, qui s'est servi des recherches de Hyatt pour prouver l'hérédité des caractères acquis, nous dit dans son exposé que le sillon produit par la pression des tours de spire l'un sur l'autre subsiste dans les formes dégénérées redressées ; nous trouvons même chez lui un schéma qui le montre très bien[2]. Or, nous venons de voir que ce n'est pas là-dessus que Hyatt base son argumentation ; il dit même, au contraire, en décrivant les coquilles dégénérées, qu'elles deviennent « déformées, plus petites, à spire plus cylindrique, plus lisse et perdent leur zone d'empreinte » (d'un tour de spire sur l'autre)[3]. Dans un autre passage, Hyatt parle de la ressemblance absolue entre les coquilles adultes dégénérées et les coquilles droites primitives, ce qui évidemment exclut l'existence, chez les premières, de ce sillon. Cela ne rend pas son argumentation moins probante, et si nous avons tenu à relever cette erreur de Le Dantec, c'est parce que les faits qu'on apporte comme arguments dans la discussion d'une question aussi

1. A. HYATT. *Phylogeny of an Acquired Caracteristic.* (*Proceed. Amer. Philos. Soc.*, vol. XXXII, 1893, p. 349-616.)
2. LE DANTEC. *Traité de biologie*, p. 296-297.
3. A. HYATT, *loc. cit.*, p. 377.

complexe et aussi controversée que celle-ci doivent, dans l'intérêt même de l'opinion qu'on défend, être très exacts.

Citons enfin un dernier exemple, emprunté cette fois aux effets de l'usage et du non-usage des organes. Cattaneo a eu l'idée d'étudier des animaux domestiqués depuis la plus haute antiquité : les chameaux et les dromadaires, et a émis l'hypothèse, déjà formulée par Buffon, que leurs bosses et les callosités de leurs genoux doivent leur origine aux charges qu'on a l'habitude de leur faire porter et à l'attitude spéciale qu'on leur fait prendre en les forçant à s'agenouiller. Il rapporte que le célèbre voyageur Prjevalsky a tué, en Asie centrale, deux chameaux sauvages, ou plutôt redevenus sauvages, qui n'avaient pas de callosités et dont la bosse était moitié moins grande qu'habituellement. Or, les bosses et les callosités sont héréditaires et non acquises par chaque génération à nouveau. De même, un autre auteur, Ritter, a décrit sur la foi d'un géographe turc du xviie siècle, des chameaux devenus sauvages dont la bosse était à peine visible. — Certains dessins relatifs à Ninive et à Babylone représenteraient de même des chameaux avec des bosses plus petites que celles des chameaux actuels. — Un autre fait du même ordre est rapporté par Fogliata, cité également par Cattaneo. Une ânesse avait longtemps été employée au service du bât; elle présentait sur la région dorsale une forte saillie adipeuse ressemblant, comme forme et comme étendue, à l'empreinte d'un bât et due à la pression exercée par lui. Or, unie à un âne ordinaire, elle donna naissance à un jeune qui avait exactement la même particularité [1]. — Pour frappantes que soient ces observations isolées, il faut dire qu'elles sont beaucoup moins démonstratives que les observations générales du genre de la précédente, car elles sont toujours explicables par une simple coïncidence.

À certains de ces exemples aucune des objections habituelles des anti-lamarckiens irréductibles ne peut s'appliquer : il n'y a là ni infection directe par le germe, ni passage possible d'une substance chimique du parent au descendant, ni même action simultanée d'un facteur extérieur sur le germe et le soma. Il s'agit bien ici de caractères exclusivement somatiques, strictement localisés, produits par des influences qui ne peuvent agir directement sur les organes reproducteurs. Et ce sont ces exemples surtout qui démontrent que *certains caractères acquis au moins peuvent être transmis*.

Parmi les caractères acquis par l'usage, citons encore les caractères psychiques, les instincts, etc., qui occupent une place un peu à part et semblent être héréditaires d'une façon plus évidente que les autres. Spencer a longuement développé l'exemple de la faculté musicale. Il est douteux, dit-il, que jamais le talent musical ait pu être d'une importance capitale pour la conservation de l'individu ; il n'a donc pas pu avoir donné prise à la sélection.

---

1. G. Cattaneo. *Le gobbe e le callosità dei Cammelli in rapporto colla questione dell' ereditarietà dei carratteri acquisiti.* (*Rend. Ist. Lombardo,* XXIX, 1896.)

La faculté musicale, d'abord rudimentaire, a dû s'être développée tout autrement. Une association entre un certain rythme de langage et certaines émotions s'est peu à peu établie dans l'esprit de l'homme; ces rythmes, combinés, ont donné la mélodie, et les hommes, de plus en plus habitués à les entendre et à les exécuter, ont acquis et transmis aux descendants une sensibilité musicale de plus en plus avancée. On a d'ailleurs fréquemment vu des cas de talent musical, non seulement héréditaire, mais plus considérable chez le fils que chez le père, à cause, certainement, de l'exercice du père, car on pourrait plutôt s'attendre à un amoindrissement, la mère n'étant pas forcément douée sous ce rapport. C'est le cas de beaucoup de musiciens célèbres : Mozart, Beethoven, Bach, Haydn et d'autres[1].

Weismann, qui a répondu à Spencer sur ce point, reconnaît que le talent musical ne peut donner prise à la sélection naturelle; mais il cherche à échapper à la nécessité de voir là un cas d'hérédité des caractères acquis en niant l'évolution progressive du génie musical. Il admet que ce talent est aussi développé chez les sauvages les mieux doués sous ce rapport que chez nos compositeurs modernes les plus raffinés et que la seule différence entre eux réside dans le développement de l'art musical chez les peuples civilisés et peut-être une sensibilité générale plus aiguisée chez certains sujets.

1. *Principes de biologie*, vol. I, p. 302-303.

Aux différents faits allégués en faveur de la thèse lamarckienne, Weismann et ses disciples opposent, d'ailleurs, non pas une interprétation différente, ni une critique des observations et des expériences, mais leur point de vue général, l'*impossibilité théorique* de la transmission héréditaire des caractères de cet ordre. Nous avons vu comment l'idée de la séparation absolue entre le plasma germinatif et le plasma somatique entraînait cette impossibilité comme conséquence nécessaire. Il est certain que tout ce que nous connaissons à l'heure actuelle du mécanisme de l'hérédité ne nous donne aucun moyen de répondre victorieusement à l'objection de Weismann. Comment par exemple, le développement des callosités du chameau par le frottement peut-il influencer la cellule germinale de façon à produire chez le descendant une modification identique? Nous avons vu, en parlant des théories de l'hérédité, les différentes tentatives faites dans ce sens. Ici, nous ne pouvons que répéter, à propos de cette question spéciale, ce que nous avons déjà dit : ce qu'il faudrait opposer au système de Weismann, ce n'est pas un nouveau système analogue : c'est une théorie partant d'une conception tout à fait différente des droits et des devoirs du théoricien.

C'est peut-être la chimie du protoplasma, encore bien mal connue, qui nous donnera un jour la solution de ces questions. Pour le moment, nous ne pouvons que formuler des considérations très générales, peut-être même un peu vagues ; mais ce qu'il y a d'essentiel, c'est d'indiquer la méthode à suivre.

Nous ne pouvons, à cet égard, que reprendre une idée qui a déjà été émise[1] et qui avait été en partie suggérée à son auteur par celle des « substances formatives » de Sachs. En quoi l'œuf se distingue-t-il des autres cellules de l'organisme? En ce que, pendant le développement embryogénique, les cellules auxquelles il donne naissance, d'abord semblables entre elles, arrivent à se différencier et à se spécialiser dans certaines fonctions, et deviennent incapables, tant qu'elles sont ainsi différenciées, de donner naissance à un organisme tout entier, tandis que la cellule germinale conserve cette faculté. C'est cette différence qui semble rendre impossible le retentissement sur l'œuf des modifications subies par les parties spécialisées de l'organisme et l'explication de la transmission héréditaire des caractères acquis. En l'examinant de près, cependant, on voit qu'elle n'est pas aussi profonde ni aussi fondamentale qu'on pourrait croire.

La différenciation ontogénétique consiste en grande partie en ce que certaines substances se trouvent être prédominantes, par rapport aux autres, dans les différentes cellules. De ces substances, certaines prennent naissance *de novo* dans ces cellules, d'autres leur viennent de l'œuf dont elles dérivent. Ainsi l'œuf, comme toute cellule, possède une cer-

---

1. Yves Delage. *L'Hérédité*, etc., p. 829-843 (éd. 1903).

taine contractilité, une certaine excitabilité qui, lorsqu'une cellule musculaire ou une cellule nerveuse se différencie, se développent considérablement dans ces cellules, au détriment d'autres propriétés. Et. si l'on admet que cette contractilité ou cette excitabilité sont dues à quelque substance ou à quelque disposition structurale spéciales. il s'en suit que cette substance ou cette disposition doivent exister également dans l'œuf qui présente à un degré moindre ces propriétés. Il peut en être de même d'un certain nombre d'autres caractères. moins saillants, sans qu'on puisse le dire de *tous* les caractères, car alors on tomberait dans la même erreur que celle des particules représentatives avec toute leur complication et toute leur invraisemblance. Ce ne sont. d'ailleurs, pas des substances qui « représentent » les diverses fonctions de l'organisme, ni des substances qui restent dans l'œuf en vue d'un développement ultérieur : ce sont simplement celles dont l'œuf a besoin pour sa vie et ses fonctions propres.

Supposons maintenant que l'on introduise dans l'organisme une substance chimique quelconque ou qu'on change son mode d'alimentation. La résistance de l'organisme aux modifications provenant de cette source est très grande ; cependant, la composition de son sang peut à la longue s'en ressentir dans une certaine mesure. Nous en voyons certains exemples dans l'action des poisons et des médicaments, mais il en est de même, quoique à un moindre degré, de l'alimentation ordinaire et normale.

Ces substances qui, introduites dans le sang, modifient d'une façon spécifique chaque catégorie de cellules de l'organisme, doivent exercer également leur action sur les cellules sexuelles. Pourquoi, en effet, feraient-elles seules exception à la règle générale? Mais si l'œuf contient, comme nous l'avons supposé, certaines substances qui se retrouvent dans d'autres cellules de l'organisme, il sera influencé par les mêmes agents que ces dernières. Ceux qui auront une action excitante et favoriseront le développement de certains organes, en y déterminant la formation d'une certaine substance en plus grande abondance, augmenteront aussi la quantité de cette substance dans l'œuf, et, par conséquent, dans l'organisme auquel ce dernier donnera naissance, et qui, de ce fait, aura l'organe correspondant plus développé. L'inverse aura lieu avec une substance produisant la diminution, la déchéance de tel ou tel organe ou tissu.

Cette hypothèse générale, ou plutôt cette interprétation des faits observés, permet d'admettre la possibilité de la transmission des caractères acquis, et en même temps de comprendre la grande variété des cas que l'observation et l'expérimentation nous offrent à cet égard. Certains caractères acquis peuvent être transmis : ce sont ceux qui correspondent à une substance présente non seulement dans l'organe considéré, mais également dans l'œuf. Il n'est pas nécessaire que ce soient des caractères très importants, saillants ou indispensables à la vie de l'organisme développé : il suffit qu'ils soient sous la dépendance de substances qui lui sont communes avec l'œuf. D'autres, tout aussi importants peut-être, mais déterminés par des substances qui n'existent pas dans l'œuf et ne se développent qu'au cours de l'ontogénèse, ne seront pas transmis. Il en sera de même des modifications qui, tout en étant très marquées, n'amènent pas de changements qualitatifs dans la constitution du sang. Cela explique les résultats contradictoires des différentes expériences, suivant qu'on aura affaire à une modification somatique de telle ou telle catégorie.

Il est très naturel, par exemple, que les *mutilations*, lorsqu'il s'agit d'organes formés de tissus qui se retrouvent ailleurs dans l'organisme (queues coupées, membres amputés, etc.) ne soient pas héréditaires, aucun changement qualitatif dans le sang ne les accompagnant. Il peut en être autrement lorsqu'on extirpe un organe qui renferme la totalité d'un tissu donné. On prive alors l'organisme de la substance caractéristique de ce tissu et les produits sexuels seront, au moment de leur formation, privés de la source où ils puisaient cette substance. Elle se trouvera donc, en eux, absente ou tout au moins en quantité inférieure. Et lorsque l'œuf se développera, les organes dont cette substance est caractéristique se trouveront à l'état de déchéance dans le produit.

On peut appliquer le même raisonnement aux modifications dues à l'*usage* ou au *non-usage* des organes, ainsi qu'à l'hérédité de certaines conséquences de *maladies*. de celles qui affectent, pour un temps plus ou moins long, la constitution du protoplasma cellulaire. Telle est, par exemple, la transmission de l'immunité : les substances immunisantes agissant sur certains constituants chimiques des différentes cellules de l'organisme et sur les substances correspondantes de l'œuf qui, dans l'organisme futur, entraîneront le même caractère d'immunité.

Voyons maintenant les caractères acquis sous l'influence des *conditions de vie*. Parmi ces dernières, l'*alimentation* est une des plus importantes. Ici notre explication du mécanisme de la transmission paraît s'appliquer tout naturellement, car l'action de l'alimentation sur la constitution du sang est incontestable. Par l'intermédiaire du sang, les substances alimentaires agissent sur les cellules sexuelles et sur les substances qu'elles renferment et qui deviendront, lors du développement. celles de l'organisme futur.

Telle est, en somme, la façon dont il est possible de comprendre sinon le mécanisme par lequel les cellules somatiques agissent sur les cellules germinales, du moins celui par lequel les unes et les autres sont influencées simultanément et corrélativement par certains agents extérieurs.

Cette conception, avec la place prépondérante qu'elle accorde aux modifications d'ordre chimique, se trouve corroborée par des recherches d'ordre spécial. Tous les travaux récents sur les antitoxines et les anticorps et toutes les théories qui tendent à donner à la notion de l'espèce une base chimique, fournissent des indications dans le même sens. C'est ainsi que A. Gautier conclut de l'étude des matières colorantes des vins et des différentes essences hydrocarbonées que les matériaux des plasmas vivants sont, au point de vue chimique, différents entre eux suivant l'espèce ou même la race que l'on considère, et que c'est la variation chimique qui est la source des variations morphologiques. Les albumines du même groupe chimique, mais appartenant à des espèces animales différentes se distinguent les unes des autres. De même, l'hémoglobine du sang diffère d'une espèce à l'autre, comme on le voit par les caractères des cristaux de l'hématine qui en dérive, et l'action des divers sérums dans l'immunisation montre entre eux des différences de nature considérables[1].

La définition chimique de l'espèce est aussi à la base de tout le système de Le Dantec. Elle le conduit à reconnaître, comme nous l'avons fait plus haut, que si l'œuf n'a ni muscles, ni nerfs, ni os, il possède cependant à un degré plus ou moins marqué certaines particularités qui, se développant dans des sens différents, conféreront à chaque tissu différencié les caractères qui lui sont propres[2].

1. ARMAND GAUTIER. *Les mécanismes moléculaires de la variation des races et des espèces.* (*Revue de viticulture*, 1901.)

2. LE DANTEC. *Éléments de philosophie biologique*, p. 121. La même idée est exposée d'ailleurs dans presque tous les autres ouvrages de l'auteur.

Un autre auteur à tendances lamarckiennes que
nous avons déjà eu l'occasion de citer, Th. Montgomery, insiste principalement sur la relation
étroite entre la cellule germinative et les autres
éléments du corps qui constituent le milieu dans
lequel elle vit. Elle est incapable, dit-il, de vivre
et d'agir d'une façon normale si elle est soustraite
à l'influence des autres substances cellulaires. Sa
nourriture, l'eau, l'oxygène, tout lui vient du dehors, et cet ensemble constituant son ambiance a
subi auparavant l'action du plasma somatique. Le
plasma germinatif est donc sous une dépendance
étroite du reste de l'organisme et, par l'intermédiaire de ce dernier, du milieu environnant. « Les
résultats de l'observation et de l'expérience nous
apprennent que le plasma germinatif n'est pas un
petit dieu, capable d'exister sans souci des influences extérieures, mais est très intimement lié
à ces dernières. » D'ailleurs, il est impossible, ajoute
l'auteur, qu'il y ait, à cet égard, un abîme entre
les cellules germinales et les cellules somatiques.
Toute cellule différenciée provient, en effet, d'une
cellule germinale et garde en elle une certaine
quantité de plasma germinatif; cette similitude de
constitution fait que l'une et l'autre doivent inévitablement présenter les mêmes réactions générales[1].

C'est ainsi qu'une tendance se fait jour actuellement de chercher des explications des faits de

1. Th. Montgomery. *Racial Descent in animals*, p. 138-141.

l'hérédité dans le chimisme de l'organisme. Ces explications, si elles sont moins précises et moins séduisantes que celles de l'école weismannienne, ont au moins l'avantage d'être dans la voie qui conduit à la vérité. C'est par l'emploi de cette méthode que trouvera probablement sa solution la question si controversée de l'hérédité des caractères acquis. Ce qu'on peut espérer, c'est qu'en examinant à la lumière des observations sur l'hérédité les phénomènes de tout ordre (physiologiques, histologiques, physico-chimiques, etc.) qui accompagnent l'ontogénèse, on arrivera tôt ou tard à la découverte du mécanisme permettant la transmission de ces caractères. En tout cas, l'ignorance où nous nous trouvons actuellement de ce mécanisme ne préjuge en rien contre la théorie qui a cette transmission pour base.

CHAPITRE XV

Le Lamarckisme.

Les darwiniens et les lamarckiens. — L'idée essentielle du lamarckisme. — Lamarck et la *Philosophie zoologique*. — Le mode d'existence et les habitudes des animaux. — Les deux grandes lois de Lamarck. — La tendance lamarckienne actuelle, ses traits essentiels, l'attitude des lamarckiens dans les grandes questions biologiques. — Les progrès de la tendance.

Nous avons vu que le transformisme et le darwinisme sont deux idées qui ne se confondent pas et que la seconde n'est en somme qu'une des parties, une des formes, la plus connue peut-être, de la première, celle qui a seule triomphé pendant presque un demi-siècle. Mais deux grands courants se manifestent dans la philosophie évolutionniste appliquée aux sciences naturelles : le darwinisme (ou plutôt le néo-darwinisme) et le néo-lamarckisme, dont les conceptions, avec, bien entendu, toutes les modifications apportées par le progrès de nos connaissances, se rattachent au nom de Lamarck. Toutes les autres théories et interprétations proposées se groupent autour de ces deux pôles de la pensée naturaliste, se rapprochant de

l'un ou de l'autre. Toutefois, il est à remarquer
que les appellations de « darwiniens » et « lamarckiens » ne doivent pas être prises au sens strict :
les darwiniens ne sont pas seuls à utiliser les
conceptions de Darwin, tous les transformistes, les
lamarckiens y compris, faisant de même dans une
certaine mesure ; d'autre part, Darwin invoque
souvent dans ses ouvrages des interprétations
lamarckiennes. Les néo-lamarckiens, de leur côté,
ne se rapprochent de Lamarck que par certaines
tendances générales et non par le détail des idées,
en raison du progrès des connaissances accompli
depuis la mort du fondateur du transformisme.

En somme, comme nous l'avons vu au cours de
la discussion des théories sélectionnistes, ce qui
distingue les néo-darwiniens, c'est la tendance à
mettre au premier plan les variations *innées*, les
modifications *prédéterminées dans le germe* et dues
au hasard, avec, comme facteur presque exclusif
de l'évolution, la lutte pour l'existence entre individus de la même espèce et entre espèces voisines
et la sélection naturelle qui s'en suit. Le néo-darwinisme a trouvé son expression la plus complète
dans les théories de Weismann, dont les adeptes
sont nombreux et représentent toute une école
groupée autour d'un ensemble de conceptions harmoniques, concernant la structure même de la
matière vivante, l'ontogénèse, l'hérédité, l'évolution des espèces, etc. Plus haut, en parlant des
différentes théories de l'hérédité, nous avons exposé ce système en entier. De même, l'idée cen-

trale de ce système, le sélectionnisme exclusif, a été discutée dans un des précédents chapitres. Nous n'y reviendrons donc pas.

Il est beaucoup moins aisé d'exposer le lamarckisme. L'œuvre de Lamarck est trop éloignée de nous et ne renferme que les traits généraux du lamarckisme actuel : les acquisitions modernes lui ont trop ajouté pour que, dans sa forme primitive, elle puisse fournir une profession de foi à la doctrine.

La *Philosophie zoologique*, œuvre capitale de Lamarck, nous présente les raisonnements sous une forme trop vague et trop schématique pour nos exigences actuelles. N'en est-il pas ainsi toujours, d'ailleurs, lorsqu'une nouvelle idée est formulée pour la première fois? Elle ne fait que s'ébaucher dans ses traits les plus généraux, et jamais celui qui l'a conçue le premier ne peut l'élaborer dans les détails. Les adeptes qui viennent après le fondateur et qui auront reçu de lui l'idée toute faite sans y avoir employé le meilleur de leurs efforts, peuvent à loisir la discuter, la compléter, la développer. L'idée de la lutte pour l'existence, de la sélection naturelle, de l'évolution des espèces n'est, malgré le nombre immense de faits cités à l'appui, exprimée chez Darwin qu'en termes très généraux. Elle s'est précisée dans la suite, et nous avons vu qu'une discussion détaillée a réussi à y faire le départ de ce qui est incontestable et de ce qui ne supporte pas un examen plus minutieux. Il en est à plus forte raison de

même de Lamarck, esprit beaucoup plus synthé-
tique qu'analyste, et d'un demi-siècle plus éloigné
de nous que Darwin. Et quel demi-siècle ! A son
début, les esprits étaient si peu mûrs pour recevoir
les idées transformistes que les vues de Lamarck
ne rencontrèrent de la part des représentants de la
science de l'époque qu'un dédain unanime, tandis
qu'à la fin, le terrain était déjà tout préparé pour
la réception des idées de Darwin.

Il serait trop long d'exposer ici le rôle de Lamarck dans l'histoire des idées transformistes et
d'évaluer la part qui lui revient. Pour le moment,
nous voulons voir surtout ce qui, dans son œuvre,
a servi à fonder non pas le transformisme en
général, mais spécialement sa branche lamarckienne.

On s'est tourné vers Lamarck après que la victoire du transformisme eut été définitive. Le grand
prédécesseur de Darwin avait d'abord été traité
par les transformistes mêmes avec un certain dédain, l'œuvre de Darwin ayant éclipsé celle des précurseurs ; mais au fur et à mesure des discussions,
les exagérations des néo-darwiniens aidant, on
considéra les choses avec plus de justice. Un examen plus approfondi des différents facteurs de
l'évolution attira l'attention sur les idées lamarckiennes.

L'idée spécifique du lamarckisme, c'est l'influence du milieu et du mode d'existence sur les
êtres vivants. Pour les animaux comme pour les
végétaux, dit Lamarck, « à mesure que les cir-

constances d'habitation, d'exposition, de climat. de nourriture, d'habitudes de vivre, etc., viennent à changer, les caractères de taille, de forme, de proportion entre les parties, de couleur, de consistance, d'agilité et d'industrie, pour les animaux, changent proportionnellement[1] ». Les races et les variétés obtenues par la domesticité et la culture en sont une preuve bien connue. La façon dont le milieu opère sur les animaux et les végétaux n'est pas d'ailleurs exactement semblable. C'est chez les végétaux que l'action immédiate des facteurs extérieurs se fait particulièrement sentir et produit entre les individus d'une même espèce des différences très remarquables. « Tant que le *Ranunculus aquatilis* est enfoncé dans le sein de l'eau, ses feuilles sont toutes finement découpées et ont leurs divisions capillacées; mais lorsque les tiges de cette plante atteignent la surface de l'eau, les feuilles qui se développent dans l'air sont élargies, arrondies et simplement lobées. Si quelques pieds de la même plante réussissent à pousser, dans un sol seulement humide, sans être inondé, leurs tiges alors sont courtes, et aucune de leurs feuilles n'est partagée en découpures capillacées ; ce qui donne lieu au *Ranunculus hederaceus* que les botanistes regardent comme une espèce, lorsqu'ils la rencontrent[2] ».

D'une façon générale, chez les végétaux tout est dû aux « changements survenus dans la nutrition

1. *La Philosophie zoologique*, t. I, p. 227, éd. 1873.
2. *Ibid.*, p. 231.

du végétal », tandis que chez les animaux·cela a lieu d'une façon moins directe, par l'intermédiaire de ce que Lamarck appelle les habitudes. « De grands changements dans les circonstances amènent pour les animaux de grands changements dans leurs besoins, et de pareils changements dans les besoins en amènent nécessairement dans les actions. Or, si les nouveaux besoins deviennent constants ou très durables, les animaux prennent alors de nouvelles *habitudes*, qui sont aussi durables que les besoins qui les ont fait naître...... Or, si de nouvelles circonstances devenues permanentes pour une race d'animaux ont donné à ces animaux de nouvelles *habitudes*, c'est-à-dire les ont portés à de nouvelles actions qui sont devenues habituelles, il en sera résulté l'emploi de telle partie par préférence à celui de telle autre, et, dans certains cas, le défaut total d'emploi de telle partie qui est devenue inutile[1] ».

Ceci amène des changements dans l'organisation de l'animal. « Le défaut d'emploi d'un organe, devenu constant par les habitudes qu'on a prises, appauvrit graduellement cet organe, et finit par le faire disparaître et même l'anéantir ». « Les animaux vertébrés, dont le plan d'organisation est dans tous à peu près le même, quoiqu'ils offrent beaucoup de diversités dans leurs parties, sont dans le cas d'avoir leurs mâchoires armées de *dents;* cependant, ceux d'entre eux que les circons-

---

1. *La Philosophie zoologique*, p. 223-224.

tances ont mis dans l'habitude d'avaler les objets dont ils se nourrissent, sans exécuter auparavant aucune *mastication*, se sont trouvés exposés à ce que leurs dents ne reçussent aucun développement. Alors ces dents, ou sont restées cachées entre les lames osseuses des mâchoires, sans pouvoir paraître au dehors, ou même se sont trouvées anéanties jusque dans leurs éléments ». Lamarck signale l'exemple du fourmilier dont l'habitude de n'exécuter aucune mastication a provoqué la disparition des dents. Il en est de même de la baleine que l'on avait cru complètement dépourvue de dents et chez laquelle elles ont été retrouvées au stade embryonnaire.

« Des yeux à la tête sont le propre d'un grand nombre d'animaux divers, et font essentiellement partie du plan d'organisation des vertébrés. Déjà néanmoins la taupe, qui par ses habitudes fait très peu d'usage de la vue, n'a que des yeux très petits et à peine apparents, parce qu'elle exerce très peu cet organe. L'*Aspalax*... qui vit sous terre comme la taupe et qui, vraisemblablement, s'expose encore moins qu'elle à la lumière du jour, a totalement perdu l'usage de la vue : aussi n'offre-t-il plus que des vestiges de l'organe qui en est le siège; et encore ces vestiges sont tout à fait cachés sous la peau et sous quelques autres parties qui les recouvrent et ne laissent plus le moindre accès à la lumière ». De même, le protée qui habite dans les cavités profondes et obscures. « Enfin, il entrait dans le plan d'organisation des reptiles, comme des autres animaux vertébrés, d'avoir quatre pattes dépendantes de leur squelette... Cependant, les serpents ayant pris l'habitude de ramper sur la terre, et de se cacher sous les herbes, leur corps, par suite d'efforts toujours répétés pour s'allonger afin de passer par des espaces étroits, a acquis une longueur considérable et nullement proportionnée à sa grosseur. Or, des pattes eussent été très inutiles à ces animaux, et conséquemment sans emploi : car des pattes allongées eussent été nuisibles à leur besoin de ramper, et des pattes très courtes, ne pouvant être qu'au nombre de quatre, eussent été incapables de mouvoir leur corps. Ainsi le défaut d'emploi de ces parties ayant été constant dans les races de ces animaux, a fait disparaître totalement ces mêmes parties, quoiqu'elles fussent réellement dans le plan d'organisation des animaux de leur classe ».

Et il en est ainsi non seulement dans l'évolution phylogénétique des différents ordres d'animaux, mais aussi chez un même être pendant la durée de son existence. « On sait que les grands buveurs, ceux qui se sont adonnés à l'ivrognerie, prennent très peu d'aliments solides, qu'ils ne mangent presque point, et que la boisson qu'ils prennent en abondance et fréquemment, suffit pour les nourrir. Or, comme les aliments fluides, surtout les boissons spiritueuses, ne séjournent pas longtemps, soit dans l'estomac, soit dans les intestins, l'estomac et le reste du canal intestinal perdent l'habitude d'être distendus dans les buveurs, ainsi que

21.

dans les personnes sédentaires et continuellement
appliquées aux travaux d'esprit, qui se sont habi-
tuées à ne prendre que très peu d'aliments. Peu à
peu, et à la longue. leur estomac s'est resserré. et
leurs intestins se sont raccourcis » [1].

Au contraire, « l'emploi fréquent d'un organe
devenu constant par les habitudes augmente les
facultés de cet organe. le développe lui-même et
lui fait acquérir des dimensions et une force d'action qu'il n'a point dans les animaux qui l'exercent
moins ». « L'oiseau que le besoin attire sur l'eau
pour y trouver la proie qui le fait vivre. écarte les
doigts de ses pieds lorsqu'il veut frapper l'eau et
se mouvoir à sa surface. La peau qui unit ces doigts
à leur base, contracte, par ces écartements des doigts
sans cesse répétés, l'habitude de s'étendre; ainsi
avec le temps. les larges membranes qui unissent
les doigts des canards. des oies, etc., se sont formées telles que nous les voyons. Les mêmes efforts
faits pour nager, c'est-à-dire pour pousser l'eau,
afin d'avancer et de se mouvoir dans ce liquide. ont
étendu de même les membranes qui sont entre les
doigts des grenouilles, des tortues de mer, de la
loutre, du castor. etc... De même l'on sent que
l'oiseau de rivage, qui ne se plaît point à nager, et
qui cependant a besoin de s'approcher des bords
de l'eau pour y trouver sa proie, est continuellement exposé à s'enfoncer dans la vase. Or, cet
oiseau, voulant faire en sorte que son corps ne

1. *La Philosophie zoologique*, p. 240-247.

plonge pas dans le liquide, fait tous ses efforts pour étendre et allonger ses pieds. Il en résulte que la longue habitude que cet oiseau et tous ceux de sa race contractent d'étendre et d'allonger continuellement leurs pieds, fait que les individus de cette race se trouvent élevés comme sur des échasses, ayant obtenu peu à peu de longues pattes nues, c'est-à-dire dénuées de plumes jusqu'aux cuisses, et souvent au delà »[1].

Lamarck mentionne dans le même ordre d'idées la langue du fourmilier, les yeux des poissons, placés latéralement chez la plupart et asymétriques chez ceux qui, nageant sur un côté, reçoivent une quantité plus grande de lumière du côté opposé, les yeux des serpents qui, rampant à la surface de la terre ont besoin surtout de voir au-dessus d'eux. Il cite encore un grand nombre d'autres exemples empruntés aux animaux les plus divers : l'épaississement du corps des herbivores sous l'influence de leur attitude, les griffes, rétractiles ou non, des animaux de proie, la conformation spéciale de l'autruche et du kanguroo, etc. Et voici l'exemple classique de la girafe : « Relativement aux habitudes, il est curieux d'en observer le produit dans la forme particulière et la taille de la girafe (*camelo-pardalis*) : on sait que cet animal, le plus grand des mammifères, habite l'intérieur de l'Afrique, et qu'il vit dans les lieux où la terre, presque toujours aride et sans herbage, l'oblige de

1. *Ibid.*, p. 248 et suiv.

brouter le feuillage des arbres et de s'efforcer continuellement d'y atteindre. Il est résulté de cette habitude, soutenue depuis longtemps, dans tous les individus de sa race, que ses jambes de devant sont devenues plus longues que celles de derrière, et que son col s'est tellement allongé, que la girafe, sans se dresser sur les jambes de derrière, élève sa tête et atteint à six mètres de hauteur » [1].

De tout cela découle la *première loi* de Lamarck : « *Dans tout animal qui n'a point dépassé le terme de ses développements, l'emploi plus fréquent et soutenu d'un organe quelconque, fortifie peu à peu cet organe, le développe, l'agrandit, et lui donne une puissance proportionnée à la durée de cet emploi ; tandis que le défaut constant d'usage de tel organe, l'affaiblit insensiblement, le détériore, diminue progressivement ses facultés, et finit par le faire disparaître* ».

Ces modifications n'auraient cependant aucune importance pour les destinées de l'espèce si elles ne se perpétuaient pas dans la postérité. Mais elles sont héréditaires, et c'est ce qui est énoncé dans la *deuxième loi : « Tout ce que la nature a fait acquérir ou perdre aux individus par l'influence des circonstances où leur race se trouve depuis longtemps exposée, et, par conséquent, par l'influence de l'emploi prédominant de tel organe, ou par celle d'un défaut constant d'usage de telle partie, elle le conserve par la génération aux nouveaux individus qui*

1. *La Philosophie zoologique*, p. 254-255.

en proviennent, pourvu que les changements acquis soient communs aux deux sexes, ou à ceux qui ont produit ces nouveaux individus » [1].

Comment se réalisent les phénomènes que constatent ces deux grandes lois, comment l'organe se développe par l'usage et comment les caractères acquis peuvent s'hériter, les connaissances physiologiques d'alors ne donnaient pas à Lamarck la moindre possibilité de l'expliquer. Il ne faut donc pas nous étonner si nous ne trouvons chez lui que des explications de son temps. Il en est de même de tout le contenu du deuxième volume de la *Philosophie zoologique*, traitant de phénomènes nerveux, sentiment, sensibilité, psychologie. Tout cela n'offre d'intérêt qu'à un autre point de vue qui n'est pas celui auquel nous nous sommes placés. Ces deux grandes lois, fondées sur l'observation, mais plutôt encore *pressenties* par intuition, sont, de l'ensemble de son œuvre, ce qui est resté pour la science future, formant la base de toutes les conceptions de l'école lamarckienne.

La vérité est que le lamarckisme n'a jamais constitué une véritable école. Les idées qui le caractérisent n'ont été systématisées par aucun théoricien, il n'a créé aucun dogme. Il n'est pas un système, mais bien plutôt un *point de vue*, une *tendance* qui se fait jour à propos de toutes les grandes questions biologiques. C'est pourquoi nous ne pouvons guère en donner un exposé doctrinal : il se manifeste de

1. *Ibid.*, t. I, p. 235-236.

lui-même dans la discussion d'autres questions. Tout ce qui accorde la première importance à l'action du milieu et à l'adaptation directe des êtres à ce milieu, tout ce qui donne aux causes actuelles la prédominance sur la prédétermination relève de la tendance lamarckienne. Dans la discussion du darwinisme, les lamarckiens (tels que Spencer, par exemple), sans nier nullement la réalité de la sélection naturelle, chercheront à circonscrire son rôle et, dans la marche de l'évolution, à placer à côté et même avant elle d'autres facteurs — ceux qu'on a appelés les facteurs lamarckiens.

Dans les questions que soulèvent l'ontogénèse et l'hérédité, la tendance lamarckienne s'opposera à toutes les théories de prédétermination exclusive, à tous les systèmes qui considèrent l'œuf fécondé comme portant en lui *tous* les caractères de l'être futur. Elle se manifeste chez ceux qui, ne reconnaissant à la prédétermination qu'une valeur relative, chercheront la clef de l'ontogénèse et de l'hérédité dans les conditions internes et externes que l'œuf rencontre au cours de son développement; elle sera contre la *préformation*, pour l'*épigénèse*. Dans la question de l'hérédité des caractères acquis, qui est la question vitale pour le lamarckisme, toutes les recherches qui en montreront la réalité par des expériences, comme toutes les considérations théoriques qui tendront à expliquer son mécanisme, relèveront de la tendance lamarckienne. On peut dire que toutes les recherches de zoologie expérimentale qui se multiplient de plus en plus de notre temps, les études de biomécanique inaugurées par les travaux de Roux, la parthénogénèse expérimentale, la tétatogénèse expérimentale, les nombreuses recherches sur l'influence de la température. de la lumière, etc., sur l'organisme, tout cela est empreint de l'esprit lamarckien et tout cela, tout en cherchant, en fin de compte, l'explication mécaniste des phénomènes de la vie, contribue à résoudre le problème du processus même par lequel se produit la réaction de l'organisme aux influences qu'il subit.

Il serait cependant exagéré de croire que ces recherches sont poursuivies exclusivement par les néo-lamarckiens et au point de vue lamarckien. Cela est loin d'être exact. Weismann lui-même n'a-t-il pas trouvé une explication lamarckienne en établissant que les formes du papillon *Vanessa* (*V. levana* et *V. prorsa*) qu'on avait considérées auparavant comme deux espèces distinctes sont des cas de dimorphisme saisonnier dus à des différences de température? Les néo-darwiniens ont fait dans cette voie presque autant que les néo-lamarckiens, mais la voie elle-même n'en est pas moins lamarckienne.

Des deux camps de biologistes, les néo-darwiniens et les néo-lamarckiens, quel est celui qui semble avoir la prépondérance actuellement? Il est difficile de répondre à cette question. Peut-être ne serons-nous pas éloignés de la vérité en disant que les biologistes qui se proclament néo-lamarckiens sont moins nombreux que ceux qui se réclament exclusivement des idées darwiniennes, mais que la tendance lamarckienne n'en est pas moins en progrès et pénètre même chez ceux qui se disent ses adversaires. Si on fait le dénombrement officiel des darwiniens et des lamarckiens, ceux-ci paraissent encore beaucoup moins nombreux que ceux-là, mais à notre avis, bon nombre de ceux qui marchent sous la bannière du darwinisme sont en réalité des lamarckiens honteux.

CHAPITRE XVI

Les représentants modernes du lamarckisme.

Le système de Cope. La physiogénèse et la cinétogénèse.
L'origine mécanique des diverses structures : le tissu musculaire, la columelle de la coquille des gastéropodes,
l'articulation du pied, la colonne vertébrale. La différenciation ontogénétique; le « bathmisme ». Le point de vue
énergétique. — Les théories de Le Dantec. L'assimilation
fonctionnelle ; l'unité de l'être vivant ; la transmission
héréditaire. — Les lamarckiens vitalistes. — Comparaison
entre le lamarckisme et le darwinisme.

L'absence de dogmatisme qui caractérise la tendance lamarckienne et son état de dispersion par
menus fragments dans les œuvres les plus diverses
font qu'il est difficile d'en indiquer les représentants
sans en omettre.

Un des premiers naturalistes ayant envisagé les
problèmes de l'évolution au point de vue lamarckien est Spencer qui, dès ses premiers travaux, a
attribué une grande importance aux influences du
milieu et a placé la fixation par l'hérédité de leurs
effets à côté, sinon au-dessus, de la sélection naturelle. Il reconnait lui-même dans son *Autobiogra-
phie* avoir subi l'influence des idées lamarckiennes

22

par l'intermédiaire de Lyell ; celui-ci, en effet, parle de Lamarck dans ses *Principles of geology* et aussi dans certaines de ses lettres [1]. Il faut ensuite citer Hæckel qui, tout en étant partisan convaincu de la sélection naturelle, a rendu justice à Lamarck dans son *Histoire de la création naturelle*, dont la première édition date de 1868. « A lui, dit-il, revient l'impérissable gloire d'avoir, le premier, élevé la théorie de la descendance au rang d'une théorie scientifique indépendante et d'avoir fait de la philosophie de la nature la base solide de la biologie tout entière... Cette œuvre admirable, la *Philosophie zoologique*, est la première expression raisonnée et strictement poussée jusqu'à ses dernières conséquences, de la doctrine généalogique. En considérant la nature organique à un point de vue purement mécanique, en établissant d'une manière rigoureusement philosophique la nécessité de ce point de vue, le travail de Lamarck domine de haut les idées dualistiques en vigueur de son temps, et, jusqu'au traité de Darwin, qui parut juste un demi-siècle après, nous ne trouvons pas un autre livre qui puisse, sous ce rapport, se placer à côté de la philosophie zoologique [2] ».

1. Citées, d'après Huxley, par Marcel Landrieu dans son ouvrage récent sur Lamarck : *Lamarck, le fondateur du transformisme* (ouvrage publié par la Société de Zoologie de France à l'occasion du centenaire de la *Philosophie zoologique*, 1909).

2. Hæckel, *Histoire de création naturelle*, traduction française 1874, p. 99.

Mais, pour que les tendances lamarckiennes pussent se faire jour, il ne suffisait pas de rendre justice à Lamarck, comme premier transformiste. Il fallait qu'au fur et à mesure des discussions on s'aperçût des exagérations de l'idée sélectionniste pour juger les choses avec plus de justice. Il est intéressant de noter la grande supériorité, à cet égard, de Darwin sur ses adeptes néo-darwiniens. Dans la sixième édition de l'*Origine des Espèces*, qu'il considérait comme définitive, il est amené à reconnaître, dans les termes suivants, le rôle joué par Lamarck dans i'histoire de l'idée transformiste : « Le premier, il rendit à la science l'éminent service de déclarer que tout changement dans le monde organique, aussi bien que dans le monde inorganique, est le résultat d'une loi et non d'une intervention miraculeuse », et il expose ensuite en quelques lignes les vues de Lamarck sur les facteurs ayant présidé aux transformations des espèces [1]. Il faut noter aussi que, dans cette dernière édition de son travail, il reconnaît au milieu et aux conditions de vie une influence plus grande que celle qu'il leur avait attribuée précédemment. Voici, d'autre part, un passage significatif d'une lettre adressée par Darwin en 1876 à Moritz Wagner et reproduite dans l'ouvrage de ce dernier : *De la formation des espèces par la ségrégation* [2].

1. *Origine des Espèces*, trad. Barbier. Notice historique, page 12.

2. Traduction française 1882, p. 22 ; citée par Marcel Landrieu, l. c., p. 436.

« La plus grande erreur que j'ai commise, c'est de n'avoir pas tenu suffisamment compte de l'action directe du milieu, c'est-à-dire de l'alimentation, du climat, etc., indépendamment de la sélection naturelle... Lorsque, il y a quelques années, j'ai écrit l'*Origine des Espèces*, je n'avais pu rassembler que très peu de preuves de l'action directe du milieu : aujourd'hui il y en a beaucoup ».

D'autre part, un courant d'idées lamarckien s'est formé de très bonne heure chez les naturalistes américains, indépendamment, dans une certaine mesure, de l'influence de Lamarck dont l'œuvre ne leur était que peu connue. Un des premiers représentants de ces néo-lamarckiens, celui-là même qui a introduit ce terme, Packard, nous raconte dans son livre sur Lamarck (qui a servi de point de départ pour l'ouvrage de Marcel Landrieu que nous avons cité plus haut) [1] l'histoire de leurs travaux et de leurs idées. La sélection naturelle ne leur paraissant pas une explication suffisante parce qu'elle n'indique pas la *cause* des variations sur lesquelles elle opère, ils cherchèrent cette cause dans l'influence immédiate du milieu. Toute une série de travaux d'anatomie comparée et surtout de paléontologie furent orientés dans cette direction. En 1866 déjà, A. Hyatt publia un mémoire sur les céphalopodes fossiles, où il attribuait leurs transformations successives à l'action des facteurs primaires de l'évolution, fixée par l'hérédité des

---

1. PACKARD. *Lamarck, the founder of evolution ; his life and work* (1901).

caractères acquis. La même année parut le travail de Cope, *Origin of Genera* conçu dans le même esprit ; quelques années plus tard, en 1871, il compléta sa conception lamarckienne en faisant intervenir, à côté de l'action directe du milieu, celle de l'usage et du non-usage des organes. Mais c'est dans son travail fondamental, *The primary factors of organic evolution*, paru en 1896, qu'on trouve l'exposé complet de son système ; nous en parlerons plus loin avec plus de détails.

En 1870, Packard adopta à son tour, à la suite d'études sur les arthropodes, les vues lamarckiennes qu'il n'a cessé de développer depuis. « Le néolamarckisme, dit-il dans un travail postérieur [1], réunit et reconnait les facteurs de l'école de Saint-Hilaire et ceux de Lamarck, comme contenant les causes les plus fondamentales de variation ; il y ajoute l'isolement géographique ou la ségrégation (Wagner et Gulick), les effets de la pesanteur, des courants d'air et d'eau, le genre de vie, fixée, sédentaire ou, au contraire, active, les résultats de tension et de contact (Ryder, Cope et Osborn), le principe du changement de fonction comme amenant l'apparition de nouvelles structures (Dohrn), les effets du parasitisme, du commensalisme et de la symbiose, bref du milieu biologique, ainsi que la sélection naturelle et sexuelle et l'hybridité. » Les néo-lamarckiens ne négligent pas la sélection

---

1. *On the Inheritance of Acquired Characters in Animals with a complete metamorphosis*, cité dans *Lamarck, a founder of Evolution*, p. 398.

22.

naturelle, dit encore Packard ; ils la considèrent comme un principe directeur qui commence à agir dès l'apparition des êtres vivants sur la terre, mais cherchent à lui assigner son rôle véritable.

C'est en Amérique que la tendance lamarckienne compte jusqu'à présent ses adeptes les plus nombreux, surtout parmi les paléontologistes ; c'est là seulement qu'ils sont groupés en quelque chose qui ressemble à une école. Partout ailleurs elle n'a que des représentants épars (nous ne parlons, encore une fois, que de ceux qui se disent tels et non des très nombreux naturalistes dont les recherches sont inspirées de cette tendance).

En France, A. Giard qui, de bonne heure, s'est fait le propagandiste du transformisme, a, en même temps, beaucoup contribué à l'extension des idées lamarckiennes. Sans être un lamarckien exclusif, il a, dès 1888[1], mis en avant l'action du milieu, les facteurs primaires de l'évolution, et n'a cessé, au cours de sa carrière scientifique, d'insister sur leur importance.

Pour donner une idée plus exacte des différents aspects que peut prendre la tendance lamarckienne, nous nous arrêterons un peu longuement à deux de ses représentants, les plus typiques, un Américain et un Français, Cope et Le Dantec.

La théorie de Cope comporte une partie tout à

1. *Leçon d'ouverture du cours de l'Évolution des êtres organisés.* (*Rev. Scient.* 1889, N° 21, p. 641-649).

fait spéciale, propre à lui, son *archæstéthisme*. En laissant de côté cette idée particulière qui est plutôt une idée d'orthogénèse (voir chap. XIX), voici comment Cope envisage l'évolution [1]. Il se propose d'expliquer l'apparition même des variations, ce que le darwinisme ne fait pas. Elles résultent, d'après lui, de l'action modificatrice directe des influences extérieures et peuvent être de deux sortes : certaines sont *physico-chimiques*, produites par l'action directe du milieu environnant ; ainsi, on sait que les coquilles des gastéropodes d'eau douce diminuent de taille lorsque la masse d'eau dans laquelle ils se trouvent devient plus petite ; que le degré de salure de l'eau transforme l'*Artemia salina* en une autre forme ; que la chaleur et la lumière changent la coloration des papillons ; qu'en modifiant la nourriture on peut influencer la couleur des plumes des oiseaux (serins rendus rouge-orange par l'addition à leur nourriture du poivre de Cayenne), etc. C'est à ces phénomènes que Cope donne le nom de *physiogénèse*. Elle est fréquente chez les animaux, mais domine surtout chez les plantes (c'est ce que Lamarck comprenait sous le nom d'influence directe sur la nutrition).

La deuxième catégorie est plus importante pour la vie animale ; elle se rattache à l'influence de l'usage et du non-usage des organes et comprend les variations produites par les *mouvements* qu'ils

---

1. E. D. Cope. *The Primary factors of organic evolution*. Chicago, 1896.

exécutent en réponse aux excitations du milieu
extérieur. C'est la *cinétogénèse*. C'est sur elle que
Cope insiste surtout, et c'est, d'ailleurs. l'idée
lamarckienne par excellence. Il a le grand mérite
de ne pas s'être borné à une discussion théorique,
mais d'avoir apporté à l'appui de sa conception de
nombreux faits. Il les cherche en partie chez les
animaux inférieurs (tissu musculaire qu'il considère
comme s'étant développé chez les protozoaires supérieurs aux dépens des filaments protoplasmiques
occupant la même place chez les inférieurs;
plis de la columelle de la coquille des gastéropodes, formés par suite de l'insertion et du travail des muscles, etc.), mais ce sont surtout les
vertébrés, et en particulier leur squelette, qui
fournissent à Cope, grâce à ses vastes connaissances paléontologiques, ses principaux documents.

Il est impossible de citer ici même les plus
typiques de ses exemples. Nous trouvons là l'histoire des articulations du pied et de la main chez
les mammifères, formées par les influences mécaniques. Celle du pied, qui est très résistante, présente deux saillies de l'astragale, premier os du
pied, entrant dans deux fossettes correspondantes
du tibia, et une saillie de ce dernier os pénétrant
dans une fossette de l'astragale. Cette structure
n'existe encore ni chez les vertébrés inférieurs,
comme les reptiles, ni chez les mammifères ancêtres de chacune des grandes branches actuelles;
elle s'est formée peu à peu grâce à un certain

mode de mouvement et à une certaine attitude de l'animal. Les parois externes des os étant formées de matériaux plus résistants que leurs parties centrales, voici ce qui a dû se produire. L'astragale est plus étroit que le tibia qui repose sur lui ; aussi les parties périphériques, plus résistantes, du premier os se trouvaient-elles en face non des parties également résistantes du second (qui étaient en dehors d'elles), mais de ses parties relativement dépressibles ; celles-ci, soumises à cette pression, ont subi une certaine résorption de leur substance, et des fossettes, correspondant aux deux bords de l'astragale, se sont formées. C'est exactement ce qui se produirait si on disposait d'une façon analogue quelques matières inertes plus ou moins plastiques et qu'on exerçât sur elles une pression continue.

La fossette du milieu du bord supérieur de l'astragale tient à une cause du même genre. Ici, l'extrémité inférieure, relativement peu résistante, du tibia repose sur une région aussi peu résistante de l'astragale; ce qui agit, ce sont les secousses continuelles. La conséquence de ces secousses doit être de faire prendre aux parties malléables de l'os la forme indiquée par la direction de la pesanteur : il se formera une protubérance en haut et une excavation en bas. C'est exactement ce qui s'est produit pour le tibia et l'astragale. Depuis l'époque tertiaire jusqu'à nos jours, nous pouvons suivre la formation de cette articulation : d'abord un astragale plan (chez le *Periptychus rhabdodon* du Mexique, par exemple), puis une petite concavité qui s'accentue peu à peu pour former une véritable fossette (chez le *Pœbrotherium labiatum* du Colorado), enfin, une protubérance pénétrant dans une concavité du tibia venant compléter cette articulation (elle apparaît chez le *Prothippus sejunctus*, ancêtre du cheval actuel).

Cope décrit de même la formation d'autres articulations du squelette des mammifères (celle entre les métatarsiens et les phalanges, l'articulation du coude, etc.), puis l'évolution du pied des digitigrades et des plantigrades suivant leur mode d'existence et la nécessité de marcher sur un sol sec ou humide, la réduction du nombre des doigts chez les premiers, la constitution des différents types de dentition en rapport avec la mastication, etc., etc. Nous nous arrêterons à un seul exemple encore : la formation de la colonne vertébrale.

Elle a commencé, comme la formation de tout squelette, interne ou externe, par le dépôt, dans les tissus, de substances minérales ; les mouvements de l'animal, nageant ou rampant, interrompent ces dépôts en différents points, suivant les courbures du corps ; il se forme, là où ces interruptions se produisent, des articulations, et comme les mouvements sont généralement symétriques, elles se trouvent être à égale distance entre elles. Nous en avons la preuve dans le mode d'ossification de la corde dorsale chez les poissons et les batraciens primitifs : cette ossification y a suivi une espèce de ligne en zigzag, exactement semblable à celle qu'on peut observer sur la manche d'un vêtement qui forme des plis à la suite des mouvements de flexion du bras. Nous avons là une succession de dépressions et de plis saillants dont les angles sont dirigés en sens contraire : les plis correspondent aux sutures et les dépressions aux segments osseux (voir fig. 11-13). La seule différence, c'est que, sur une manche, les plis ne se produisent que d'un côté, tandis que sur la colonne vertébrale primitive ces structures se reproduisent des deux

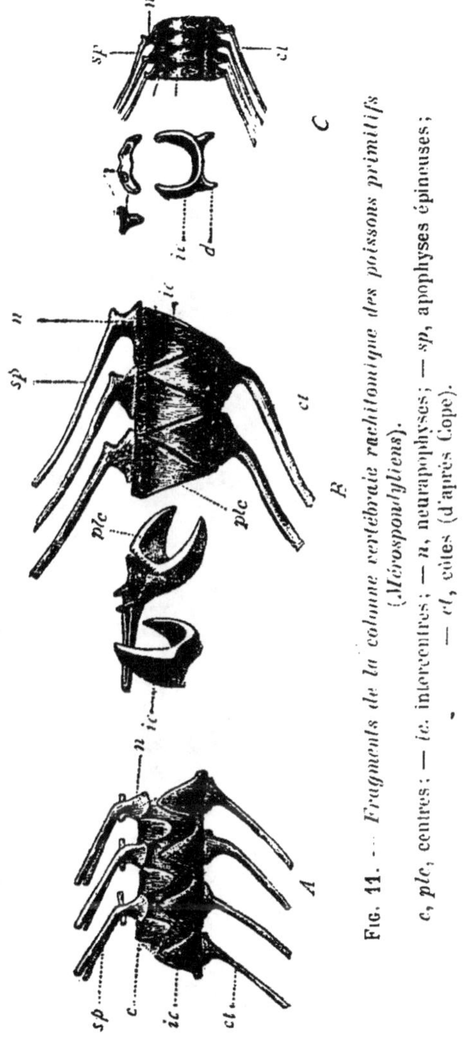

Fig. 11. — *Fragments de la colonne vertébrale rachitomique des poissons primitifs (Mérospondyliens).*

c, plc, centres; — ic, intercentres; — n, neurapophyses; — sp, apophyses épineuses; — ct, côtes (d'après Cope).

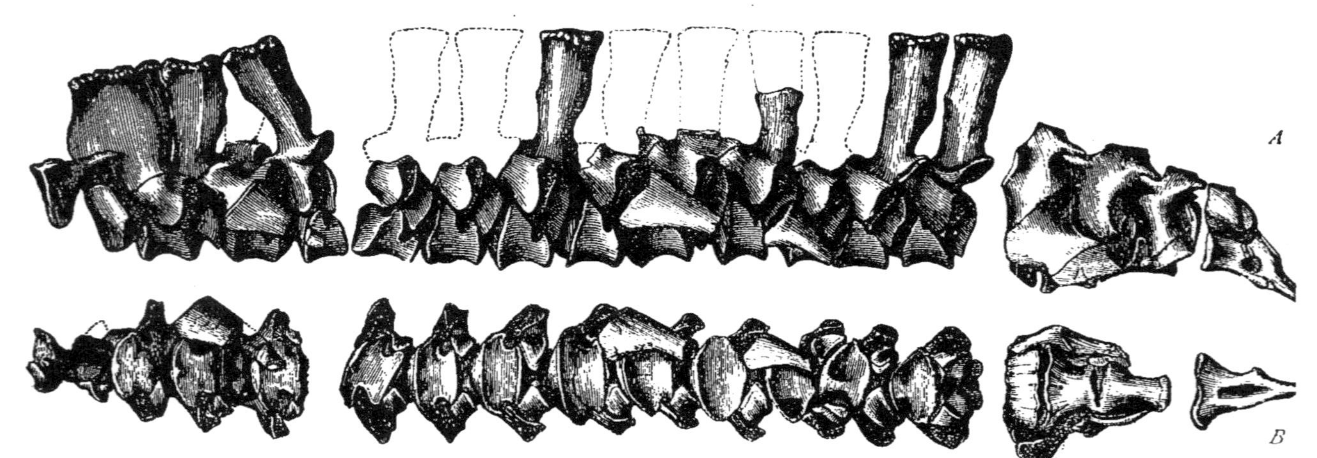

Fig. 42. — *Colonne vertebrale rachitomique d'Eryops megacephalus, un reptile du Permien.*

A, vue de profil; — B, vue du côté ventral (d'après Cope).

côtés, l'animal pouvant se courber dans les deux directions. C'est la structure à laquelle Cope donne le nom de *rachitomique*. Elle donne naissance à deux lignes généalogiques différentes ; pour les comprendre, il faut se tourner de nouveau vers la comparaison avec la manche plissée. On y voit, en effet, deux sortes d'espaces délimitées par des crêtes : les espaces de forme vaguement rhomboédrique, clos de tous côtés [que Cope appelle *centres* ou *pleurocentres* (*p*)] et les espaces triangu-

Fig. 13. — *p*, pleurocentres ; — *i*, intercentres ; — *n*, neurapophyses
(d'après Cope).

laires dont les sommets s'enfoncent entre ces centres et qui sont placés inférieurement par rapport à ces derniers [ce sont les *intercentres* (*i*)]. Il faut y ajouter aussi l'espèce de prolongements, de crêtes, que nous voyons en haut des centres et qui figurent les neurapophyses (*n*). L'évolution ultérieure diffère suivant que ce sont les *centres* ou les *intercentres* qui se développent. Les poissons et les batraciens possèdent des vertèbres « intercentrales » ; les vertébrés supérieurs, les mammifères, des vertèbres « centrales ».

En ce qui concerne le mode d'articulation des vertèbres, il dépend, lui aussi, du mode de mouvement. Chez les reptiles, où la colonne vertébrale est très flexible et tous les mouvements s'exécutent avec son aide, il y a la plus grande variété à cet égard : c'est au sein de cette classe que s'effectuent les transformations successives : d'abord les vertèbres primitives biconcaves (amphicœles), puis les deux types principaux, le type plan (amphiplan), et le type où l'articulation présente une protubérance d'un côté et une fossette de l'autre, articulation « en bilboquet » (procœle ou opisthocœle, suivant que la cavité est en avant ou en arrière).

Le premier type est réalisé chez les animaux dont le corps, supporté par des membres assez développés, ne se trouve jamais en contact avec le sol ; le second, chez ceux qui, comme les serpents, progressent en rampant et n'ont que des membres peu développés ou rudimentaires. Chez les premiers, en effet, le tronc reste relativement immobile, les membres accomplissant tout le travail de la progression, tandis que les mouvements vermiformes des seconds rendent toute immobilisation des vertèbres impossible. Que l'articulation « en bilboquet » soit réellement un résultat du mouvement, on le voit par l'exemple des vertèbres cervicales qui, chez les mammifères à long cou, conservent le type « en bilboquet », tandis que les vertèbres dorsales deviennent planes et les plus immobiles finissent par perdre tout à fait leurs articulations, comme dans le sacrum.

Nous nous bornerons à ces quelques exemples dans notre exposé des preuves que Cope apporte à ses vues théoriques. Son chapitre sur la cinétogénèse est un des essais les plus complets qui aient été faits de l'application des principes lamarckiens à l'explication des différentes structures ; à ce titre, le travail de Cope est caractéristique : il montre comment on pourrait construire une anatomie comparée physiologique, basée sur la fonction, une anatomie comparée dynamique.

L'idée énergétique constitue le fil conducteur de tout le système de Cope, au total assez complexe et touffu, qu'il nous est impossible d'exposer ici complètement. Dans l'ontogénèse, c'est un mode de mouvement des molécules protoplasmiques, l'énergie de croissance, qui détermine pour lui toute la différenciation ; cette énergie, à laquelle Cope donne le nom de « bathmisme » (de βαθμός, qui veut dire degré), produit, en se localisant diversement, les plissements, les invaginations, etc. Dans l'hérédité (des caractères innés comme des caractères acquis, les premiers n'étant que des caractères acquis autrefois), c'est une énergie spéciale qui se transmet des tissus du corps aux cellules germinales. Cette énergie se combine là avec l'énergie héritée et produit l'énergie de l'évolution, l'énergie de la croissance, le « bathmisme ». Ce qui se transmet ici, c'est un mode de mouvement, peut-être par l'intermédiaire du système nerveux qui emmagasine les impressions des parents. C'est l'idée de l'hérédité-mémoire de Hering, reprise récemment par Semon. [Cet exposé des idées de Cope sur l'ontogénèse et l'hérédité, en particulier en ce qui concerne le « bathmisme », paraitra, sans doute, un peu vague ; mais il n'est pas plus précis dans le texte de l'auteur. Ce qui nous semble s'en dégager, c'est la substitution du point de vue énergétique au point de vue matériel dans la conception de l'hérédité.] .

Le point de vue dynamique n'est pas spécial à Cope : il est plus ou moins le propre de tous les lamarckiens. La proposition de Lamarck que la fonction fait l'organe est à la base de cette conception, et on ne peut s'empêcher de remarquer qu'elle est devenue on ne peut plus moderne avec la philosophie énergétique actuelle. Il est possible qu'il n'y ait là qu'une certaine façon de s'exprimer, de décrire les choses ; mais cette façon de s'exprimer peut suggérer un mode de penser et une direction nouvelle des recherches.

Dans la personne de Le Dantec, principal représentant du lamarckisme français, nous avons affaire à un esprit, à une méthode de raisonnement tout à fait différents, méthode qu'on pourrait appeler spéculative. Les ouvrages de Le Dantec sont bien connus du public français et il n'est pas nécessaire de les exposer ici en détail ; sur certains points spéciaux, il nous est déjà arrivé, d'ailleurs, de citer ses opinions. Ici, nous voudrions seulement mettre en relief la façon dont il conçoit le lamarckisme, en laissant de côté ses idées d'ordre plus général sur la nature du phénomène vital, la définition chimique de l'espèce, la méthode en biologie, etc.

Le darwinisme et le lamarckisme ne sont pas, pour Le Dantec, deux points de vue opposés, mais plutôt deux manières différentes d'envisager une même question. Le darwinisme, dit-il, procède à la façon des sciences physiques, qui établissent une loi approchée. On prend un être vivant à l'état d' « assimilation pure et simple », c'est-à-dire un être qui ne varie pas et se borne à maintenir par l'assimilation l'état où il se trouvait auparavant. On envisage ensuite les différentes perturbations apportées à cet état (ce sont les variations), sans se préoccuper de leur origine, et on juge du résultat produit *après coup*, quand les individus ont été passés au crible de la sélection naturelle.

Le lamarckisme, au contraire, ne sépare pas la variation de la vie elle-même, c'est-à-dire de l'assimilation. Ce n'est pas l' « assimilation pure et simple » qui l'intéresse (le cas d'ailleurs n'existant guère en réalité), mais l'assimilation qui est le résultat de l'activité de l'organisme, de son fonctionnement. Ici Le Dantec arrive à l'idée qui est le pivot central de son système, l'*assimilation fonctionnelle*. La physiologie a toujours affirmé, depuis Claude Bernard, que la substance vivante se détruit lors du fonctionnement et est récupérée pendant les périodes de repos. C'était une vérité qui paraissait évidente, mais elle n'a jamais été, dit Le Dantec, sérieusement discutée entre physiologistes. Or, ce n'est là qu'une idée préconçue résultant

23.

d'une certaine conception dualiste et mystique de la vie, dont Claude Bernard lui-même n'avait pas pu s'affranchir. Il lui semblait que le fonctionnement que nous pouvons étudier dans nos laboratoires ne peut pas être la partie essentielle de la vie et que la vraie *construction* de la matière vivante devait se faire mystérieusement, au repos. En réalité, cependant, ce qui se dépense pendant le fonctionnement, ce n'est pas la matière vivante elle-même, mais des substances de réserves, des matières mortes. Si un muscle qui travaille maigrit, c'est parce qu'il consomme sa graisse, sa substance de réserve ; mais sa substance propre, la substance musculaire, se développe au contraire[1].

Le principe de l' « assimilation fonctionnelle » est, pour Le Dantec, la clef de voûte de tout le problème, de toute la question pendante entre lamarckiens et darwiniens. La première loi de Lamarck en découle directement, et c'est la même notion qui permet de comprendre l'adaptation, résultat direct et immédiat de l'assimilation fonctionnelle.

Que le darwinisme et le lamarckisme soient simplement deux méthodes différentes, Le Dantec le montre en racontant successivement en langage darwinien et en langage lamarckien le même exemple : la contamination du mouton par la bactéridie charbonneuse. Voici la description darwinienne :

1. *La crise du transformisme*, p. 261 et suiv.: *Éléments de philosophie biologique*, p. 66-69.

« Prenons... une culture quelconque de bactéridies, culture dans laquelle se seront produites, sans que nous sachions comment, des variations dans divers sens. Injectons cette culture à un mouton. Voilà un cas vraiment darwinien, car les conditions dans lesquelles ont varié les bactéridies dans les milieux morts précédents, *n'ont aucun rapport direct avec l'aptitude à vivre dans le mouton* », et les variations qu'elles y ont subies sont bien des variations *quelconques* par rapport au nouveau milieu. « Le mouton jouera ici le rôle d'un crible. Celles des bactéridies qui, *par hasard*, après les variations subies, se trouvent être virulentes pour le mouton, c'est-à-dire aptes à se conserver dans le mouton, se développeront dans le milieu intérieur de l'animal. Au contraire, celles qui, par hasard, après les variations subies se trouvent ne pas être virulentes pour le mouton, mourront dans le milieu intérieur de l'animal, puisque, par définition de la non-virulence, elles ne sont pas aptes à se multiplier dans ce milieu intérieur. » Finalement, les bactéridies virulentes tueront le mouton et se retrouveront *seules* dans son sang; ce sera la « persistance des plus aptes » à la suite de la sélection opérée par le corps du mouton[1].

Voyons maintenant comment peut se produire une évolution adaptative de cette bactéridie. On sait par la célèbre expérience de Pasteur, Chamberland et Roux qu'une bactéridie charbonneuse

---

1. *Éléments de philosophie biologique*, p. 136-137.

insuffisamment virulente pour tuer un mouton, peut cependant tuer une jeune souris, d'un jour, après quoi elle devient capable de tuer une souris d'une semaine, après cette souris une souris adulte, après la souris adulte, un cochon d'Inde et après le cochon d'Inde, un mouton. Voici comment on peut raconter cette évolution en langage darwinien :

« La bactéridie passant à travers les souris nouveau-née, âgée, adulte rencontre toujours, pendant ces péripéties, le même crible *souris*, crible de plus en plus fin et précis à mesure que la souris avance en âge ; elle se multiplie dans ces conditions en subissant des variations *désordonnées, en tout sens*... Mais parmi les bactéridies qui se multiplient ainsi, toutes celles qui ont, par hasard, subi une variation dans le sens de la diminution de virulence sont arrêtées par le crible souris qui les détruit, tandis que celles qui, également par hasard, ont subi une variation dans le sens de l'augmentation de la virulence, passent à travers le crible souris et sont conservées. Et ainsi la virulence augmente à mesure que se poursuivent les générations de bactéridies à travers les souris, c'est-à-dire en présence du même crible réalisant sans cesse la même sélection[1]. »

Voici maintenant comment l'auteur raconte les mêmes faits dans le langage lamarckien :

On inocule des bactéridies à un mouton. « Ce

____

1. *Ibid.*, p. 139-140.

mécanisme protée qu'est la bactéridie, ou toute cellule vivante qui continue de vivre, *oriente* toute son activité contre les conditions extérieures qui l'environnent. Dans le cas où elle se trouve dans l'intérieur d'un mouton, elle est orientée dans le sens de la lutte contre le mouton[1]. » Dans tout être vivant, un grand nombre de fonctions sont possibles, et c'est l'ensemble des circonstances extérieures qui détermine le développement des unes ou des autres ; ici c'est la fonction de lutte contre le mouton (ou l' « organe de lutte contre le mouton », suivant l'expression de Le Dantec) qui se développera le plus et il se produira une *augmentation de virulence* des bactéridies ; elles tueront maintenant un second mouton plus facilement que le premier. Et lorsqu'une bactéridie insuffisamment virulente pour le mouton le devient grâce au passage par les animaux successifs, c'est par suite du dévoloppement graduel de cet « organe » par le fonctionnement.

Mais quelle que soit la façon dont les faits sont décrits, le résultat sera le même : ce sera l'augmentation de la virulence, c'est-à-dire l'adaptation.

C'est donc la *méthode* darwinienne que Le Dantec critique surtout ; pour le fond des idées, il reconnaît toute l'importance de la sélection naturelle et le seul doute qu'il émette à son sujet c'est que les variations sur lesquelles elle s'exerce soient des variations de hasard : ces variations sont, dit-il,

1. *Ibid.*, p. 95.

directement provoquées par le milieu et adaptatives. L'idée de la « lutte des parties » de Roux a exercé sur Le Dantec une influence visible; nous en trouvons la trace dans son exposé de la vie des plastides, unités vivantes élémentaires: elles rivalisent pour des meilleures conditions d'assimilation. le milieu n'agissant pas sur toutes également, et les plus aptes seules persistent. Une sélection naturelle s'exerce ainsi entre les ultimes parties de l'organisme, amenant comme résultat l'adaptation directe de l'organisme à son milieu : l'idée darwinienne transportée dans la profondeur des tissus aboutit à la fin à une conclusion lamarckienne. Sous certains rapports même. Le Dantec est un darwinien très orthodoxe. notamment en ce qui concerne les variations lentes, qu'il reconnaît seules: nous avons déjà vu l'accueil fait par lui aux théories qui admettent la possibilité de variations discontinues.

Mais si Le Dantec concilie volontiers les deux points de vue, il n'en est pas moins résolument hostile à l'égard des néo-darwiniens, en raison autant de l'idée weismannienne des particules représentatives que de la question de l'hérédité des caractères acquis.

Contrairement à la façon habituelle d'envisager les choses, l'hérédité des caractères acquis est pour Le Dantec un phénomène beaucoup plus général que celle des caractères innés. « L'hérédité sans modification aucune du patrimoine héréditaire qui se transmet des parents aux enfants n'est, dit-il, qu'un cas particulier et très restreint du cas vraiment général de l'hérédité des caractères acquis[1]. » Presque tous les caractères des êtres sont acquis ; cependant, pour qu'ils soient fixés, il faut que l'action se soit suffisamment prolongée et ait pénétré jusqu'à la constitution chimique de l'organisme. Alors, elle retentira sur la descendance. Nous avons vu que Le Dantec envisage cette transmission comme une conséquence nécessaire de l'idée de l'*unité* de l'organisme, dans lequel aucune modification ne peut, à proprement parler, être locale. Voici maintenant comment lui apparaît le mécanisme de cette transmission. C'est, sous une forme très théorique et très générale, une tentative d'expliquer non seulement la répercussion d'une influence sur les éléments reproducteurs, mais la réapparition, chez les descendants, des modifications *identiques* à celles du parent.

Il y aurait, dans les phénomènes naturels, des séries différentes qui se distingueraient entre elles parce qu'elles sont pour ainsi dire incommensurables : c'est ce que Le Dantec exprime en disant qu'il y a là des phénomènes de « dimensions » différentes. Ainsi, on peut distinguer dans une même série les vibrations sonores, les vibrations lumineuses et encore un autre mouvement réalisé sous une forme bien différente : le mouvement périodique dans les révolutions planétaires. Dans un autre ordre de phénomènes, qui ont un intérêt direct pour l'étude de la vie, il y aurait de même

---

1. *Éléments de philosophie biologique*, p. 241.

plusieurs séries structurales. Il y a d'abord les atomes, siège des phénomènes chimiques qui sont ainsi « de l'ordre de grandeur des atomes ou, au moins, de l'ordre de grandeur des distances qui séparent les atomes dans les molécules ou les molécules entre elles ». Il y a ensuite la structure *colloïdale* qui a un intérêt particulier pour les biologistes, la substance vivante ayant cette structure ; les particules colloïdales sont beaucoup plus grandes que les molécules chimiques dont elles contiennent un grand nombre. « La chimie est de dimension atomique ; l'état colloïdal est, au contraire, relatif à des activités d'une dimension très supérieure à celle des réactions moléculaires » ; quant aux phénomènes biologiques qui comprennent des phénomènes chimiques, ils se passent « pour ainsi dire en même temps, à deux échelles différentes ». Or, l'étude des colloïdes, si peu qu'elle soit avancée encore, montre que les réactions chimiques qui ont lieu dans un colloïde sont capables d'influencer son état colloïdal, et, réciproquement, « si des actions directes modifient l'état colloïdal, il peut en résulter des variations chimiques, des réactions moléculaires entre les particules suspendues et le solvant ».

En montant d'un degré encore, on trouve, après les phénomènes « à l'échelle colloïde », ceux qui se passent « à l'échelle anatomique » (les phénomènes généralement visibles pour nous dans la vie des êtres, tels que mouvements et autres).

Les phénomènes de ces trois degrés peuvent

retentir les uns sur les autres. Ainsi, « l'activité colloïdale peut, conséquemment, être impressionnée par des phénomènes extérieurs d'un ordre de grandeur tel que, directement, ils n'eussent pas eu de retentissement sur les activités chimiques; mais il y a répercussion des variations colloïdales sur les activités chimiques, et réciproquement, des phénomènes extérieurs agissant directement sur les phénomènes chimiques peuvent, *secondairement*, retentir sur les activités colloïdales. » D'autre part, « les *actes* des animaux peuvent retentir par l'intermédiaire du mécanisme colloïde des protoplasmas, sur l'équilibre chimique de leurs substances constitutives elles-mêmes[1]. » Autrement dit, une modification produite dans l'animal par suite de l'usage qu'il fait de tel ou tel organe, par exemple, pourra influencer sa constitution chimique tout entière, y compris celle de ses cellules reproductrices. Ensuite, en vertu de la réversibilité de l'action des phénomènes colloïdaux sur les phénomènes chimiques, ce nouvel état chimique des cellules germinales retentira à son tour sur la structure colloïdale de l'organisme auquel elles donneront naissance. On voit immédiatement la conséquence de ce raisonnement : les caractères acquis peuvent être héréditairement transmis[2].

Ce raisonnement est évidemment intéressant et ingénieux, mais il lui manque une chose essen-

1. *Ibid.*, p. 29-30.
2. Pour toute cette question, voir *Éléments de philosophie biologique*, ch. III, IV et V.

tielle : c'est de montrer comment se produit cette répercussion des différents phénomènes les uns sur les autres. Nous aurons beau accepter la possibilité de cette sorte de répercussion, le problème ne sera pas résolu tant qu'on n'en aura pas indiqué le processus.

Nous avons essayé d'extraire autant que possible de ces théories ce qu'elles contiennent d'essentiel. En lisant les ouvrages de Le Dantec, on est séduit par ses vastes généralisations, ses conceptions souvent audacieuses, ses aperçus nouveaux, mais cette première impression passée, on s'aperçoit que la question n'a pas fait un pas. Toutes ces discussions nous apparaissent alors plutôt comme une sorte de gymnastique intellectuelle, une manière scholastique de jongler avec les difficultés. Nous voyons les choses présentées sous un jour inattendu, de manière à frapper l'esprit, mais cela ne suffit pas pour fournir la solution des questions posées.

C'est là, d'ailleurs, la faute moins des conceptions propres de l'auteur que de la méthode même qu'il a choisie : l'introduction du raisonnement mathématique dans la biologie a pour effet de donner l'illusion de la rigueur absolue et de la solidité inébranlable des conclusions là où, en réalité, tout est complexe et variable et où les propositions comportent à chaque pas les réserves les plus expresses et les plus nécessaires.

Tout ce que nous avons dit jusqu'à présent, sur l'idée lamarckienne et sur ses représentants nous la montrait comme un point de vue strictement mécaniste, plus capable peut-être qu'aucun autre avec la prépondérance qu'il accorde à l'action du milieu d'appuyer cette conception philosophique de la vie. Et il en est ainsi dans l'esprit de presque tous les néo-lamarckiens. Il existe cependant (surtout en Allemagne) une certaine forme du lamarckisme assez spéciale. qui a pris à la lettre les paroles de Lamarck sur l'effort que fait l'être vivant pour s'adapter à ses besoins. et l'a compris comme un effort conscient, résultat d'un jugement. Cette conscience se manifesterait. d'après les adeptes de cette école (Pauly par exemple). non seulement dans l'adaptation des organes aux différents besoins nouveaux (la transformation des membres chez les crustacés, par exemple). mais même dans les modifications des caractères histologiques, la conscience étant une propriété non seulement de l'organisme, mais même des éléments. Pauly attribue, d'ailleurs, la même faculté aux corps inorganiques, espérant combler ainsi l'ancien abîme entre la matière vivante et la matière brute.

C'est un lamarckisme vitaliste et téléologique, et c'est celui que les adversaires des idées de Lamarck peuvent combattre avec le plus de succès. Rien n'est aussi contraire, pourtant. à l'esprit de Lamarck, avec sa conception mécaniste de l'évolution et sa méthode éminemment positiviste[1]. On a

1. Le biographe de Lamarck que nous avons déjà eu l'occasion de citer, Marcel Landrieu, le montre très bien dans les chapitres XXII et XXIII de son livre.

attribué à Lamarck quelques idées ridicules, comme celle, par exemple, que, si la girafe a un long cou, c'est qu'elle s'y est appliquée consciemment. Lamarck ne l'a jamais dit ainsi, mais il est incontestable que les connaissances psychologiques d'alors lui permettaient de donner à son explication de la manière dont la « volonté » de l'animal intervenait dans l'exercice de telle ou telle partie de son corps, une forme que n'autoriserait plus une psychologie moderne plus fouillée. Aussi est-il étrange d'entendre parler, de nos jours, en se réclamant de Lamarck, du « jugement » émis par les éléments des tissus !

Mais nous pouvons laisser de côté ce « lamarckisme » trop spécial : il n'a emprunté aux idées de Lamarck que leur forme et certains détails inacceptables maintenant, c'est-à-dire précisément ce qu'elles avaient de périssable ; ce n'est certainement pas par lui qu'elles arriveront à triompher.

Voyons maintenant, après avoir exposé la tendance lamarckienne, si on est en droit de l'opposer à l'idée darwinienne, surtout telle que celle-ci apparaît chez son fondateur. Il est facile de voir que non, et cela, non seulement parce que nous trouvons chez Darwin des conceptions lamarckiennes, mais en raison du fond même des idées dont il s'agit. Même, en laissant de côté leur base transformiste commune, nous voyons que les facteurs mis en avant par les deux écoles ne sont nullement contradictoires. Darwin ne s'arrête pas à la question de l'*origine* des variations ; Lamarck s'occupe surtout de cette origine qu'il attribue à des causes dont Darwin, non plus, ne nie pas l'action. L'idée maîtresse de Darwin, la sélection naturelle, ne s'oppose en rien aux idées lamarckiennes ; aucun, d'ailleurs, des lamarckiens actuels ne la rejette, tous lui attribuant un rôle important, quoique non exclusif. L'opposition n'apparaît que lorsque de Darwin nous passons aux néo-darwiniens, avec le dogmatisme qui caractérise certains d'entre eux. Mais là aussi les faits obligent à faire certaines concessions, et ces concessions sont, comme nous l'avons déjà vu, en faveur du point de vue lamarckien.

D'ailleurs, pas plus que la sélection naturelle seule, l'interprétation lamarckienne ne donne la clef de *tous* les phénomènes. Beaucoup de questions restent ouvertes. D'abord, aucune théorie de l'hérédité n'a donné jusqu'à présent une explication complète de la transmission des caractères acquis ; ensuite le processus physiologique lui-même, par lequel un organe s'accroît par son fonctionnement, n'est pas encore élucidé, Spencer, par exemple, disant, pour l'expliquer, qu' « une usure considérable, donnant une faculté considérable d'assimilation, est plus favorable à l'accumulation des tissus que n'est le repos avec son assimilation relativement faible[1], tandis que Le Dantec nie, comme nous l'avons vu, l'existence de cette usure lors du

1. *Principes de biologie*, vol. I, p. 224.

fonctionnement, et croit ce dernier accompagné, au contraire, d'assimilation de réserves nutritives.

De plus, certaines objections faites à la théorie sélectionniste subsistent entièrement, lorsqu'il s'agit de la théorie lamarckienne : ni l'une, ni l'autre n'expliquent, par exemple, l'apparition des organes particulièrement compliqués, tels que l'œil des vertébrés ; elles n'expliquent pas non plus l'existence de certaines directions déterminées de développement (orthogénèse), ni celle de certaines adaptations passives, mais compliquées, telles que les faits de mimétisme. Pour toutes ces questions pendantes (et pour bien d'autres encore) nous ne pouvons, pour le moment, que regarder de quel côté semblent nous orienter les découvertes des travailleurs actuels. Certaines questions très compliquées, comme celle du mimétisme par exemple, paraissent devenir moins obscures à la lumière de l'idée lamarckienne. Ainsi, la couleur blanche, protectrice, des animaux des régions polaires, dont on a demandé longtemps l'explication à la sélection naturelle résulterait, d'après les recherches récentes de Metchnikoff, de l'action directe du froid qui, dans les conditions artificielles d'une expérience, produit de même le blanchiment des poils et des plumes. Et il est à prévoir, vu le grand développement des recherches expérimentales de ce genre, que d'autres phénomènes trouveront une explication analogue.

CHAPITRE XVII

La sélection organique.

A côté des théories néo-darwiniennes ou sélectionnistes pures et des conceptions lamarckiennes,
il faut noter l'existence de certaines autres, qui
n'ont pas l'extension de ces deux conceptions fondamentales et typiques, ne jouent pas un rôle aussi
considérable dans les débats que soulèvent les
questions essentielles de la biologie et ne peuvent
être classées ni dans l'une ni dans l'autre de ces
grandes catégories. Certaines se placent plus ou
moins en dehors d'elles, d'autres prennent à tâche
de les combiner. La théorie que nous allons brièvement exposer maintenant appartient à ces dernières.

L'idée de la *sélection organique* a été formulée à
peu près en même temps, et avec des modifications peu importantes, par Baldwin et Osborn en
Amérique, et Lloyd Morgan en Angleterre. C'est

une tentative qui a pour but de concilier le rôle prédominant de la sélection naturelle avec l'hérédité des caractères acquis, ou plutôt de répondre à certaines objections graves faites à la sélection naturelle en lui donnant comme auxiliaire l'adaptation individuelle directe. Cette théorie a reçu aussi les noms de *sélection ontogénétique*, d'*orthoplasie*, de *sélection coïncidente*, ou de théorie des *variations coïncidentes ;* c'est peut-être ce dernier titre qui lui convient le mieux, car c'est lui qui indique le plus exactement son trait caractéristique. Voici, en quelques mots, le résumé de cette conception qu'on peut appeler intermédiaire.

Une des principales objections faites à la théorie sélectionniste, c'est que les variations insensibles, les fluctuations, ne sont pas à leur début d'une efficacité suffisante pour que la sélection naturelle ait prise sur elles. Il faut donc expliquer pourquoi ces premiers stades se conservent et se transmettent par l'hérédité. On sait qu'au cours de son existence chaque être vivant s'adapte continuellement à son milieu et acquiert de ce fait certaines structures utiles. C'est une adaptation *ontogénétique,* en prenant le nom d'ontogénèse dans son sens large, en l'appliquant non seulement à la vie embryonnaire, mais à la durée totale de l'existence individuelle.

Si la variation que tendent à produire les conditions ambiantes se rencontre dans l'organisme avec une variation innée similaire, les effets de ces deux ordres de variations ont plus de chances de se manifester que si chacun existait seul. Il arrive ainsi que la petite variation innée, trop faible par elle-même pour être utile, s'amplifie en quelque sorte par la variation acquise, semblable, qui vient se greffer sur elle, et les deux variations combinées deviennent suffisantes pour donner prise à la sélection naturelle. Celle-ci préserve les individus ainsi favorisés à l'exclusion des autres et la variation innée se trouve conservée et transmise par l'hérédité grâce à l'utilité de la variation acquise. Ensuite les choses se passent comme le représente Darwin pour le cas des variations innées utiles : elles s'accumulent par addition progressive et le caractère en question se trouve de plus en plus développé. Darwin a d'ailleurs lui-même cité certains caractères qui, sans utilité par eux-mêmes, peuvent profiter, pour se maintenir, de l'utilité d'autres caractères, corrélatifs des premiers. Il s'agissait là de deux caractères également innés; ici l'un des deux caractères, celui qui joue le rôle protecteur vis-à-vis de l'autre, est un caractère acquis.

De cette façon se trouverait résolue, d'après ces auteurs, la question difficile des *débuts* des variations utiles, et cette autre, non moins embarrassante, de l'hérédité des caractères acquis : cette hérédité ne serait qu'une apparence, car ce qui est hérité, ce n'est pas la variation somatique visible, mais la variation innée coïncidente qui ne s'apercevait pas. Peu à peu, dans la série des générations, cette coïncidence deviendra de plus en plus complète, car elle est avantageuse et la sélection naturelle arrive à éliminer graduellement les individus chez lesquels la variation adaptative n'a pas rencontré la variation innée correspondante. Ce sont bien les variations germinales qui se transmettront par l'hérédité, mais comme elles offriront des facilités pour l'adaptation ontogénétique qui ne manquera pas de s'établir, il semblera que c'est celle-ci qui a été directement transmise.

La théorie des variations coïncidentes répond aussi à cette autre objection contre la sélection naturelle fondée sur le cas des adaptations parallèles, dont chacune, prise séparément, ne peut avoir aucune utilité : par exemple, les bois du cerf qui ne peuvent lui servir que si la musculature du cou et des épaules est développée en proportion. Cet argument est, comme on sait, un des principaux mis en avant par Spencer dans sa polémique contre Weismann, comme preuve de l'hérédité des caractères acquis. Mais là aussi cette hérédité n'est qu'apparente : en réalité, c'est par suite d'une variation innée que, chez certains individus, les bois se sont trouvés un jour plus developpés que chez d'autres; ensuite, l'adaptation ontogénétique a amené chez eux l'accroissement correspondant des muscles du cou et des épaules qui a rendu utile la variation innée des bois. Inversement, dans une des générations suivantes, il peut arriver qu'une variation innée qui renforce les muscles surgisse; elle aurait été inutile et se serait effacée si le développement préalable des bois, variation innée conservée grâce à une variation acquise, ne lui avait pas assigné d'avance sa place dans le fonctionnement de l'organisme. La sélection naturelle la protège donc, et les deux variations continuent ainsi à s'accroître parallèlement.

Cette adaptation simultanée et exacte est particulièrement frappante et difficile à expliquer par la seule sélection naturelle lorsqu'il s'agit d'instincts complexes: là aussi l'adaptation ontogénétique personnelle développe chacun des instincts particuliers qui, pris isolément, n'auraient aucune utilité. Dans ce cas d'ailleurs, il y a une autre circonstance qui contribue à donner l'illusion de l'hérédité des instincts acquis : c'est l'éducation des jeunes par les parents. Tout ce qu'une génération a acquis par l'adaptation ontogénétique, elle le transmet à la génération suivante qui se meut et se développe dans le cadre créé par la première et imite l'exemple donné par elle. C'est là un résultat de la sélection organique, qui donne l'illusion d'une transmission héréditaire directe. Baldwin donne à cette sorte d'hérédité le nom d'*hérédité sociale*.

La théorie de la sélection organique explique surtout pourquoi les variations peuvent se suivre dans une direction déterminée. Cette détermination réside, d'après Baldwin, non dans les variations germinales, mais dans l'action sur elles des modifications acquises; par là, la théorie prend une certaine ressemblance avec celle de l'orthogénèse, mais, pour distinguer cette conception d'une véri-

table théorie orthogénétique (qui part des variations germinales, comme le fait d'ailleurs un autre
représentant de la sélection organique, Osborn);
il donne à cette évolution déterminée le nom
d'*orthoplasie*[1].

La théorie que nous venons d'exposer atteint-
elle son but qui est, comme celui de la sélection
germinale de Weismann, de réfuter certaines
objections graves des antisélectionnistes, tout en
leur faisant quelques concessions? Il nous semble
que oui, mais dans une certaine mesure seulement.

Et d'abord, les théories qui s'appuient soit sur les
seules variations innées, soit sur les seules modifications acquises, pèchent, les unes comme les
autres, par excès d'exclusivisme. En faisant sa part
à l'une et à l'autre de ces deux conceptions fondamentales, la théorie de la sélection organique
semble moins exclusive et plus proche de la vérité.

Elle peut, d'autre part, nous donner l'explication
de ce fait d'observation banale que lorsqu'un ensemble d'individus est soumis à une variation du
milieu, ils ne répondent pas tous au même degré
à l'excitation nouvelle. Pour prendre un exemple,
si la fourrure sombre des animaux transportés
dans un climat polaire vient à blanchir, elle ne
blanchira pas chez tous en même temps au même
degré, et ceux qui auront montré une sensibilité

1. M. BALDWIN. *Development and Evolution* (New-York et
London, 395 p., 1902), et Ll. Morgan : *On modification and
variation.* (*Science*, 1897, p. 733.)

plus grande à l'égard du changement de climat le devront sans doute à une particularité germinale.

Mais cette théorie donne-t-elle une solution complète du problème?

D'abord la théorie de la sélection organique n'échappe pas au reproche général qu'on peut adresser à toutes les conceptions basées sur l'accumulation des variations innées : l'impossibilité de donner une explication physiologique de cette accumulation, que nous avons eu à montrer en parlant de la sélection naturelle (p. 62-64).

Ensuite, en ce qui concerne l' « illusion » de l'hérédité des caractères acquis, si même nous admettons que l'explication est valable pour les adaptations utiles, comment nous ferait-elle comprendre la transmission des particularités qui sont à cet égard complètement indifférentes, telles que la coloration des papillons, l'absence de pigment dans les tissus privés de lumière ou le sillon produit par la pression d'un tour de spire de coquille sur l'autre? Or, c'est dans cette catégorie-là que sont pris les exemples les plus nets de cette transmission, et c'est tout naturel parce que, dans les adaptations utiles, il est souvent difficile de distinguer l'action directe exercée par le milieu et le mode d'existence des conséquences de la sélection naturelle.

Enfin, une dernière objection que soulève la théorie. Si la variation innée est trop peu marquée au début pour présenter quelque avantage et si c'est à l'adaptation ontogénétique que revient, dans la constitution définitive de l'animal. le plus grand rôle, cette adaptation se produit aussi bien chez les individus présentant la variation innée en question que chez ceux qui en sont dépourvus. Alors l'appoint apporté par la variation germinale suffira-t-il pour assurer la survie des uns au détriment des autres? Il est plus probable que non. car, s'il en était autrement. cette variation aurait suffi à elle seule.

La théorie de la sélection organique est intéressante surtout comme symptôme d'un état d'esprit. comme une théorie sélectionniste qui éprouve le besoin de suivre le courant et d'accorder une place de plus en plus grande à l'action du milieu. Mais toute tentative faite pour concilier deux théories, avec la préoccupation principale de donner satisfaction à l'esprit en faisant une part raisonnable à chacune d'elles. risque d'être infructueuse. Elle ne peut être efficace que si elle introduit une vaste généralisation nouvelle ou quelque facteur auxquels on n'avait point songé encore.

CHAPITRE XVIII

La Ségrégation.

L'isolement géographique et l'isolement physiologique. — Moritz Wagner et sa « théorie de la séparation ». — Wallace, la distribution des papillons américains et les faunes insulaires. — Gulick et Romanes. — Les deux modes de séparation dans l'espace. — D. Jordan. — La sélection physiologique. — La théorie de la divergence reproductrice de Vernon. — Objections.

Nous avons déjà dit qu'à côté des grands systèmes. lamarckien et darwinien, des théories embrassant la question tout entière de l'évolution des êtres, il s'est élaboré un certain nombre de systèmes secondaires, admettant les prémisses de l'une ou de l'autre de ces conceptions fondamentales, mais les corrigeant ou les modifiant par la mise en avant de tel ou tel facteur, considéré comme secondaire par les fondateurs du transformisme. Parmi ces systèmes pour ainsi dire additionnels, nous commencerons par le premier en date, celui qui est né presque en même temps que le darwinisme lui-même, par les théories d'*isolement*, de *ségrégation*.

Leur idée fondamentale est que les variations fortuites ne sauraient donner naissance à une espèce distincte, que si un obstacle quelconque empêche les porteurs de ces variations de se reproduire avec les non variés, que s'il s'établit entre eux une *séparation,* s'ils sont *isolés* les uns des autres. Cet isolement, différentes causes peuvent le produire : des migrations peuvent conduire une portion de l'espèce dans une autre région; une barrière géographique peut surgir, séparant la région habitée par l'espèce en deux parties qui ne communiquent plus (*ségrégation géographique*); enfin, une variation peut se présenter qui créera un obstacle physiologique quelconque au croisement (*ségrégation physiologique*). Les conceptions varient suivant qu'on invoque l'influence de la distribution géographique ou celle des variations d'ordre physiologique; elles sont cependant, dans la plupart des cas, proposées par les mêmes auteurs, s'occupant du fait de l'isolement dans son acception la plus générale.

La ségrégation géographique fut pour la première fois mise en avant par Moritz Wagner, naturaliste allemand qui était en même temps un explorateur célèbre. A la suite d'un grand nombre de voyages dans toute l'Amérique, en Asie et en Afrique, Wagner arriva à cette conclusion que si la sélection naturelle peut imprimer certaines modifications à l'espèce, elle est cependant impuissante à différencier les espèces les unes des autres, à créer des espèces nouvelles. La *séparation dans l'espace* peut seule, d'après lui, produire des nouvelles formes qui deviennent fixes. Une séparation durable de ce genre amène toujours une différenciation, car les modifications imprimées par le changement d'habitat sont sûres de se perpétuer par la reproduction exclusive entre individus qui tous ont varié dans le même sens. Or, les changements d'habitat sont un phénomène absolument général, car la surpopulation et l'insuffisance de nourriture font naître dans toutes les espèces animales une tendance naturelle à émigrer, à se disperser de plus en plus sur la surface de la terre.

C'est en 1868 que Moritz Wagner formula pour la première fois sa « théorie de la séparation » dans son travail : *Die Darwinsche Theorie und das Migrationsgesetz der Organismen*, et depuis, jusqu'à sa mort (survenue en 1887), il n'a cessé de la défendre en l'opposant à la sélection naturelle. En réalité, cependant, il n'y a rien dans la conception de Wagner qui soit en contradiction avec les idées de Darwin, à moins de prendre ces dernières chez les néo-darwiniens. Il est vrai que Darwin n'envisage pas la distribution des êtres comme un facteur indispensable de la formation des espèces et ne parle de « races géographiques » et des affinités des différentes faunes que pour appuyer sa thèse fondamentale : l'origine commune des espèces en général. Mais il reconnaît toute l'importance des barrières naturelles, et nous trouvons chez lui des exemples nombreux de différences entre les faunes, proportionnées à la facilité plus ou moins grande de franchir ces barrières[1].

D'autre part. un darwinien tel que Wallace a mis en avant un peu plus tard. au congrès de l'Association Britannique en 1876, toute l'importance des conditions locales. Il cite l'exemple des papillons de l'Amérique du Sud : plusieurs sous-familles (les Danainæ, les Acræniæ et les Heliconinæ) présentent là des dessins et une coloration analogues. mais variant suivant les régions du continent. Ainsi, les espèces des Andes du Sud (Pérou et Bolivie) ont une coloration orange et noir ; chez celles des Andes du Nord. l'orange est remplacé par une teinte jaune. Il ne peut y être question de mimétisme. car toutes ces espèces sont également protégées par une sécrétion répugnante contre les oiseaux insectivores. En Afrique tropicale, deux groupes de papillons appartenant à deux familles différentes ont une coloration bleu-verdâtre qu'on ne voit nulle part ailleurs, et sans qu'il y ait, chez un de ces groupes, un moyen de protection quelconque.

Il en est de même des différences de coloration entre les papillons des îles et leurs parents continentaux. Les insulaires sont généralement plus pâles et quelquefois de plus grande taille. Ainsi. aux îles Andamans, les papillons se distinguent par leur teinte claire, et non seulement les papillons, mais aussi les oiseaux. Il arrive, d'ailleurs.

----

1. *Origine des Espèces*, trad. Barbier, p. 112 et 425-426.

souvent qu'une teinte soit localisée dans un pays : on ne trouve, par exemple, des perroquets rouges qu'aux Moluques et dans la Nouvelle-Guinée. C'est incontestablement à leur mode de distribution géographique que ces espèces doivent les différences qu'elles présentent. Cependant, il faut remarquer que, pour Wallace, ce qui crée ces différences, ce n'est pas le fait même de l'isolement, mais les conditions nouvelles qui modifient le mode d'action de la sélection naturelle.

La question fut plus tard étudiée de plus près par deux savants qui travaillèrent et arrivèrent à leurs conclusions simultanément et indépendamment l'un de l'autre : Romanes[1], un des darwiniens les plus remarquables et un des disciples immédiats de Darwin, et Gulick[2], missionnaire des îles Sandwich qui avait poursuivi pendant quinze ans des études sur les gastéropodes terrestres et d'eau douce de ces îles. La principale différence entre ces deux naturalistes est que Gulick s'est occupé de tous les modes d'isolement, qu'ils soient géographiques ou biologiques, tandis que Romanes s'est attaché surtout à la *sélection physiologique*, qui est une notion introduite par lui dans la science.

Les travaux de Gulick sont postérieurs à celui de

1. J. T. ROMANES. *Physiological selection* (1885), et *Darwin and after Darwin.* (London, 1892-1897.)

2. J. T. GULICK. *Divergent evolution through cumulative segregation* (J. Linn. Soc., XX, 189-274), et *Intensive segregation.* (*Ibid.*, XXIII, p. 312-380.)

Romanes sur la sélection physiologique, mais antérieurs à *Darwin and after Darwin*, ouvrage dans lequel Romanes, tout en développant ses idées propres, s'associe aux vues de Gulick. Les deux théories se confondent ainsi, là du moins où il s'agit d'isolement géographique.

L'isolement, de quelque forme qu'il soit, disent les partisans de cette conception, est un principe très général, plus général même que la sélection naturelle, un principe du même ordre que ceux d'hérédité et de variation avec lesquels il constitue les trois supports de toute évolution des êtres. En vertu de ce principe, la transformation du type ne pourra avoir lieu que s'il s'établit une impossibilité de croisement entre une partie de l'espèce et le reste de cette espèce. Là où la reproduction ne rencontre aucun obstacle dans toute l'aire d'extension d'une espèce, les conditions auront beau être très différentes, elles ne provoqueront pas l'apparition de formes nouvelles. La sélection naturelle *seule* sera impuissante à produire la divergence de caractères, contrairement à ce que croyait Darwin. Au contraire, là où une barrière géographique, par exemple, existe, il apparaîtra facilement des types nouveaux, d'autant plus distants entre eux que la séparation aura été plus longue, l'éloignement plus grand et les conditions d'existence plus différentes.

Ainsi, chez les gastéropodes des îles Sandwich il y a un nombre de variétés très considérable localisées chacune non seulement dans une île

spéciale, mais dans une vallée spéciale ; plus encore : les variétés de ces vallées sont d'autant plus
différentes entre elles que ces vallées sont à une
distance plus grande, de sorte que Gulick arrive à
évaluer assez exactement, d'après le degré de
cette divergence, la distance en milles qui sépare
deux vallées données. Wallace ayant objecté qu'il
peut s'agir ici de l'influence directe des conditions
de vie, Gulick fait remarquer, qu'on ne constate
à cet égard aucune différence entre les vallées et
que, de plus, cela n'expliquerait pas la progression
régulière des variations.

Ici, la ségrégation semble avoir agi au hasard :
un certain nombre d'individus, semblables aux
autres d'ailleurs, se sont trouvés séparés du reste
de l'espèce par une barrière géographique et là,
par le fait même de l'isolement, des caractères
nouveaux sont apparus chez eux. Et il doit en être
ainsi, en dehors même de toute influence du milieu,
car lorsqu'on divise au hasard un ensemble d'individus en deux fractions, la moyenne des variations
individuelles ne sera jamais la même d'un côté et
de l'autre. Cela donnera un point de départ pour
des variations. Ensuite, l'action des conditions
ambiantes s'ajoutant, la divergence s'accentuera
de plus en plus.

A côté de cette première forme de ségrégation
dans l'espace, dans laquelle le groupe d'individus
isolés est tout à fait hétérogène et qui a reçu de
Romanes le nom d'*apogamie*, il en existe une autre
qui favorise bien plus encore la création de types

nouveaux : c'est l'*homogamie*. Ici, les individus séparés possèdent tous un certain caractère qui les distingue des autres : ils peuvent avoir adopté un genre de vie nouveau, une nourriture différente, posséder des modifications physiologiques ou psychologiques. La sélection naturelle et la sélection artificielle ne sont en somme qu'une des formes de cette séparation entre individus hétérogènes : entre les adaptés et les non adaptés, entre ceux qui présentent la particularité désirable et ceux qui en sont dépourvus ; ces deux principes généraux rentrent ainsi dans la conception plus générale encore d'isolement.

Parmi les naturalistes qui ont accepté cette manière de voir, celui qui insiste le plus sur la ségrégation géographique est D. Jordan, savant américain connu par ses travaux sur la distribution et la classification des poissons. Lorsque nous discutons, dit-il, sur la valeur des petites variations qui doivent, en s'accumulant, donner naissance à une espèce nouvelle sous l'influence de la sélection naturelle, ou sur la formation de ces espèces en blocs par mutation, nous oublions qu'en réalité la situation ne se présente jamais ainsi : dans la nature, une espèce étroitement apparentée à une autre n'occupe jamais exactement la même aire qu'elle : elle se trouve toujours à quelque distance, et la différence entre elles est d'autant plus grande que la barrière naturelle qui sépare la forme jeune de la forme parente est plus importante et plus constante. L'étude de certaines faunes locales, des migrations et de la distribution de certaines espèces de poissons et d'oiseaux montre que dans les régions où il n'y a pas de barrières géographiques notables. on trouve des espèces à large extension, homogènes. ne présentant que des variations individuelles ou liées directement à l'action du climat : là, au contraire. où une région est coupée par de nombreuses barrières. on rencontre un nombre d'espèces considérable dont chacune a une étendue restreinte. Et il aboutit à cette conclusion générale : « Les caractères adaptatifs qu'une espèce peut présenter sont dus à la sélection naturelle et se développent en rapport avec les exigences de la compétition. Les caractères non adaptatifs, ceux qui distinguent principalement les espèces entre elles, ne résultent pas de la sélection naturelle, mais d'une forme quelconque d'isolement géographique et de la ségrégation des individus qui en est la conséquence[1] ».

Ajoutons que pour contrôler ses idées, Jordan a adressé à un certain nombre d'ornithologistes des États-Unis une sorte de questionnaire dont une des questions les plus importantes était celle-ci : arrive-t-il jamais que deux ou plusieurs sous-espèces bien distinctes habitent la même région? — La réponse a été généralement négative. confirmant ainsi les vues de Jordan.

Passons maintenant à l'isolement physiologique,

1. *The Origin of species through Isolation.* (*Science*, 3 nov. 1905, p. 557.)

auquel Romanes, qui l'a surtout mis en avant, donne
le nom de *sélection physiologique.* On peut trouver,
dit-il, à un moment donné, au sein d'une espèce,
des variations qui rendent impossible la reproduction entre *tous* les individus et la limitent à une
certaine catégorie : variations de structure dans
l'appareil reproducteur, époques de maturité différentes des produits génitaux, modifications de l'instinct sexuel, etc. Il cite à l'appui les faits recueillis
par Gulick et les observations du botaniste A. Jordan
sur des variétés de plantes qui, tout en présentant
des différences morphologiques très faibles, donnent
généralement des résultats négatifs quand on
essaye de les croiser entre elles[1]. Voici, d'autre
part, un autre exemple très clair cité par Kellogg[2]. Dans beaucoup d'espèces de papillons, il
y a plusieurs générations, naissant aux différents
moments de l'année et se distinguant entre elles
par la couleur. Ces différences ne tiennent pas,
comme on pourrait le croire, aux variations individuelles des parents : elles dépendent uniquement du
moment d'éclosion des œufs. Parmi les œufs d'une
même femelle, certains éclosent au printemps,
d'autres en été, les derniers en automne, et à chaque
lot correspond une coloration particulière. Cette
particularité entraîne un isolement physiologique
au sein de l'espèce : à chaque saison, il n'y a
donc qu'une sorte de papillons, et le croisement
entre les trois sortes est rendu impossible.

1. *Darwin and after Darwin*, t. III.
2. *Darwinism to-day*, p. 243-244.

De même, parmi les plantes, il peut arriver
(exemple cité par Romanes d'après Darwin) que le
pollen de deux variétés différentes vienne tomber
sur un même pistil, mais que ce pistil exerce une
sorte de pouvoir électif entre les deux; il s'établit
ainsi un croisement exclusif qui finit par donner
un nouveau type. On pourrait citer bien d'autres
cas encore de répulsion sexuelle entre variétés d'une
même espèce, de modifications légères dans la
structure ou le fonctionnement des organes, etc.

Vernon[1] a proposé une variante à lui de la
théorie de la ségrégation physiologique. Son idée
fondamentale est celle-ci : il admet qu'au sein de
chaque espèce les individus plus ressemblants
sont plus féconds entre eux que les individus
moins ressemblants : il en résultera que les formes
extrèmes finiront par l'emporter sur les formes
moyennes et il se produira une divergence de
caractères à laquelle il donne le nom de *divergence
reproductrice*. Si, par exemple, il y a, au sein
d'une espèce, des individus grands et des individus petits et que les grands soient plus féconds
entre eux qu'avec les petits (et les petits aussi), il
arrivera que les moyens, produits de croisement
entre les petits et les grands, disparaîtront peu à
peu et l'espèce se trouvera divisée en deux variétés :
la grande et la petite.

La théorie de Vernon repose sur une suppo-

---

1. H.-M. VERNON. *Reproductive divergence : An additional
factor in Evolution.* (*Nat. Sc.*, 1897, p. 181.)

sition arbitraire : la fécondité plus grande des
parents semblables. Or, depuis Darwin la supériorité des produits de croisement sur ceux de la
reproduction entre semblables est une notion universellement admise, et les quelques exemples que
cite Vernon à l'appui de sa thèse sont insuffisants
pour l'infirmer. Sa théorie comporte aussi une démonstration mathématique. dont les conclusions se
rapprochent de celle de la loi de Delbœuf dont
nous avons parlé ailleurs. et sont passibles des
mêmes critiques.

Pour en revenir à la sélection physiologique
typique. celle de Romanes. disons qu'elle est loin
d'avoir acquis beaucoup d'adeptes parmi les naturalistes. On lui reproche les nombreuses coïncidences qu'elle exige (les variations de l'appareil
sexuel, par exemple. devant nécessairement se
produire chez les individus des deux sexes et en
même temps). l'insuffisance de cette sorte de
variations pour produire une race nouvelle (pourquoi. objecte-t-on. les descendants des individus
variés sous ce seul rapport se distingueraient-ils
par d'autres caractères encore du reste de l'espèce?). l'impossibilité pour ces variations sexuelles
de s'accumuler sans le secours de la sélection
naturelle, laquelle, si elle intervenait, aménerait
au contraire la disparition de cette stérilité au
sein d'une espèce, etc. Ce qui est certain, c'est
que, si la variation sexuelle porte ici sur un
nombre d'individus restreint, si en d'autres termes,
elle reste une variation individuelle telle que se la

figure Darwin, il y aura pour ces individus beaucoup plus de chances de périr sans laisser de postérité que de faire souche d'une forme nouvelle. Et si cette variation est générale, elle donnera peut-être naissance à un polymorphisme (comme dans l'exemple des papillons de Kellogg), mais on ne voit pas pourquoi la divergence s'accentuerait au point d'aboutir à une différence spécifique.

Cette dernière objection, nous pouvons d'ailleurs l'adresser à toute théorie de ségrégation en général, qu'il s'agisse de l'isolement topographique ou de l'isolement physiologique. Une espèce est scindée en deux parties par l'intervention d'une barrière naturelle. Il y a, dès le début, entre les deux parties, certaines différences que la séparation empêchera de disparaître par le croisement; elles subsisteront donc, mais quelle est la cause qui les rendra plus accentuées dans la génération suivante? Leurs destinées ultérieures dépendront peut-être, suivant les conditions du milieu, de caractères n'ayant absolument rien de commun avec ces caractères différentiels (il doit, en particulier, en être ainsi dans tous les cas d'apogamie de Romanes): et s'il en est autrement, si la division a eu lieu en raison de quelque caractère de valeur spécifique, la question se pose de l'origine même de ce nouveau caractère, et la cause qui nous l'expliquera expliquera en même temps la formation de la nouvelle espèce, en passant par-dessus le fait intermédiaire de la ségrégation.

Il en est de même si l'accentuation des différences entre les êtres vivants des deux côtés d'une barrière est due à une différence des conditions. Ici encore, ce qui importe, c'est le mode d'action de ces conditions et non la circonstance qui a fait tomber les individus donnés sous leur influence.

L'isolement, géographique et physiologique, peut incontestablement jouer un rôle important dans la différenciation des espèces, mais il ne peut être un facteur indépendant et, à plus forte raison, exclusif. Au point de vue théorique, il ne sera jamais qu'un auxiliaire, offrant un champ nouveau à la sélection naturelle ou introduisant un changement notable dans les conditions du milieu.

CHAPITRE XIX

L'Orthogénèse.

Variations se suivant dans un ordre déterminé. — Développement exagéré de certaines structures : les reptiles géants, les défenses du Mammouth et du *Babyrussa*, les bois de l'élan fossile d'Irlande, la coloration protectrice du *Kallima*. — L'orthogénèse d'Eimer, ses lois de la croissance organique. — L'archæsthétisme de Cope ; le rôle de la conscience. — La conception de Nægeli.

Parmi les objections adressées à la théorie de la sélection naturelle comme facteur principal de l'évolution, une des principales est celle ayant trait à la nature même des variations initiales. Ces variations sont supposées, comme nous l'avons vu, être très diverses, dirigées dans les sens les plus différents, accidentelles ; elles n'aboutissent à certains résultats déterminés que sous l'action de la sélection naturelle qui favorise les plus utiles. Or, un grand nombre de faits semblent indiquer que le développement de certains organes et de certaines structures suit une marche bien définie, indépendante des services qu'ils peuvent rendre ; dans certains cas même on voit un organe, utile à un certain moment de son évolution, arri-

26.

ver, en continuant à se développer dans la même direction, à être nuisible et à conduire l'espèce à sa perte au lieu de contribuer à sa prospérité. C'est l'idée que l'étude des organismes fossiles a suggérée à certains paléontologistes (c'est Koken, un géologiste et un paléontologiste qui a surtout fait valoir cet argument); ils citent, comme exemples, les grands reptiles du Crétacé dont les proportions mêmes, la lourdeur et le peu d'agilité ont fini par devenir incompatibles avec la continuation de leur existence; de même, les dimensions exagérées des bois de l'élan fossile d'Irlande, les défenses trop développées et contournées du mammouth, n'ont pu aboutir qu'à l'extinction des groupes d'animaux correspondants.

L'exagération de certaines structures au delà de ce qui pourrait être utile ne se rencontre pas seulement chez les animaux disparus : nous en voyons beaucoup d'exemples actuellement. Nous avons déjà cité, au cours de la discussion de la sélection naturelle, la coloration protectrice trop parfaite du *Kallima* et les défenses extraordinairement développées du *Babyrussa*. Il en est de même des yeux de certains crustacés, placés à l'extrémité de pédoncules trop longs, et de bien d'autres cas encore. Il semble ici que le développement, une fois commencé, se soit poursuivi comme par inertie, suivant une certaine direction déterminée, sans pouvoir s'arrêter au moment où la sélection naturelle aurait dû non seulement cesser de le soutenir, mais même l'empêcher.

Il peut en être de même des caractères tout à
fait indifférents au point de vue de l'utilité, tels que
les dimensions et proportions de certaines structures non actives, les détails de coloration, etc.,
qui n'apparaissent pas accidentellement, mais semblent montrer une tendance à s'accentuer dans
certaines directions. L'étude des dessins et de la
coloration des ailes des insectes a fourni un grand
nombre de ces exemples[1].

On constate, d'autre part, que les variations ne
sont pas illimitées et quelconques : elles semblent
être réduites à un certain nombre de possibilités,
déterminées pour chaque groupe d'organismes.
« Par le fait même, dit Plate[2], qu'un animal appartient à un certain groupe, les possibilités de variations se trouvent restreintes et dans beaucoup de
cas réduites à des limites très étroites ». On en a
cité de nombreux exemples : jamais, à en croire les
partisans de cette idée, on ne pourra obtenir un
muguet bleu, une herbe à feuilles divisées, un
chien à taches ocellées comme celles du léopard,
une poule domestique à teinte bleue ou verte, un
serin bleu ou rouge.

D'autres considérations encore ont amené un
certain nombre de biologistes à concevoir l'évolution comme se poursuivant dans une ou plusieurs
directions bien définies. Ce sont ces conceptions

---

1. Travaux de Kellogg, Eimer et autres.

2. PLATE. *Ueber die Bedeutung der Darwin'schen Selections-
princip.*, cité par Kellog : *Darwinism to-day*, p. 281.

qu'on désigne sous le nom des théories de l'*ortho-génèse*. Elles sont, en somme, assez différentes entre elles et quelquefois contradictoires, suivant les causes que tel ou tel auteur assigne aux directions de ces variations orthogénétiques.

La plus typique des théories orthogénétiques est celle d'Eimer. Adversaire passionné des idées weismanniennes, Eimer ne reconnaît à la sélection naturelle qu'un rôle très restreint : elle ne peut agir, d'après lui, que sur un matériel ayant acquis un degré de développement suffisant pour lui donner prise. Elle ne crée pas d'espèces nouvelles, mais préserve les espèces existantes. La cause principale de la transformation des espèces réside dans l'existence d'une direction définie de l'évolution, qui n'a rien à voir avec l'utilité. Cette direction ne tient non plus à aucune cause mystérieuse ou métaphysique dans le genre du principe de perfection de Nægeli. « Les causes de l'évolution dirigée dans un sens déterminé sont contenues, à mon sens, dit Eimer, dans les effets produits par les circonstances et influences extérieures, telles que le climat et la nourriture, sur la constitution de l'organisme donné[1]. »

L'organisme, cependant, ne reste pas passif : il réagit d'une façon qui lui est propre et conforme à son individualité; c'est là la cause interne de l'évolution. « Le développement ne peut avoir

1. Th. EIMER. *On Orthogenesis and the impotence of natural selection in Species-forming* (1898), p. 22.

lieu que dans un petit nombre de directions parce que la constitution, la composition matérielle du corps détermine nécessairement ces directions et empêche les modifications dans tous les sens. » L'ensemble de ces causes externes et internes agit sur la croissance, individuelle ou phylogénétique, des organismes ; à cette dernière Eimer applique le terme de *croissance organique* (*organophysis* ou *morphophysis*). Il reconnaît l'hérédité des caractères acquis comme un facteur nécessaire, mais déclare se séparer du lamarckisme proprement dit (qu'il comprend d'une façon trop étroite) en ce qu'il s'agit pour lui non pas de caractères acquis adaptatifs, dus à l'usage ou au non-usage des parties (la cinétogénèse de Cope) mais de caractères indifférents, produits par les conditions extérieures, sans rapport aucun avec l'utilité (la physiogénèse). Tels sont par exemple les divers caractères de coloration des ailes des insectes, des coquilles de mollusques, etc., caractères qui, suivant l'expression d'Eimer, ne leur sont pas plus utiles que n'est la coloration brillante de l'or pour ce métal ou ne le sont pour la bulle de savon ses reflets irisés. Ces caractères qui ont débuté par de petits changements à peine perceptibles, l'évolution les développe ensuite de plus en plus, et cela non pas dans toutes les directions possibles autour d'une moyenne, comme le pensent les sélectionnistes, mais en ligne droite, en avant ou en arrière.

Dans cette marche en ligne droite, il y a des pauses : certaines formes s'arrêtent en chemin, tan dis que d'autres, plus sensibles à telle ou telle influence externe agissant à ce moment, continuent leur mouvement en avant. Il se produit ainsi entre les unes et les autres une lacune, et la chaine continue des êtres se trouve rompue. C'est à ce phénomène, auquel il donne le nom de *génépistase*, qu'Eimer attribue le rôle principal dans le fait de la *séparation* des espèces entre elles, même sans le secours de la ségrégation géographique. Les distinctions entre les espèces sont encore augmentées du fait que les différences du degré de développement sont inégales pour les différents organes (phénomène d'*hétéropistase*).

La séparation géographique, la séparation physiologique (*kyesamechanie*), c'est-à-dire impossibilité de croisements par suite de quelques modifications de l'appareil reproducteur, et enfin l'apparition soudaine de variations brusques (sous l'influence du milieu) viennent se joindre à ces causes de création d'espèces nouvelles.

Telles sont les conceptions phylogénétiques d'Eimer. A côté de ces considérations d'ordre très général, il a formulé un certain nombre de conclusions, déduites pour la plupart de ses études personnelles et appelées par lui *lois de la croissance organique*. Ces lois, de valeur et de portée très inégales, sont destinées à compléter l'idée d'orthogénèse en montrant quelles sont ces règles générales auxquelles l'évolution des êtres est soumise. Nous trouvons là, sous forme de lois, l'affirmation que le développement peut subir un arrêt ou reve-

nir en arrière, la constatation du fait de la convergence de caractères entre êtres n'ayant aucune
parenté immédiate, et quelques autres analogues :
d'autre part, on y trouve des lois très particulières,
comme celle des colorations, d'après laquelle, dans
les classes les plus diverses d'animaux (mollusques,
oiseaux, reptiles, mammifères et certains insectes) il
apparaît tout d'abord des bandes longitudinales de
couleur; ces bandes se fragmentent ensuite en taches,
lesquelles se fondent en raies transversales, pour
donner enfin, en s'étendant de plus en plus, une
teinte uniforme. D'autres lois encore sont formulées,
mais il serait oiseux de les énumérer toutes.

Telle est cette théorie orthogénétique. Beaucoup,
parmi les idées émises par Eimer, semblent être
justes, mais le tout ne donne pas une satisfaction
complète à l'esprit. Ses lois sont des constatations
qui n'invoquent aucune causalité : les raisons pour
lesquelles les caractères, une fois le développement
commencé, continuent leur marche ascendante ou
descendante, sans s'écarter de la direction déterminée, restent pour nous obscures. Eimer déclare
qu'il n'assigne à l'organisme aucune propriété mystérieuse pour expliquer sa tendance au développement dans une direction déterminée et que la part
principale y appartient aux conditions ambiantes.
Mais comme celles-ci sont infiniment variables, il
ne peut trouver en elles le facteur nécessaire et est
obligé, malgré ses déclarations de principes, d'en
revenir à placer dans l'organisme la cause du développement orthogénétique. Or, cette cause reste

mystérieuse et même métaphysique, puisque Eimer ne la rattache à aucune condition histologique ou physiologique et ne donne sur elle de renseignements d'aucune sorte.

Nous trouvons un autre représentant des tendances orthogénétiques dans la personne de Cope, dont nous avons déjà eu à parler comme d'un des adeptes les plus marquants des théories lamarckiennes. Mais, indépendamment de ses tendances lamarckiennes, nous trouvons chez lui une théorie qui lui appartient en propre : celle de l'*archæsthétisme*. C'est surtout cette théorie qui ouvre une place au système de Cope dans la rubrique générale de l'orthogénèse.

Ce qu'il faut expliquer et ce que le darwinisme n'explique pas, dit Cope[1], c'est la source des variations. Elle est dans les mouvements produits par l'être pour la satisfaction de ses besoins. La sensation semble exister depuis les animaux unicellulaires les plus simples; elle seule peut expliquer les divers mouvements que nous observons chez les protozoaires. Ces mouvements, résultats de la sensibilité, peuvent être envisagés comme *conscients* (il faut remarquer que Cope dit volontiers : conscience *ou* sensation, sans tracer entre les deux la limite nécessaire). La conscience se trouve à l'origine de la vie. Les mouvements automatiques et involontaires du cœur, des intestins, des organes reproducteurs, etc., sont dus à des états de cons-

1. E.-D. Cope, *The primary factors of organic evolution*, ch. X. *The function of consciousness.*

cience qui ont stimulé des mouvements volontaires :
on peut se représenter, par exemple, que la circulation s'est établie parce que l'estomac surchargé
causait une souffrance et exigeait des efforts pour
distribuer son contenu ; c'est ainsi qu'a pu apparaître la vésicule contractile de certains protozoaires. Ensuite, par un fréquent usage, à la longue,
cette manifestation de la conscience devient automatique. Ce sont les mouvements réflexes qui sont
des produits des actes conscients, et non inversement, comme on le croit généralement. Nous pouvons affirmer, dit Cope, que non seulement « *la vie
a précédé l'organisation,* mais que *la conscience coïn-
cide avec l'aurore de la vie* ».

Le processus de l'évolution consiste ainsi en passages successifs des actes conscients à l'état inconscient, automatique ; c'est donc un mouvement
rétrograde, auquel l'auteur de la théorie donne le
nom de *catagénèse.* Mais il ne faudrait pas croire
que ce caractère rétrograde soit celui de l'évolution tout entière : au contraire, les êtres progressent et se développent, au point de vue intellectuel,
et c'est aux plus intelligents qu'appartient la victoire. Car à mesure que les anciennes acquisitions
tombent dans le domaine de l'inconscient, de nouvelles, conscientes et volontaires, se montrent. A
leur tour, elles sont destinées à devenir automati-
tiques et à servir de plate-forme pour les acquisitions futures.

Telle est la marche générale de l'évolution. Des
lois d'un caractère plus spécial viennent ensuite

lui imprimer des directions déterminées : loi de l'homologie. qui est une constatation de ce fait que tous les êtres organisés sont formés de parties correspondantes, les différences portant uniquement sur leurs proportions et leur degré de complexité; loi de succession. établissant que lorsque les espèces se classent en séries d'après l'ordre d'accroissement d'un caractère quelconque. les autres caractères se montrent ordonnés dans le même sens; par exemple, une espèce à trois orteils se placera sous tous les rapports entre l'espèce à un et l'espèce à quatre orteils. A ces deux lois. Cope ajoute la loi biogénétique fondamentale relative au parallélisme entre l'ontogénèse et la phylogénèse. et la loi générale de l'adaptation au milieu.

Les deux théories que nous venons d'exposer. celle de Cope et celle d'Eimer. ont. en dehors de leur point de vue plutôt lamarckien. encore ceci de commun qu'elles cherchent toutes les deux l'explication de la direction définie imprimée à l'évolution dans les faits observables et vérifiables : action du milieu ambiant ou réaction consciente à ce milieu. Cette dernière idée n'est liée chez Cope à aucune conception de force vitale mystérieuse; c'est simplement une généralisation psychologique. D'autres théories orthogénétiques ont quitté ce terrain scientifique pour recourir aux entités métaphysiques. Telle est la conception de Nægeli qui, nous l'avons vu. cherche le facteur dominant de l'évolution et la cause de l'orthogénèse dans une tendance interne des organismes vers le perfectionnement, dans le *principe de développement progressif.* D'autres auteurs ont suivi la même voie, en créant, sous des noms divers, des entités métaphysiques analogues. Elles n'apportent rien à la science ; nous ne nous en occuperons donc pas.

CHAPITRE XX

La Mutation.

Nous avons vu qu'à la base de la théorie purement darwinienne de la sélection naturelle se trouvent des variations individuelles, des « fluctuations », qui ont ceci de caractéristique qu'elles sont
réparties sur *tous* les individus et que ces derniers
ne présentent ainsi, par rapport au caractère
envisagé, que des différences de degré, souvent
minimes. Si on rangeait tous les individus d'une
même génération par ordre de développement de
ce caractère et si on exprimait par des ordonnées
le degré de développement correspondant, on
obtiendrait, en joignant leurs extrémités, une courbe

sans sauts brusques. Ce mode de variation a reçu le nom de variation *lente* ou *continue*, lente parce qu'il faudrait une longue accumulation de ces caractères peu saillants pour produire une nouvelle race ou une nouvelle variété, continue — à cause de ces gradations insensibles, de ces intermédiaires nombreux entre les individus extrêmes. On l'appelle aussi variation darwinienne, parce que c'est en raison des caractères créés par elle que, dans l'esprit de Darwin, les individus survivent ou sont éliminés dans la lutte pour l'existence. Ces variations ont une existence presque universelle. C'est d'elles que tirent parti les éleveurs et les horticulteurs, en choisissant les individus qui présentent la particularité désirable au plus haut degré et en les faisant reproduire à l'exclusion des autres. C'est également à ces variations lentes qu'appartiennent la plupart des modifications dues au climat, aux conditions de vie, à l'alimentation. Aussi, ce sont elles également qui sont à la base des théories lamarckiennes.

Mais, en dehors de ce mode de variation, il en existe un autre auquel on a donné le nom de variation *brusque* ou *discontinue*. Il s'agit ici de modifications qui surgissent soudainement et sont assez prononcées pour constituer au moins des anomalies. Le caractère nouveau qu'elles apportent n'est pas forcément très saillant : la différence entre l'individu qui en est pourvu et l'individu normal peut ne pas dépasser celle qui existe entre les extrêmes dans la variation fluctuante ; mais ce qui distingue ce mode de variation, c'est l'absence de formes de passage. Il en résulte que les caractères d'une race ou d'une variété peuvent ainsi se trouver modifiés tout d'un coup, sans accumulation lente de modifications minimes.

La variation discontinue était connue depuis longtemps; on en avait décrit de nombreux exemples sous le nom de « sports », ou comme anomalies diverses. Darwin lui-même en a cité un grand nombre : variété de paons à épaules noires, provenant de paons exceptionnellement apparus parmi d'autres ordinaires, et se distinguant non seulement par leur coloration, mais aussi par la taille, le degré de force et de fécondité; race des moutons-ancons, présentant les mêmes particularités que les bassets parmi les chiens; les chiens bassets eux-mêmes : moutons de Mauchamp, bétail sans cornes du Paraguay et bien d'autres encore.

Depuis, de nouveaux exemples de variations brusques devenues héréditaires ont été cités en grand nombre, aussi bien dans le règne animal que dans le règne végétal : bœufs ñatos (camus), race caractérisée par le raccourcissement des os nasaux et intermaxillaires, le nez et la lèvre supérieure entraînés en arrière (on les appelle aussi bœufs-bouledogues); cochons solipèdes; axolotls albinos; dans le règne végétal, il y a les fleurs striées, les feuilles panachées, les fleurs doubles et divers autres caractères qui, une fois apparus, deviennent, en se transmettant, le point de départ de nouvelles variétés (pied d'alouette à fleurs striées, trèfle à cinq feuilles, etc.). Ces variétés d'origine accidentelle sont surtout nombreuses parmi les plantes cultivées : la sélection faite par l'homme a maintenu l'hérédité du nouveau caractère en l'empêchant de s'effacer par le croisement.

Ces variations brusques, quoique bien connues de Darwin, n'entrent pas dans la construction de sa théorie et sont considérées par lui comme un facteur sans grande importance, le phénomène en question étant rare et même exceptionnel, comparé à la fréquence, à l'universalité des variations individuelles continues. Il y eut, cependant, dès l'époque de Darwin et jusqu'à nos jours, des naturalistes qui essayèrent, au contraire, d'en faire la base d'une théorie de l'évolution : Köllicker en 1864, Dall en 1877, Korschinsky plus récemment encore, en 1901, développèrent cette idée que c'est à ces sauts brusques, à ces variations sans formes de passages (phénomène qui reçut le nom d'*hétérogénèse*) que sont dues les transformations de l'espèce à l'exclusion de toutes les minimes fluctuations individuelles.

Cette théorie, érigée en système complet et appuyée sur de très nombreuses expériences ayant duré pendant des dizaines d'années, a été énoncée récemment, en 1901-1903, par le botaniste hollandais de Vries sous le nom de *théorie de la mutation*; elle semble actuellement se frayer une large voie parmi les biologistes et recruter un nombre de plus en plus grand d'adeptes. Parmi les précurseurs de de Vries, un seul, Korschinsky, a eu une conception assez précise qu'il est intéressant de rappeler. L'évolution des espèces a lieu, d'après lui, par suite de l'apparition brusque de certaines modifications qui sont transmises aux descendants, surtout dans la reproduction par boutures, marcottes, etc... Ces modifications ont leur source dans les cellules germinales et sont, en ce qui concerne l'individu lui-même, indépendantes des conditions extérieures; cependant, le milieu environnant est un facteur très important pour leur sort ultérieur.

La théorie de l'hétérogénèse de Korschinsky ne s'appuie pas sur un très grand nombre de faits et de recherches personnelles, et c'est peut-être ce qui l'a empêchée d'attirer l'attention du monde biologiste comme l'a fait plus tard la théorie analogue, mais plus solidement basée et mieux développée de de Vries.

L'œuvre de de Vries est le résultat de longues années d'expériences (commencées en 1886) effectuées au jardin botanique de l'Université d'Amsterdam sur des plantes sauvages transplantées et sur différentes plantes cultivées; avant de faire connaître ses conclusions au public, l'auteur de la théorie de la mutation avait attendu ainsi d'avoir accumulé le plus grand nombre possible de faits d'expérience. Cette œuvre d'expérimentation a, à ses yeux, une importance primordiale, non seulement parce qu'elle apporte des preuves à sa conception théorique, mais en elle-même, au point de vue méthodologique.

Les faits de mutation, qui se passent sous l'œil

de l'observateur, introduisent, dit de Vries, la méthode expérimentale dans l'étude de l'origine des espèces et comblent ainsi une lacune qui a toujours été très préjudiciable aux idées transformistes. L'hypothèse des variations lentes rendait l'observation directe impossible et par là empêchait de faire une démonstration évidente de la naissance de nouvelles espèces. La nouvelle théorie répond également à une autre objection formulée contre le darwinisme : celle du temps trop long qu'exigeraient, pour produire l'évolution phylogénétique, les changements imperceptibles, graduellement accumulés. Dans l'hypothèse de la mutation, cette objection tombe : les variations brusques pouvant donner naissance à une nouvelle espèce dès la deuxième génération, l'évolution des êtres n'exige plus un temps si démesurément long.

Mais là ne se borne pas l'appoint que la nouvelle théorie doit, dans l'esprit de son auteur, apporter à la doctrine transformiste. Un des côtés faibles de cette dernière a été, dit-il, la nécessité pour les transformistes de nier absolument la constance et la fixité des caractères spécifiques, malgré certains faits qui démontrent le contraire. L'idée de l' « espèce fixe » était radicalement opposée à celle de l' « espèce variable » et résolument bannie des conceptions transformistes. La théorie de la mutation est exempte de cet inconvénient : elle concilie les deux manières de voir. Une espèce n'est pas, en effet, toujours également variable, ou. plus exactement, également mutable, car de Vries réserve le nom de variabilité au phénomène des fluctuations individuelles. La mutabilité est un phénomène périodique et non pas un état constant. Une plante peut, pendant quelque temps, donner naissance à des descendants présentant de nouveaux caractères et faisant souche de nouvelles espèces : elle peut ensuite rester invariable pendant de longues séries de générations. Tous les rameaux de l'arbre généalogique présentent ainsi successivement des espèces mutantes et des espèces stables ; une même lignée peut être d'abord mutante, ensuite retourner à l'état stable. Quelles sont les causes qui, à un moment donné, déterminent le commencement d'une période de mutation ? Elles sont inconnues jusqu'à présent, mais doivent résider dans l'action de quelque facteur extérieur qui reste à découvrir.

En partant de cette idée que toutes les espèces sont formées par variation brusque et qu'il y a entre elles véritablement discontinuité et non extinction de formes de passage, de Vries fut conduit à supposer qu'il doit se former actuellement des variétés et des espèces nouvelles. Il chercha donc à prendre le phénomène sur le vif, et, après huit ans d'expériences, réussit enfin à constater une première mutation sur la *Linaria vulgaris* qui donna naissance à une nouvelle variété. Mais c'est une autre plante, du genre *OEnothera*, qui lui fournit des résultats décisifs et permit de formuler quelques lois générales.

L'OEnothère est une plante qui a été introduite d'Amérique à différentes époques dans les jardins d'Europe ; elle pousse aussi. s'échappant des jardins. dans le voisinage des habitations. On en connaît plusieurs espèces : celle que de Vries choisit pour son étude porte le nom d'OEnothère à grandes fleurs ou *OEnothera lamarckiana*. nom qui lui vient de ce fait que. cultivée au jardin du Muséum de Paris. elle fut remarquée par Lamarck qui l'étudia et la décrivit le premier.

De Vries la trouva. en 1886. à Hilversum. dans les environs d'Amsterdam. et. ayant constaté qu'elle présentait la particularité. depuis si longtemps cherchée. de produire chaque année un certain nombre de nouvelles formes. en transplanta plusieurs pieds dans son jardin. Là, elle fut reproduite par semis et donna une douzaine de types nouveaux dont la plupart sont considérés par de Vries comme de nouvelles variétés et quatre comme de véritables nouvelles espèces.

L'espèce originelle, l'*OEnothera lamarckiana*, est une plante de grande taille. souvent de plus de 1^m.60 de hauteur. ayant l'aspect général d'un buisson touffu, à grandes fleurs d'un jaune brillant ne s'ouvrant que le soir. Les nouvelles espèces produites sont : *O. gigas, O. rubrinervis, O. oblonga et O. albida ;* elles sont immédiatement devenues tout à fait stables, transmettant fidèlement leurs caractères aux descendants. L'OEnothère géante n'est pas sensiblement plus haute qu'*O. lamarckiana*, mais beaucoup plus vigoureuse : ses tiges ont un diamètre double, son feuillage est plus épais, les fleurs plus grandes et plus serrées (à cause du raccourcissement général des entre-nœuds); les fruits sont plus courts, mais plus larges, les graines en nombre moindre, mais très grosses. L'*O. rubrinervis* est, comme aspect général, la contre-partie de la première : elle est plus grêle et, comparativement à la plante originelle, a certaines parties (les feuilles et les bractées) plus allongées et plus étroites. Son caractère principal, ce sont les nervures et les bandes rouges des fruits, la teinte rougeâtre du calice, une couleur jaune plus foncée des pétales et, chez les jeunes plantes, les nervures moyennes rouges des feuilles. Les feuilles sont plus pâles et donnent des rosettes moins fournies que chez *O. gigas*. Ces deux nouvelles espèces sont toutes les deux stables et vigoureuses; il en est autrement des deux autres qui sont si faibles qu'elles n'ont aucune chance de pouvoir se maintenir à l'état sauvage. L'*O. albida* se distingue surtout par la couleur blanchâtre de ses feuilles et par une grande faiblesse de tous les organes. L'*O. oblonga* est caractérisée par ses feuilles très étroites, charnues, d'un vert brillant et formant des rosettes très touffues; la taille de la plante est à peu près la moitié de celle d'*O. lamarckiana*.

L'étude de ces différentes espèces et variétés d'Œnothères a amené de Vries à formuler plusieurs lois générales de mutabilité qui sont les suivantes :

Première loi : Les nouvelles espèces élémentaires apparaissent brusquement, sans formes de passage. Cette conclusion, tirée du fait même des modifications observées sur *Œnothera*, constitue un énoncé du principe fondamental de de Vries.

Deuxième loi : Les nouvelles branches prennent naissance et se développent latéralement par rapport au tronc principal. Dans la conception courante, les espèces se transforment l'une dans l'autre en bloc, tous les individus variant dans la même direction et l'amphimixie maintenant un certain niveau commun, sans qu'un individu puisse le dépasser d'une façon notable. De cette façon, il semble que lorsqu'une nouvelle espèce naît, l'ancienne doive disparaître. Or, dans les mutations de l'*Œnothera*, c'est le contraire qui se passe : le changement porte non pas sur tous les individus, mais sur un petit nombre seulement, tandis que la majorité reste sans modification et répète fidèlement tous les ans le type originel, à l'état sauvage comme à l'état cultivé. C'est ainsi que la même espèce, l'*Œnothera lamarckiana*, a fourni *latéralement* des formes nouvelles et n'en subsiste pas moins elle-même comme par le passé.

Un autre point encore, sur lequel les faits donnent un démenti aux idées courantes, c'est qu'il naît non pas un seul nouveau type par localité, mais plusieurs nouvelles espèces en même temps, provenant d'une même forme parente.

Troisième loi : Les nouvelles espèces élémentaires deviennent immédiatement stables, c'est-à-dire transmettent fidèlement leurs caractères aux descendants, indépendamment de toute condition extérieure.

Quatrième loi : Parmi les formes obtenues, les unes sont des espèces élémentaires évidentes, d'autres, des variétés régressives. Ceci demande quelques explications. De Vries apporte beaucoup de soins à la définition et à la délimitation de l'idée de l'espèce. L'espèce, telle qu'elle est admise dans la classification, l'espèce de Linné, dit-il, est une unité trop vaste, qui correspond à un ensemble complexe de formes et se subdivise, dans la plupart des cas, en un certain nombre d'unités d'ordre secondaire qu'on appelle en général *variétés* et qu'il est préférable d'appeler *espèces élémentaires*, en réservant le nom de variétés à leurs subdivisions plus petites encore. Les espèces nouvelles que de Vries obtient dans ses expériences avec les Œnothères sont donc de ces « espèces élémentaires », et ses « variétés » sont des variétés de ce second ordre.

Ceci n'est pas pour de Vries une simple question de noms conventionnels à donner à tel ou tel groupement d'individus : la définition de l'espèce correspond pour lui à quelque chose de très réel, car de Vries est, comme nous l'avons vu, au nombre des biologistes qui considèrent que les caractères des êtres ont pour source et véhicules des particules matérielles. Ces particules, auxquelles il donne le nom d' « unités spécifiques », peuvent être tantôt actives, tantôt passives, et le caractère correspondant peut se manifester ou bien rester à l'état latent. « La latence est un des phénomènes les plus communs de la nature, dit-il. On peut regarder tous les organismes comme formés, dans leur structure interne, d'une foule d'unités qui sont en partie actives et en partie inactives. Ces unités, qui sont extrèmement petites et dont le nombre est si grand qu'on peut à peine l'imaginer, doivent ètre représentées par des particules matérielles qui sont les éléments les plus intimes des cellules[1] ».

Les espèces élémentaires se distinguent, d'après de Vries, les unes des autres par l'acquisition des qualités *nouvelles*, tandis que les variétés ne diffèrent entre elles que par la mise en latence ou, au contraire, la mise en activité d'un ou plusieurs caractères[2]. Les mutations peuvent ètre *progressives* ou *régressives*, suivant qu'il s'agit d'acquisition (ou réveil) ou de perte (ou mise en latence) de caractères. Parmi les formes obtenues par de Vries, les unes ont apparu, envisagées à l'aide de ce critérium (et c'est ce que constate sa quatrième loi), comme de véritables espèces, d'autres comme des variétés régressives, c'est-à-dire ne présentant d'autre trait nouveau que la mise en latence d'un certain caractère.

Cinquième loi : Les mêmes espèces élémentaires peuvent provenir d'un grand nombre d'individus. C'est là un fait remarquable : il peut se produire

1. H. DE VRIES. *Espèces et variétés, leur naissance par mutation*, trad. L. Blaringhem, 1909, p. 418.
2. *Ibid.*, p. 141.

dans la même année beaucoup de mutations qui se répéteront ensuite pendant plusieurs générations successives dans le même sens. Il doit y avoir là quelque cause commune agissante.

Sixième loi : L'exposé de cette loi constitue un paragraphe où il est question des *rapports entre la mutation et la variation fluctuante.* C'est le point le plus important. L'*Œnothera lamarckiana* a montré les deux sortes de variations, mais les variations brusques ont seules fourni de nouvelles espèces. Les fluctuations gravitent toujours autour d'une moyenne ; dans la mutation il n'y a pas de moyenne, mais seulement des extrêmes, sans intermédiaires avec le type originel. La mutation n'est pas, comme on pourrait le croire, une fluctuation plus accentuée que les autres : elle ne se ramène à aucune des fluctuations observées et en diffère par sa nature même. Les descendants de la nouvelle espèce présentent des fluctuations autour d'une nouvelle moyenne qui sera celle de la nouvelle espèce.

Septième loi : Les mutations se produisent dans les directions différentes. Les mutations les plus variées surgissent, sans rapport aucun avec l'utilité de tel ou tel caractère nouveau ; dans la suite, la sélection naturelle intervient pour protéger celles qui sont utiles.

Tout en opposant sa théorie de l'origine des espèces par variation brusque à celle de l'importance presque exclusive des variations lentes accumulées, de Vries est loin de refuser un rôle considérable à la sélection naturelle. Mais cette sélection, il l'envisage surtout comme agissant entre les espèces et non pas entre individus de la même espèce. La sélection *intra-spécifique*, dit-il, n'a qu'une importance secondaire; elle ne peut produire que des races locales qui s'éteindront aussitôt que la sélection aura cessé d'agir. Même dans la sélection intra-spécifique artificielle, on atteint bientôt un certain niveau maximum qu'il est ensuite impossible de dépasser; toute l'expérience des horticulteurs le prouve. Les nouvelles améliorations ne peuvent alors être obtenues qu'en modifiant les méthodes mêmes de sélection. Dans la nature, cela peut arriver lorsqu'il survient une migration ou un changement de climat.

La sélection entre espèces est beaucoup plus importante, dans la nature comme dans la culture; c'est elle qui constitue le crible que certaines espèces seulement arrivent à traverser et dont l'existence suffit pour expliquer les structures, même les plus compliquées, les formes les mieux adaptées. C'est elle qui choisit entre les différentes mutations (et, par conséquent, entre les différentes nouvelles espèces) celles qui doivent subsister. La sélection naturelle et la sélection artificielle sont absolument analogues à cet égard, et leur rapprochement, tant critiqué par certains auteurs, est, au contraire, parfaitement légitime.

C'est le milieu extérieur qui agit sur l'évolution des êtres par l'intermédiaire de cette sélection; c'est ce milieu aussi qui détermine probablement le début d'une période de mutations. Mais à cela se borne son action : la nature de la mutation elle-même ne dépend en aucune façon des agents extérieurs. elle est d'origine toute germinale, congénitale, et tient à un changement survenant dans les cellules sexuelles mêmes. L'apparition de nouveaux caractères, le réveil des caractères latents ou, au contraire, leur mise en latence, tout cela ne tient qu'à des causes d'origine interne, inconnue, agissant dans les cellules germinales.

Ce point de vue, qui relègue au second plan les facteurs extérieurs et leur action, rapproche de Vries des weismanniens, malgré l'opposition où sa théorie se trouve en général vis-à-vis de la théorie classique de la sélection naturelle, et l'éloigne résolument de la tendance lamarckienne.

La théorie de la mutation a reçu auprès des naturalistes un accueil plutôt favorable et semble gagner sensiblement du terrain. T.-H. Morgan[1] surtout s'en montre un chaud partisan. Voici les avantages que la nouvelle conception présente d'après lui :

1. Les mutations surgissant spontanément et telles quelles nous dispensent de chercher les premiers stades du développement d'un organe ; elles peuvent persister même si elles n'ont aucune valeur pour la race, se maintenir dans les générations suivantes et, dans certains cas, présenter un degré de développement suffisant pour conférer un avantage sérieux.

____

1. T.-H. MORGAN. *Evolution and adaptation*, p. 298-299.

2. Les nouvelles mutations peuvent apparaître un grand nombre de fois, et avoir pour points de départ un grand nombre d'individus ; ainsi se trouve écarté le danger du croisement qui aurait inévitablement effacé les traces d'une variation toute individuelle.

3. Le croisement devient de même impossible si l'époque de la maturité sexuelle de la nouvelle forme diffère de celle de l'ancienne.

4. Le même résultat peut être atteint si la nouvelle espèce est adaptée à vivre dans des conditions différentes et se trouve ainsi dès l'origine isolée.

5. C'est un fait que les différences entre espèces voisines portent généralement sur des caractères peu importants. C'est là une difficulté pour la théorie de la sélection naturelle, mais non pour celle de la mutation qui s'en accommode parfaitement.

6. Des caractères nouveaux inutiles et même un peu nuisibles peuvent apparaître et persister s'ils n'affectent pas trop la vie de la race.

A ces arguments, Plate, qui a donné la critique la plus complète de la théorie de la mutation, répond point par point[1] :

1. La théorie de de Vries n'explique pas plus la naissance de caractères utiles que la théorie darwinienne, car les caractères différentiels légers n'atteignent pas, comme le reconnaît Morgan lui-même, dès le début, le degré d'utilité nécessaire.

---

1. L. PLATE. *Darwinismus contra Mutationstheorie*, cité dans Kellogg : *Darwinism to-day*, p. 368-372.

Il faut pour cela un grand nombre de mutations se suivant dans un ordre déterminé de manière à amplifier un même caractère.

2. L'apparition simultanée de la même mutation chez un grand nombre d'"individus est un fait très rare, et l'autofécondation étant exceptionnelle dans la nature, le croisement est inévitable.

Les points 3 et 4 de Morgan indiquent des obstacles à ce [danger de croisement qui peuvent se produire aussi bien dans la variation fluctuante que dans la mutation.

Les points 5 et 6 (caractères indifférents ou même un peu nuisibles) établissent un fait qui reste aussi peu explicable dans l'hypothèse de la mutation que dans celle de la sélection naturelle. Toutes les deux sont incapables d'expliquer l'origine des variations et sont obligées de les prendre comme données.

D'ailleurs, d'après Plate, ni dans les fluctuations ni dans les mutations une variation isolée ne joue aucun rôle : il faut pour cela des *variations généralisées* (*Pluralvariationen*), et ces variations généralisées sont en tout cas plus probables dans les fluctuations que dans les mutations.

Beaucoup d'autres arguments ont été avancés encore par différents auteurs, pour et contre, peut-être plutôt pour que [contre. Il [serait fastidieux de les exposer ici. Ce que l'on peut dire, en [conclusion, c'est que la nouvelle doctrine a peut-être été présentée à tort comme une explication *générale* de l'évolution phylogénétique, pouvant *remplacer* les autres hypothèses existantes : elle indique simplement *une des voies* possibles de cette évolution, voie dont la réalité est démontrée par les nombreuses et exactes expériences de Vries.

La nouvelle théorie nous paraît insuffisante en ceci qu'elle ne fournit pas une explication quelconque du fait général et important de l'adaptation ; cette question semble être tout à fait en dehors des préoccupations de de Vries. Une autre raison qui fait hésiter à l'accepter comme une explication générale, c'est la rareté des cas observés. Il est vrai que, depuis que le travail de de Vries a paru, les observations se sont multipliées et de nouveaux exemples ont été signalés ; mais de Vries lui-même reconnaît qu'ils sont encore trop rares. Il en donne des raisons qui paraissent être assez justes, mais qui seraient d'ailleurs applicables à toute autre théorie analogue : lorsqu'une mutation se présente à l'état sauvage, le naturaliste la prend pour une variété déjà ancienne et ne la relève pas. Des milliers de mutations peuvent ainsi se produire et disparaître, sans que nous arrivions à les découvrir. D'autre part, la lutte pour l'existence cause la mort prématurée de tous les individus qui s'écartent trop de la moyenne et sont incapables de se développer dans les conditions d'existence données. Il en est ainsi dans la mutation comme dans la variation fluctuante, et comme les mutations utiles sont rares, nombreuses doivent être celles qui disparaissent ainsi. De Vries n'a pu en constater un certain nombre que parce qu'il a pris toutes les mesures que la culture rend possibles pour les préserver.

Quoi qu'il en soit, les travaux de de Vries ont eu le mérite de montrer expérimentalement, d'une façon tangible, la formation des nouvelles espèces, et de prouver que leur formation peut avoir lieu autrement que par changements lents et graduels.

CHAPITRE XXI

Résumé.

L'état de la question. — La différenciation et l'adaptation. — Les théories envisageant la première : mutation, orthogénèse, ségrégation. — Les théories de l'adaptation : darwinisme et lamarckisme. — La sélection naturelle, la transmission des caractères acquis. — Les limites réelles de l'adaptation. — La structure et la fonction. — Les variations non adaptatives. — Les variations déterminées. — La complication graduelle des êtres. — La solution probable des questions posées.

Les questions que nous avons eu à examiner sont si nombreuses et si variées, les théories et les opinions émises si différentes et souvent si contradictoires, qu'il devient nécessaire de revenir maintenant en arrière et de résumer la situation présente des grands problèmes à résoudre.

Nous nous trouvons, en somme, devant deux grands phénomènes qui caractérisent l'évolution du monde organique : d'une part, l'apparition des différentes espèces, la différenciation dans tous les groupes que nous offrent les classifications des animaux et des végétaux, la complexité croissante des organismes, leur évolution des formes les plus inférieures aux plus élevées ; d'autre part, l'adaptation des êtres vivants aux conditions et aux nécessités du milieu qui les entoure. Ces deux processus ont lieu simultanément, mais ils sont tout à fait différents par leur nature et ne se superposent nullement. Lorsque, en effet, nous parlons d'animaux supérieurs et inférieurs, nous n'entendons aucunement par là que les premiers soient mieux adaptés que les seconds aux conditions de leur existence : il est certain, au contraire, qu'un protozoaire vit dans son milieu aussi bien qu'un vertébré supérieur dans le sien, et que le parasite le plus dégradé n'a rien à envier sous ce rapport à un animal supérieur obligé, dans sa vie libre, à exercer toutes ses facultés pour préserver son existence contre les dangers qui la menacent.

Lorsqu'une espèce vient en remplacer une autre ou prendre place à côté d'elle, il serait erroné de croire qu'elle est nécessairement mieux adaptée à sa vie que celle qui lui a donné naissance. Il suffit, d'ailleurs, de considérer tous les critériums utilisés dans nos classifications pour voir que les distinctions des espèces, des genres, etc. ne sont nullement basées sur le caractère adaptatif des structures. Bien plus, c'est de ces dernières qu'on tient le moins compte dans l'établissement de la parenté des espèces, car la ressemblance chez celles-ci est très souvent le résultat d'une convergence, de l'identité de la fonction à remplir, tandis que ce que l'on recherche, c'est l'origine commune. Pour trouver l'origine phylogénétique d'un organe on recherche non 'pas ce qui, chez les êtres placés plus bas dans l'échelle, remplit la même fonction, mais ce qui y a la même origine embryogénique. Ainsi, ce n'est pas dans l'aile de l'insecte qu'on cherchera l'origine de celle de l'oiseau, mais dans le membre antérieur du reptile, malgré le mode bien différent de locomotion chez cet animal. Et si nous rapprochons la baleine des autres mammifères et non pas des poissons, c'est parce que nous nous guidons sur tout autre chose que son adaptation au milieu.

Il y a donc là deux questions bien distinctes qu'une théorie qui prétendrait embrasser toute la marche de l'évolution devrait résoudre l'une et l'autre. Nous ne voyons, pour le moment, aucun système d'ensemble, du moins aucun système suffisamment élaboré, qui soit capable de le faire. Tous donnent des solutions partielles, tantôt de l'un tantôt de l'autre côté du problème.

Certaines conceptions laissent absolument de côté la question d'adaptation : telles sont la théorie de la mutation de de Vries, l'orthogénèse d'Eimer et de Nægeli, la « séparation dans l'espace » de Moritz Wagner, la « sélection physiologique » de Romanes. Au pôle opposé, nous trouvons la théorie de Darwin qui est exclusivement une théorie de l'adaptation : la sélection naturelle ne tire parti que des variations *utiles* et croit, en montrant le mode de développement de ces variations, montrer en même temps le mode de différenciation des

29

espèces. La théorie lamarckienne est présentée, en général, comme une théorie d'adaptation, mais, à notre avis, elle doit, sous ce rapport, être divisée en deux parties : elle est strictement une théorie d'adaptation lorsqu'il s'agit de réactions *actives* de l'organisme, de l'usage ou du non-usage des organes ; mais lorsqu'il est question de l'influence exercée directement par les conditions de climat, de température, d'alimentation, etc., elle devient une explication des variations *quelconques* ou, du moins, l'adaptation, si on veut l'invoquer, est-elle ici beaucoup plus obscure et problématique.

Prenons d'abord la question d'adaptation et voyons si, dans les divers systèmes que nous avons envisagés, elle reçoit une explication satisfaisante. Les critiques adressées à l'idée de la sélection naturelle agissant sur les petites variations individuelles et amenant, sans le secours d'aucun autre facteur, toute l'évolution phylogénétique, sont si sérieuses et basées sur des preuves si irrécusables qu'il est impossible désormais de lui reconnaître ce rôle exclusif. Elle peut, incontestablement, éliminer les variations nuisibles, surtout si elles sont très accentuées, mais on s'accorde de plus en plus à reconnaître qu'elle ne peut faire développer les variations utiles. Le progrès des organes utiles s'explique, au contraire, très bien par leur fonctionnement même qui provoque leur plus grand développement, mais cela n'est évident que dans les limites de la vie de l'individu et cesse de l'être aussitôt que nous passons à ses descendants. Pour que ceux-ci puissent bénéficier du résultat heureux de l'exercice d'un organe chez le parent, il faut que ce résultat ait pu leur être transmis. Or, la difficulté de concevoir le mécanisme de la transmission des caractères acquis s'applique surtout aux caractères d'usage et de non-usage, c'est-à-dire à ceux qui conduisent le plus directement à l'adaptation. Seule, la théorie d'excitation fonctionnelle de Roux, pour les organes où elle commence dès la vie embryonnaire, peut nous apporter quelque lumière à ce sujet, et encore plutôt comme indication que comme explication véritable. La question reste donc ouverte.

D'ailleurs, lorsqu'il s'agit d'adaptation, il n'est pas inutile de poser une question préjudicielle : est-elle aussi parfaite en réalité qu'on le croit ordinairement? L'harmonie miraculeuse, l'adaptation exacte qu'il nous semble voir partout n'est-elle pas souvent une illusion due à ce que nous ne percevons que le résultat brutal : l'animal ou la plante vit, et nous ne pouvons estimer la somme d'efforts employés, de défaites subies, d'actions nuisibles supportées en vue d'assurer cette vie. Ce que nous voyons, c'est l'excédent du bien sur le mal, et il ne peut en être autrement, car si le résultat était opposé, l'organisme aurait péri. De plus, partant de ce point de vue *a priori* que tout est adapté, nous faisons intervenir notre imagination et trouvons forcément ce que nous cherchons. Il faut dire aussi qu'un animal ne reste pas à subir passivement les conditions qui l'entourent : si elles sont trop contraires à sa nature, s'il n'y est pas du tout adapté, il cherchera des conditions nouvelles et souvent y réussira. Le voyant dans ce nouveau milieu, nous croirons alors qu'il a été fait spécialement pour lui.

Il n'est pas difficile de citer des organes non seulement inutiles, mais nuisibles, et qui subsistent néanmoins ; Metchnikoff en cite un grand nombre d'exemples dans ses *Études sur la nature humaine :* les poils du corps de l'homme dont les follicules donnent asile aux microbes, l'appendice du cœcum, siège de l'appendicite, le gros intestin, facilement attaqué par les maladies, etc. Il y a d'autres « désharmonies », plus graves encore : ainsi la disproportion entre la douleur ressentie par l'organisme et la gravité de la lésion qui l'atteint. « Souvent des causes insignifiantes, dit Metchnikoff[1], et des maladies sans importance, comme certaines névralgies, provoquent des douleurs insupportables. Un phénomène physiologique, comme l'accouchement, est le plus souvent accompagné de douleurs extrèmement violentes et absolument inutiles comme « avertisseur du danger ». D'un autre côté, certaines maladies des plus graves, comme les cancers et la néphrite, évoluent pendant longtemps sans provoquer la moindre sensation douloureuse, ce qui a pour résultat de n'attirer l'attention du malade que quand il est déjà trop tard pour y remédier. »

---

1. E. METCHNIKOFF. *Études sur la nature humaine*, 248-249.

Il y a aussi le défaut d'adaptation des instincts :
ainsi, les insectes volent à [la lumière de la lampe
et périssent, les animaux les plus différents ne
savent pas reconnaître le poison dans leur nourriture, les lapines mangent quelquefois leurs petits
ou les abandonnent, un grand nombre d'animaux
gardent leur nid, bien qu'il n'y ait plus là aucun
œuf, etc., etc.

Il ne s'agit là que des organes ou des instincts
nuisibles; ceux qui sont indifférents sont beaucoup plus nombreux, et les deux, pris ensemble,
font peut-être la majorité chez les êtres vivants, et
déchargent d'autant toute théorie phylogénétique
incapable 'd'expliquer l'adaptation.

Dans les limites où cette dernière est réelle, nous
avons, à côté de la question de la continuation de
ses effets dans les descendants, celle qui divise les
biologistes en deux grands camps, les lamarckiens et les darwiniens : la question de savoir si
l'adaptation débute par la fonction ou par la structure, si la taupe a une patte fouisseuse parce
qu'elle a eu à fouir ou si elle s'est mise à fouir parce
qu'elle avait une patte qui était douée d'une conformation particulière utilisable de cette façon? La
question'n'est pas susceptible d'une démonstration
directe, expérimentale ; elle ne reçoit sa solution
que de la conception générale qu'on adopte. Et
il nous semble' ici que tout 'ce que nous savons
maintenant de l'insuffisance de la sélection naturelle (qui part de là structure) doit nous pousser à
chercher une réponse, d'une part, dans l'excita-

tion fonctionnelle, étendue à toute la durée de la vie de l'organisme, d'autre part dans l'action qu'exercent sur sa physiologie les différents facteurs externes.

Avec ces derniers nous sortons du cadre des phénomènes adaptatifs. On ne perçoit pas encore nettement comment un facteur tel que le climat, la température, l'alimentation, etc., pourrait produire, en agissant sur un animal ou une plante, des modifications telles qu'elles lui facilitent l'existence dans les conditions données. Si le froid rend plus foncée la coloration des ailes chez les papillons, et si la chaleur provoque, au contraire, la pigmentation plus accentuée de la peau chez l'homme on ne voit pas en quoi ces changements peuvent être utiles. Il peut y avoir des cas où il en est ainsi : le froid, par exemple, lorsqu'il fait blanchir les poils et les plumes, peut en même temps rendre service aux animaux des régions polaires en les aidant à se dissimuler. Mais ce sont là de pures coïncidences sur lesquelles nous ne pouvons rien fonder.

Le champ d'action de ces facteurs non adaptatifs est très vaste et sa portée d'autant plus grande que, dépendant des conditions d'existence qui sont dans la nature communes à un grand nombre d'individus à la fois, ils provoquent une variation *générale* qui ne s'efface [pas comme les variations individuelles. Cette variation, pour être un facteur de la transformation des espèces, doit être héréditaire; or, c'est bien parm les faits de cette catégorie que nous avons trouvé les exemples les plus probants de l'hérédité des caractères acquis, et c'est à eux que s'applique surtout la tentative d'explication que nous avons proposée de cette hérédité. Nous pouvons donc admettre que cela donne une réponse à peu près suffisante à la question de savoir comment ces variations peuvent naître, être fixées et devenir des caractères distinctifs d'espèces?

Immédiatement après, deux autres questions se présentent. La première constitue la raison d'être des théories orthogénétiques : pourquoi, dans l'histoire de la vie des êtres, certaines formes, certains caractères suivent-ils une direction déterminée, se succédant, dans la branche qui évolue, sans répétition, sans retour en arrière? Aucune réponse satisfaisante n'a été fournie à cette question; il est à croire que l'état de nos connaissances actuelles ne le permet pas encore. Peut-être l'influence de certains facteurs se prolonge--elle au delà de l'action que nous observons immédiatement et provoque-t-elle des changements corrélatifs dont le lien avec les premiers nous échappe. Peut-être la constitution chimique de l'organisme imprime-t-elle à ces facteurs, d'une façon que nous ignorons encore, un mode d'action précis et n'en permet aucun autre? C'est ainsi que l'œil, par exemple, réagit à *toutes* les excitations d'une même manière qui est la sienne propre. Nous ne pouvons que faire des suppositions à cet égard et, la « tendance évolutive interne » ou toute une autre explication verbale de ce genre étant manifestement insuffisante, nous devons avouer que la question reste ouverte.

Il en est une autre, celle de la différenciation graduelle, du progrès dans l'organisation des êtres. Car, sans exagérer la régularité du processus, nous constatons cependant que les formes supérieures sont apparues après les formes inférieures et aux dépens d'elles, et que cette évolution a été irréversible. Ne coïncidant pas avec les progrès de l'adaptation, elle n'a d'explication à attendre ni de la sélection naturelle, ni des idées lamarckiennes. On ne peut essayer de la comprendre qu'en remontant à la source de la vie : à la constitution physico-chimique de la cellule. A mesure que la vie des êtres se poursuit, de nouvelles substances chimiques sont constamment introduites dans la cellule et de nouvelles actions physiques sont éprouvées par elle. Aucune de ces influences ne passe sans laisser de traces; leurs effets s'emmagasinent et la constitution chimique du contenu cellulaire se complique ainsi de plus en plus. Le nombre de snbstances chimiques différentes y devient de plus en plus grand, permettant des différenciations histologiques nouvelles et contribuant ainsi à la complexité croissante de l'organisation. C'est là, évidemment, une explication trop générale; la véritable réponse ne nous sera donnée que quand nous pourrons constater cette complication croissante et comprendre comment tels processus chimiques font naître telle structure histologique.

La question de la différenciation amène inévitablement une autre question encore. On sait que plus un être est différencié, moins il est plastique, et que dans chaque groupe d'animaux ce sont les moins élevés, les moins spécialisés qui donnent naissance à des rameaux nouveaux. Il en résulterait donc qu'une différenciation très accentuée s'oppose à l'apparition de nouvelles variations et que, d'une façon générale, la variabilité doit diminuer dans le monde organique. Telle est, en effet, l'opinion de certains biologistes, tels que Rosa. La question est très complexe, car nous n'avons aucun critérium sûr pour juger du degré de plasticité des organismes. On pourrait objecter, par exemple, que les organismes inférieurs ne sont pas disparus en donnant naissance aux organismes supérieurs et que rien ne les empêche donc de faire souche de types nouveaux. Mais, d'autre part, il est possible que les êtres inférieurs aient acquis une différenciation suffisante pour épuiser leur plasticité, car différenciation et complexité ne sont pas seule et même chose, et il serait raisonnable d'admettre qu'une Vorticelle par exemple est aussi différenciée dans sa structure simple que tel autre animal plus élevé dans l'échelle. S'il en est ainsi, cela nous expliquerait pourquoi presque tous les grands groupes d'animaux et de végétaux se sont formés depuis l'âge le plus reculé et que de nouveaux n'ont pas surgi depuis.

Que pouvons-nous conclure de tout ce qui précède ? Quoique aucun des systèmes examinés ne fournisse une solution générale absolument satisfaisante du problème de l'évolution, il n'en est pas moins vrai que les facteurs auxquels ils font appel jouent certainement un rôle. Mais leurs actions sont si complexes, interfèrent d'une façon si compliquée qu'il est extrèmement difficile de faire à chacun sa part. Et c'est en partie pour cela sans doute que les auteurs des différents systèmes ont cédé à la tentation d'attribuer à tel ou tel de ces facteurs un rôle prépondérant. en méconnaissant la participation des autres. C'est dans cette attitude trop absolue que réside le vice de leur conception.

On peut se demander quelle forme revètira la solution finale du problème que nous réserve l'avenir. Surgira-t-il un Newton de l'évolution qui, d'un coup, par une idée géniale, fournira la solution par la découverte d'un facteur nouveau et inattendu, dont l'évidence sera si éclatante qu'il forcera toutes les convictions et qu'on se demandera comment on était resté si longtemps sans songer à lui? Darwin, quand il a fait connaitre le principe sur la sélection naturelle, a paru être ce Newton. Malheureusement, sa conception n'a pas résisté à la critique. Une autre sera peut-être plus heureuse.

On a plaisir à caresser cette idée, mais il est possible qu'il n'y ait rien à découvrir de si neuf et de si frappant et que la solution réside simplement dans l'attribution rigoureuse à chacun des facteurs déjà connus de la part exacte qui lui revient.

Pour nous, nous serions assez enclins à croire qu'il en sera plutôt ainsi, sauf qu'il reste à trouver, nous en sommes convaincus, quelque mode de transmission de caractères acquis qui viendra donner la réponse aux plus embarrassantes des objections.

CONCLUSION

Toute idée scientifique, dès qu'elle dépasse les limites étroites des questions particulières, trouve, directement ou en passant par les autres sciences, une application aux domaines qui touchent de plus près à l'existence matérielle de l'homme et aux questions philosophiques, morales et sociales pour lesquelles il se passionne. Inversement, les exigences de la vie sociale, les opinions morales, les idées philosophiques ou religieuses retentissent toujours sur les théories scientifiques du moment, non seulement dans les sciences qui traitent directement de ces questions, mais même dans celles qui paraissent être absolument objectives, comme la géologie ou la biologie.

Nous n'avons pas ici à traiter dans son ensemble et avec tous les développements qu'elle comporte la question de la portée philosophique et sociale des idées lamarckiennes et darwiniennes; mais nous voudrions attirer l'attention sur certaines applications qui ont déjà été faites de ces idées.

La pensée dominante du lamarckisme, l'*influence du milieu*, semble avoir définitivement conquis, au cours du dernier demi-siècle, dans nos conceptions psychologiques, morales et sociales, une place qui devient toujours de plus en plus importante. Ici aussi, l'idée d'*innéité* cède peu à peu la place à l'idée d'*acquisition*. Il est inutile de citer des exemples : chacun peut en trouver immédiatement en comparant l'état d'esprit de nos contemporains à ce qu'il était il y a un demi-siècle. L'idée du libre arbitre à laquelle tend à se substituer la notion du déterminisme est, parmi ces exemples, un des plus saillants et des plus importants au point de vue pratique. Car si c'est le milieu qui fait l'homme, toutes nos idées sur la société, sur l'éducation, sur les méthodes à suivre pour réaliser ce qui nous paraît être le bien, subissent un changement radical.

Il peut sembler étrange de parler à propos de ces tendances toutes modernes d'idées lamarckiennes, car il est bien certain que l'influence de Lamarck a été ici absolument nulle. Nous trouvons cependant en germe chez lui la négation du libre arbitre et l'idée de l'irresponsabilité personnelle de l'homme, produit de son milieu [1]. C'était pour lui la conclusion naturelle de son système transformiste. Mais si les hommes de son temps n'étaient pas mûrs pour adopter sa conception transformiste,

---

1. La *Philosophie zoologique* et le *Système analytique des connaissances positives de l'homme.* Voir l'ouvrage déjà cité de Marcel Landrieu, ch. XXII et XXIII.

encore moins pouvaient-ils en tirer toutes ces conclusions. C'est, encore une fois, à Darwin, à l'agitation générale des esprits, au travail profond de la pensée provoqué par son œuvre qu'il faut attribuer l'origine et les progrès rapides de ces idées nouvelles.

Cependant, ici aussi, il faut tracer une ligne de démarcation entre le côté *transformiste* des idées darwiniennes et leur côté *sélectionniste*. Si le transformisme darwinien a rendu à l'émancipation de l'esprit humain le service le plus grand peut-être dont on ait jamais été redevable à une théorie scientifique, l'idée de la sélection naturelle n'a pas, bien au contraire, les mêmes titres à notre reconnaissance.

Universellement acceptée par les biologistes, la théorie de la sélection naturelle et de la lutte pour l'existence pénétra, comme on le sait, avec une rapidité très grande dans le public et trouva dans les autres sciences des applications extrèmement variées auxquelles son fondateur était certainement loin de penser.

L'idée première de Darwin qui entendait par « lutte pour l'existence » au sens large toute la lutte que les êtres vivants ont à soutenir contre les conditions environnantes, qu'elles soient représentées par le climat, le sol, les êtres de la même espèce ou des espèces voisines, s'est trouvée rétrécie : on n'envisageait plus désormais que la lutte des être vivants entre eux, et plus spécialement encore entre individus de la même espèce. Si Darwin mettait cette idée au premier plan, certains darwiniens et, à leur suite, le grand public l'envisagèrent d'une façon exclusive : tout se réduisait pour eux à la compétition individuelle. En même temps, l'idée primitive non seulement se trouva schématisée, réduite à certains de ses traits les plus importants (ce qui était peut-être inévitable) mais devint pour ainsi dire plus grossière. On la prit dans son sens le plus simple, le plus littéral : c'était une lutte à mort, *unguibus et rostro*, dans laquelle rien n'intervenait en dehors de la force brutale.

Quel devait être le sort ultérieur de cette idée dans le public, il est facile de le deviner. Dans toute idée, scientifique ou autre, l'homme cherche tout d'abord la solution des questions qui le touchent de plus près, qui sont pour lui les questions essentielles, morales et sociales. Or, dans notre société où la lutte entre les hommes est un fait si général et où les avantages de ceux à qui le hasard a fourni les armes nécessaires à cette lutte sont si évidents, la théorie de la sélection naturelle et du triomphe du plus apte devait être accueillie comme la bienvenue : n'était-elle pas une justification toute prête de l'état social actuel et une réponse, basée sur les données de la science, à toutes les revendications égalitaires et humanitaires?

Ceux que gênait, de loin en loin, l'apparition dans leur conscience d'un vague remords de l'égoïsme de leur conduite trouvaient dans ce point de vue nouveau une justification scientifique de leur attitude : si les faibles étaient écrasés, n'était-ce pas, comme dans la nature, pour le bien final de la race?

La faute de ces interprétations abusives ne retombe pas entièrement sur le grand public : les naturalistes les plus éminents n'y ont-ils pas aidé? Huxley, un des adhérents de la première heure des idées darwiniennes et un de leurs plus remarquables vulgarisateurs, alla même très loin dans la voie de cette sorte d'applications sociales, notamment dans une conférence faite par lui en 1888 et ayant pour titre : « La lutte pour l'existence et sa signification pour l'homme ». L'abus qu'on a fait du principe darwinien est général; quelques-uns n'ont-ils pas poussé l'exagération jusqu'à condamner même les œuvres d'assistance, destinées à soutenir les malades, les infirmes, les vieillards, etc., jusqu'à répudier toute solidarité sociale, à prêcher un mode de vie qui, si jamais il était réalisé, nous ramènerait, sous prétexte de progrès scientifique, à un niveau inférieur à celui des peuplades sauvages.

On était pris ainsi dans un dilemme angoissant : d'un côté les meilleurs sentiments, les meilleures aspirations de l'humanité, auxquelles aucun de nous, s'il n'est aveuglé par ses intérêts égoïstes, ne peut renoncer; de l'autre, la vérité scientifique, à laquelle non plus ne peut renoncer celui qui a acquis le besoin et l'habitude de la pensée scientifique. Où trouver une issue?

Et d'abord, nous devons dire que l'individu a le droit absolu de suivre la voie qu'il croit être la meilleure, même si son action n'est pas justifiée au point de vue scientifique. Ce dernier d'ailleurs n'est pas immuable, et ce qui paraît aujourd'hui une conclusion rigoureusement conforme à la science peut devenir demain, à la lumière de nouveaux faits ou de nouvelles conceptions, une erreur. Et en serait-il autrement, la vérité absolue existerait-elle, qu'on ne pourrait pas persuader à un homme de devenir une bête de proie foulant aux pieds la vie et le bien-être de ses semblables, si cela répugne à son sentiment intérieur. Il serait absurde de nous obliger de prendre pour modèle la vie des animaux, puisque l'évolution nous a amenés à un degré où nous leur sommes supérieurs sous tant de rapports et a créé pour nous un mode d'existence infiniment plus complexe. Autant vaudrait nous priver de tous les bienfaits de la civilisation sous prétexte qu'elle manque dans le règne animal.

Cela dit, hâtons-nous d'ajouter que nous venons de nous placer dans l'hypothèse la plus défavorable et qu'en réalité l'idée de l'évolution et les vérités acquises des sciences naturelles sont loin de justifier l'emploi qu'on en fait. Les grands transformistes, d'ailleurs, n'ont jamais pensé qu'on se servirait de leurs conceptions pour rabaisser le niveau moral de l'homme. Au contraire : Lamarck, par exemple, mettait la solidarité à la base de la vie sociale. « Dans les relations qui existent, dit-il dans son *Système analytique des connaissances positives de l'homme*[1],

1. Cité par Marcel Landrieu, ch. XXII : *Préoccupations métaphysiques, sociales et morales de Lamarck*.

soit entre les individus, soit entre les diverses sociétés que forment leurs groupements, la *concordance* entre les intérêts réciproques est le principe du bien, comme la *discordance* entre ces mêmes intérêts est celui du mal. » Et il s'insurge contre les inégalités existantes créées par l'institution de la propriété et contre l'oppression de la masse par la minorité.

Darwin se place sur un autre terrain. Si l'homme est une espèce animale descendue des autres espèces, pense-t-il, sa vie psychique doit avoir une histoire phylogénétique au même titre que sa constitution physique, et nous devons trouver dans le règne animal des rudiments de nos sentiments moraux et sociaux [1]. Et les faits lui montrent qu'il en est réellement ainsi, qu'il n'y a aucune différence fondamentale entre l'homme et les animaux supérieurs au point de vue des facultés mentales, des sentiments, des émotions, et aussi des instincts sociaux et du sens moral qui est « fondamentalement identique avec les instincts sociaux » (p. 103). Or. « les instincts sociaux poussent l'animal à trouver du plaisir dans la société de ses camarades, à éprouver une certaine sympathie pour eux, et à leur rendre divers services » (p. 75.)

Ces instincts et la vie en commun qui les développe sont, d'ailleurs. avantageux pour l'espèce. « Chez les animaux pour lesquels la vie sociale était avantageuse, les individus qui trouvaient le

1. *La descendance de l'homme et la sélection sexuelle,* vol. I, trad. J.-J. Moulinié.

plus de plaisir à être réunis ensemble pouvaient mieux échapper à divers dangers, tandis que ceux qui s'inquiétaient moins de leùrs camarades et vivaient solitaires devaient périr en plus grande quantité » (p. 84).

Darwin cite, d'après Brehm et d'autres naturalistes, toute une série de faits montrant l'extension de l'aide mutuelle dans le règne animal. Beaucoup d'animaux placent des sentinelles pour avertir le troupeau du danger ; dans les troupeaux de ruminants, les individus les plus forts, les mâles, se mettent en avant lorsqu'il s'agit de défendre les autres; les loups chassent en commun, les pélicans pêchent de concert, etc., etc.

« Les hamadryas renversent les pierres pour y chercher les insectes, etc. ; et quand ils en rencontrent une grande, ils se mettent autour tant qu'il en peut aller pour la soulever, la retournent et se partagent le butin » (p. 79). Et voici un curieux récit emprunté par Darwin à Brehm : « Un jeune cercopithèque saisi par un aigle s'étant accroché à une branche ne fut pas enlevé d'emblée, et se mit à crier au secours ; les autres membres de la bande se précipitèrent avec beaucoup de tapage, entourèrent l'aigle et se mirent à lui arracher tant de plumes, qu'il oublia sa proie et ne songea plus qu'à s'échapper. Comme Brehm le fait remarquer, il est certain que cet aigle n'attaquerait plus jamais un singe en troupe » (p. 79).

Le sentiment de sympathie et même de compassion se manifeste quelquefois très clairement.

Darwin raconte que les singes, tant mâles que femelles, adoptent toujours les orphelins de leurs compagnons et les entourent de beaucoup de soins, qu'on a vu des corbeaux et des pélicans nourrir leurs confrères aveugles, etc. Les exemples de ce genre cités dans la *Descendance de l'homme* sont très nombreux. Suivant son habitude, Darwin s'entoure de tous les renseignements possibles avant de tirer une conclusion. Cette conclusion, c'est pour lui l'origine animale de l'homme prouvée par l'histoire des sentiments moraux et sociaux. Pour nous, ce qui nous paraît significatif, c'est qu'en établissant la communauté psychique entre l'homme et les animaux, il leur fait une loi commune non de la lutte inexorable, mais de la solidarité et de l'aide mutuelle.

On voit ainsi que les darwiniens ultérieurs se sont laissés entraîner dans une voie qui est loin d'être celle de Darwin lui-même. Il est même difficile de comprendre que des naturalistes tels que Wallace aient cru devoir chercher la solution de ces questions dans l'établissement précisément d'une ligne de démarcation très nette entre l'homme et le reste du monde animal. Depuis que l'espèce humaine s'est constituée comme une espèce spéciale du règne animal, dit-il, aux armes de lutte des autres espèces se sont joints chez l'homme les instincts de solidarité et de sympathie. C'est sur eux désormais et non sur les caractères physiques que s'exercera la sélection naturelle; les adaptations sont chez l'homme d'ordre moral et intellectuel et non corporel. Il sous-entend donc que la lutte sans merci règne seule dans le reste du monde organique et que les sentiments de solidarité et de sympathie que nous observons chez l'homme n'ont aucune racine phylogénétique. Wallace est persuadé que l'homme échappe à l'influence des lois qui agissent dans le règne animal par la supériorité de son intelligence et de ses sentiments moraux. « L'homme est réellement un être à part », dit-il, et il aboutit à la fin de son volume à des conclusions absolument spiritualistes en ce qui concerne le genre humain [1].

La question posée ainsi ne pouvait pas recevoir de solution satisfaisante, et c'est l'absence de cette solution qui a rendu possibles les abus de l'idée sélectionniste dont nous avons parlé plus haut..

Heureusement, certains penseurs ont repris la direction indiquée par Darwin et se sont mis à chercher une solution inspirée non plus des traditions métaphysiques et des tendances spiritualistes, mais des seules données de l'observation et de l'expérience, comme il doit en être de toutes les conclusions biologiques.

Des psychologistes essayaient de découvrir dans le règne animal la racine des différents sentiments de l'homme et fondaient la psychologie comparée qui est dans son enfance encore, mais qui nous indique la voie à suivre.

Ainsi, Ribot défendait l'idée que le sentiment

1. A. R. WALLACE. *La Sélection naturelle*, p. 332 et suiv.

moral naît de la vie en commun et que les sentiments sociaux apparaissent déjà au sein des sociétés animales. Abordant la question par un autre
côté, il indiquait une origine toute tangible de notre
sentiment moral et de nos tendances altruistes
dans la tendance inéluctable de notre organisme à
étendre le champ de notre activité, à dépenser son
énergie, et la dépenser non pas dans une action
destructive qui laisse un sentiment de malaise,
mais dans une activité créatrice, bienveillante, qui
s'accompagne d'un plaisir sans mélange [1]. C'est
cette même conception qui est préconisée, au point
de vue philosophique, par Guyau dans son essai de
création d'une morale scientifique [2]. Et, chez l'un
comme chez l'autre de ces deux auteurs, on voit l'influence directe des idées de Darwin dont ils donnent,
dans leurs ouvrages, des citations nombreuses.

Des sociologues ont suivi la même voie et, en
cherchant à créer l'histoire comparée et l'étude
comparée des institutions humaines ont abouti à
la nécessité de rattacher leur jeune science à la
biologie. Certaines de leurs tentatives furent inspirées d'une idée radicalement fausse. Telle est la
théorie de Spencer, basée sur l'analogie entre la
société et l'organisme et empreinte d'un esprit
métaphysique. Son principal défaut c'est de con-
fondre la division du travail physiologique et la

1. Th. Ribot, *La psychologie des sentiments*, ch. viii ; *Les
sentiments moraux et sociaux*.

2. M. Guyau, *Esquisse d'une morale sans obligation ni
sanction*.

division du travail social, et d'être inspirée autant
par la préoccupation de trouver coûte que coûte
un point d'attache avec la biologie que par des
soucis de caractère politique et social, le désir de
légitimer l'ordre social existant.

D'autres penseurs ont vu plus juste : ce sont
ceux qui cherchent des leçons pour notre vie
sociale non plus dans l'existence d'un individu
isolé, mais dans les *associations animales*. Ils ont
abouti à formuler, à ce point de vue, contre l'abus
du principe de la sélection naturelle, des critiques très importantes et d'une portée très générale. C'est P. Kropotkine, un auteur que nous
avons déjà eu l'occasion de citer, qui, dans son
livre sur l'*Entr'aide*[1], a le plus complètement syn-
thétisé ce point de vue qu'il rattache aux conceptions de certains auteurs russes surtout à celles
d'un zoologiste, le professeur Kessler.

Partout où les conditions naturelles sont défavorables, dit Kropotkine, le climat par trop inclément,
la nourriture par trop rare, où la vie n'arrive que
difficilement à triompher des causes de destruction,
ce n'est pas la lutte entre individus de la même
espèce que l'on observe, mais au contraire l'appui
mutuel qui devient un trait important pour le main-
tien de la vie et l'évolution de l'espèce. L'étude du
monde animal montre que la vie sociale est partout :
chez les fourmis, les termites, les abeilles, même
chez les animaux où les sociétés ne sont pas aussi

1. P. KROPOTKINE, *L'Entr'aide, un facteur de l'évolution.*
Trad. française, 1906.

visibles et aussi permanentes, comme les crabes.
Parmi les vertébrés, les oiseaux sont les plus connus à ce point de vue; nous trouvons là des associations d'oiseaux de proie pour la chasse, des
associations de hérons pour la pêche, des sociétés
de perroquets, des réunions pour la migration en
commun. Partout « les plus rusés et les plus ma-
lins sont éliminés en faveur de ceux qui comprennent les avantages de la vie sociale et du soutien
mutuel » (p. 19). La lutte n'est pas égale entre un
être de proie armé de la façon la plus parfaite et
d'autres êtres, démunis de tous les avantages que
possède celui-ci; 'mais il peut arriver qu'elle ait un
résultat tout autre que celui qui découlerait d'une
lutte féroce contre l'existence ». Nous ne pouvons
nous empêcher de citer à ce propos un petit tableau
que Kropotkine nous présente, d'après un ornitho-
logiste russe bien connu, Sievertzoff[1]. « Prenez,
par exemple, nous dit-il, un des innombrables
lacs des steppes russes ou sibériennes. Les rivages
en sont peuplés de myriades d'oiseaux aquatiques
appartenant à une vingtaine au moins d'espèces
différentes, vivant tous dans une paix parfaite.
tous se protégeant les uns les autres. A plusieurs
centaines de mètres du rivage l'air est plein de
goélands et d'hirondelles de mer comme de flo-
cons de neige un jour d'hiver. Des milliers de
pluviers et de bécasses courent sur le bord, cher-

---

1. SIEVERTZOFF, *Phénomènes périodiques dans la vie des
mammifères, oiseaux et amphibiens du gouvernement de
Voronège* (en langue russe); Moscou, 1855.

chant leur nourriture, sifflant et jouissant de la vie.
Plus loin, presque sur chaque vague, un canard se
balance, tandis qu'au-dessus on peut voir des
bandes de canards cesarka. La vie exubérante
abonde partout.

« Et voici les brigands, les plus forts, les plus
habiles. ceux qui sont « organisés d'une façon
« idéale pour la rapine ». Et vous pouvez entendre leurs cris affamés, irrités et lugubres, tandis que, pendant des heures entières, ils guettent
l'occasion d'enlever dans cette masse d'êtres
vivants un seul individu sans défense. Mais, sitôt
qu'ils approchent, leur présence est signalée par
des douzaines de sentinelles volontaires, et des
centaines de goélands et d'hirondelles de mer se
mettent à chasser le pillard. Affolé par la faim, le
pillard oublie bientôt ses précautions habituelles :
il se précipite soudain dans la masse vivante :
mais, attaqué de tous côtés, il est de nouveau
forcé à la retraite. Désespéré, il se rejette sur les
canards sauvages : mais ces oiseaux, intelligents et
sociables, se réunissent rapidement en troupes
et s'envolent si le pillard est un aigle ; ils plongent
dans le lac si c'est un faucon, ou bien ils soulèvent
un nuage de poussière d'eau et étourdissent l'as-
saillant si c'est un milan. Et tandis que la vie
continue de pulluler sur le lac, le pillard s'enfuit
avec des cris de colère et cherche s'il peut trouver
quelque charogne, ou quelque jeune oiseau, ou une
souris des champs qui ne soit pas encore habituée
à obéir à temps aux avertissements de ses cama-

rades. En présence de ces trésors de vie exubérante, le pillard idéalement armé en est réduit à
se contenter de rebuts[1] ». La voilà bien, la force
comparée de la lutte égoïste et isolée et de l'action
solidaire !

L'association, dit l'auteur, est, à l'origine même
du règne animal, liée à la constitution physiologique même chez certains invertébrés, comme les
fourmis ou les abeilles, plus consciente et purement sociale chez les oiseaux et les mammifères.
Elle y joue un rôle au moins aussi grand que la
lutte entre les différentes espèces et les différentes
classes, et certainement plus grand que la lutte
et la concurrence au sein de la même espèce.
Ce sont bien les mieux adaptés qui survivent,
mais quels sont ces mieux adaptés? Ce sont les animaux, les espèces qui ont acquis des habitudes
d'entr'aide. Parmi les adaptations diverses que
nous rencontrons dans le règne animal, beaucoup
ont précisément pour effet d'éviter cette compétition au sein d'une même espèce. L'accumulation
des provisions chez les fourmis, les migrations des
oiseaux ou des castors, le sommeil hibernal qui
vient au moment même où une compétition féroce
pour la nourriture pourrait commencer, le changement de nourriture, sont autant de moyens employés
par la nature pour éviter la lutte. Et alors la sélection naturelle intervient et exerce, en effet, une action puissante. Mais comment? Précisément en assu-

____

1. *Loc. cit.*, **p. 35-36.**

rant la survie à ceux qui savent le mieux se servir
de leurs aptitudes à la vie sociale, laquelle devient
ainsi, dans la lutte universelle, un des moyens les
plus efficaces.

Il est intéressant d'ajouter que deux zoologistes
russes, les profeseurs Menzbir et Brandt, ont pleinement confirmé les vues générales de Kropotkine
au moment où elles étaient émises pour la première fois dans des articles de revues (sans citer
son nom, la censure russe de cette époque ne le
permettant pas), en les appuyant sur un grand
nombre de faits de leur propre observation[1].

Les conclusions que l'on peut tirer de cette argumentation dépassent de beaucoup les limites du
problème strictement biologique ; le livre lui-même,
d'ailleurs, ne consacre à l' « Entr'aide parmi les animaux » que deux chapitres, le reste étant relatif
à l'application du même point de vue aux sociétés
humaines chez les sauvages, chez les barbares,
dans la cité du Moyen Age et dans nos sociétés
modernes. Ici nous avons surtout relevé ce qui
montre un point de vue nouveau dans la critique
des applications sociales des notions biologiques;
nous devons en même temps noter la contribution
importante qu'apporte ce point de vue au problème
essentiel de l'évolution : le lien à établir, la gradation
phylogénétique à indiquer entre les diverses mani-

1. MENZBIR, *Le darwinisme en biologie* (un volume en
langue russe); A. BRANDT, *Vorgesellschaft und gegenseitige
Beistandbei Thieren* (Virchov's Samlung wissensch. Vorträge, N. F., Heft 279, 48 pp.).

festations de la vie humaine (même celles que la philosophie métaphysique croyait être du seul domaine des interprétations spiritualistes) et les phénomènes de la vie animale dont elles dérivent. Et cette origine bien tangible de nos meilleures aspirations leur donne une solidité et un appui qu'aucun libre arbitre ne leur a jamais procurés. Elle leur donne surtout la force de résister à l'empiètement des intérêts égoïstes prétextant les soi-disant déductions de la science.

FIN

TABLE DES MATIERES

2894. — Paris. — Imp. Hemmerlé et Cⁱᵉ. — 11.09.

FÉLIX LE DANTEC (*Chargé de Cours à la Sorbonne*)
Les Influences Ancestrales

L'auteur montre comment, de la seule notion de la continuité des lignées, on conclut sans peine aux principes de Lamarck et Darwin. Le premier livre de l'ouvrage est un véritable résumé de la biologie tout entière. — Un vol.

E. BOINET (*Professeur de Clinique médicale*)
Les Doctrines médicales. — Leur Évolution

La nécessité d'une doctrine directrice s'impose à la médecine, qui est à la fois un art par ses applications et une science par ses moyens d'étude. Les doctrines médicales ont donc une portée pratique et théorique, et leur évolution marque les étapes de la médecine. — Un vol.

Dr GUSTAVE LE BON. — L'Évolution de la Matière

Cet ouvrage présente un intérêt scientifique et philosophique considérable. L'auteur y a développé les recherches nombreuses que sous ces titres : *La Lumière Noire*, *La Dématérialisation de la Matière*, etc., il a publié depuis plusieurs années. — Un vol. illustré de 65 gravures photographiées au laboratoire de l'auteur.

ÉMILE PICARD (*Membre de l'Institut, Professeur à la Sorbonne*)
La Science moderne et son État actuel

M. Picard s'est proposé de donner, dans ce volume, une idée d'ensemble sur l'état des sciences mathématiques, physiques et naturelles dans les premières années du xxᵉ siècle. — Un vol.

FÉLIX LE DANTEC
La Lutte universelle

Contrairement à Saint Augustin qui affirme que les corps de la nature se soutiennent réciproquement et « s'aiment en quelque sorte » M. Le Dantec prétend, dans ce nouveau livre, que l'existence même d'un corps quelconque est le résultat d'une lutte. — Un vol.

LUCIEN POINCARÉ (*Inspecteur général de l'Instruction publique*)
La Physique moderne. — Son Évolution
Ouvrage couronné par l'Académie des Sciences

L'auteur a pensé qu'il serait utile d'écrire un livre où, tout en évitant d'insister sur les détails techniques, il ferait connaître, d'une façon aussi précise que possible, les résultats si remarquables qui, depuis une dizaine d'années, sont venus enrichir le domaine de la physique et modifier profondément les idées des philosophes aussi bien que celles des savants. — Un vol.

L. DE LAUNAY (*Professeur à l'École des Mines*)

L'Histoire de la Terre

Faire une *Histoire de la Terre*, qui soit, à proprement parler, une Histoire, c'est-à-dire qui raconte simplement les faits du passé dans leur succession chronologique et qui ne devienne pas, pour cela, un roman, tel est le but difficile que s'est proposé M. DE LAUNAY. — Un vol.

JULES COMBARIEU (*Chargé du Cours d'Histoire musicale au Collège de France*)

La Musique. — Ses Lois et son Évolution

Dans ce travail, l'auteur ne s'est pas contenté d'exposer en langage très clair, avec exemples à l'appui, les *lois* de la musique : il les explique, en rattachant un état donné de l'art et de la théorie à l'état correspondant de la vie sociale. — Un vol. illustré.

Dʳ HÉRICOURT. — L'Hygiène moderne

Sous une forme toute nouvelle, l'auteur présente aux lecteurs un ensemble d'idées générales capables de les guider avec sûreté pour la solution de tous les problèmes concernant la conservation et la protection de leur santé. — Un vol.

LUCIEN POINCARÉ. — L'Électricité

Dans ce volume, M. LUCIEN POINCARÉ étudie les modes de production et d'utilisation des courants électriques et les principales applications qui appartiennent au domaine de l'électrotechnique. — Un vol.

Dʳ GUSTAVE LE BON. — L'Évolution des Forces

Ce livre est consacré à développer les conséquences des principes exposés par Gustave LE BON dans son ouvrage l'*Évolution de la Matière*, dont le 18ᵉ mille a paru récemment. — Un vol. illustré de 42 figures.

GASTON BONNIER (*Membre de l'Institut, Professeur à la Sorbonne*)

Le Monde végétal

Dans *Le Monde Végétal*, l'auteur, avant tout, expose les faits qui éclairent la philosophie des sciences naturelles; il y passe en revue la succession des idées que les savants ont émises sur les végétaux; il les commente et il les discute. — Un vol. illustré de 230 figures.

CHARLES DEPÉRET (*Doyen de la Faculté des Sciences de Lyon*)

Les Transformations du Monde animal

Ce livre est destiné à exposer ce que nous savons, actuellement, des lois qui ont présidé aux incessantes transformations du monde animal, depuis l'apparition de la vie sur le globe jusqu'à nos jours. — Un vol.

FÉLIX LE DANTEC

Philosophie du XXe Siècle

★   **DE L'HOMME A LA SCIENCE**

Les études biologiques de M. Le Dantec, ses efforts pour placer la vie au milieu des autres phénomènes naturels, devaient l'amener à écrire une œuvre de synthèse. — Un vol.

★★   **SCIENCE ET CONSCIENCE**

Science et Conscience nous est donné par M. Le Dantec comme son dernier livre de Biologie. Son œuvre considérable ne saurait manquer d'avoir une grande influence sur la pensée moderne. — Un vol.

E.-A. MARTEL

L'Évolution souterraine

Sous ce titre, l'auteur montre l'histoire souterraine de la planète c'est-à-dire l'évolution grandiose et continue de la Terre. — Un vol. illustré de 80 belles gravures.

E. BOUTY (*Professeur à la Faculté des Sciences*)

La Vérité scientifique. — Sa Poursuite

Mettre en lumière les caractères généraux de la vérité scientifique, le rôle que jouent l'expérience et le raisonnement dans sa découverte; montrer l'unité réelle de l'effort sous la diversité indéfinie de ses formes, l'étroite solidarité des sciences considérées à la fois dans leur développement logique et historique, tel est l'objet essentiel de ce livre. — Un vol.

L. DE LAUNAY

La Conquête minérale

Le but de cet ouvrage est d'étudier le rôle industriel, économique, social et politique de la richesse minérale dans l'histoire, en indiquant l'évolution subie, dans son mode de découverte, d'extraction et d'application dans l'industrie. — Un vol.

BERNARD BRUNHES (*Directeur de l'Observatoire du Puy de Dôme*)

La Dégradation de l'Énergie

Quand le public cultivé parle de « conservation de l'énergie », il croit en général à la conservation de « l'énergie utilisable » ou de la « capacité de produire du travail ». Non content de dénoncer, une fois de plus, le contre-sens si usuel, l'auteur a voulu dans ce livre en rechercher les origines historiques et en expliquer la genèse. — Un vol. illustré.

H. POINCARÉ (*de l'Académie Française*)

Science et Méthode

M. Poincaré a réuni dans cet ouvrage diverses études se rapportant à des questions de méthodologie scientifique. — Un vol.

COMMANDANT PAUL RENARD

L'Aéronautique

Ce volume embrasse l'aéronautique tout entière et bien qu'un tel sujet comporte nécessairement des parties abstraites, l'auteur a su exposer avec clarté les questions les plus arides sans rien sacrifier de la précision nécessaire et en se mettant à la portée de tous les lecteurs. — Un vol. illustré.

2ᵉ Série. — Psychologie et Histoire.

ABEL REY (*Professeur agrégé de Philosophie*)

La Philosophie moderne

Dans ce livre, l'auteur renouvelle les vieilles questions philosophiques de la matière et de la vie, de l'esprit et de la raison, du vrai et du bien, et les résultats déjà obtenus. — Un vol.

ALFRED BINET (*Directeur de Laboratoire à la Sorbonne*)

L'Ame et le Corps

M. Binet a voulu montrer que les progrès récents de la psychologie expérimentale ont eu un retentissement sur les spéculations les plus hautes et les plus abstraites de la philosophie. — Un vol.

COLONEL BIOTTOT

Les Grands Inspirés devant la Science

JEANNE D'ARC

Cette œuvre s'adresse également aux penseurs et aux simples curieux d'une explication scientifique de Jeanne d'Arc, l'héroïne du patriotisme. — Un vol.

M. MACH (*Professeur à l'Université de Vienne*)
La Connaissance et l'Erreur

Traduction du D' DUFOUR (*Professeur à la Faculté de Nancy*)

M. MACH est un physicien dont la pensée a été fortement influencée par la théorie de l'évolution. Selon lui, le but de la science est de mettre de l'ordre dans les données sensibles, et de chercher avec toute *l'économie de pensée* possible les relations de dépendance qui existent entre nos sensations. — Un vol.

FÉLIX LE DANTEC
L'Athéisme

Voici, nous dit l'auteur, un livre de bonne foi; et, réellement, le ton de l'ouvrage est tel qu'on pourrait se demander, le plus souvent, si l'on est en présence d'un plaidoyer pour l'athéisme ou pour la nécessité d'une foi religieuse. — Un vol.

ÉMILE BOUTROUX (*Membre de l'Institut*)
Science et Religion

DANS LA PHILOSOPHIE CONTEMPORAINE

Étude critique des principales solutions que reçoit actuellement, parmi les hommes qui réfléchissent, le problème des rapports de la religion et de la science. — Un vol.

GUILLAUME DUBUFE
La Valeur de l'Art

Ce que représente l'art chez les divers peuples, les aspirations dont il est la synthèse, les besoins qu'il traduit, les éléments qu'il fournit à l'étude des civilisations, telles sont les questions abordées dans cet ouvrage.

D' GUSTAVE LE BON. — Psychologie de l'Éducation

Ce livre a été écrit pour tous les membres de l'enseignement, et au moins autant pour les pères de famille, soucieux de l'avenir de leurs fils. — Un vol.

JEAN CRUET (*Docteur en droit, Avocat à la Cour d'appel*)
La Vie du Droit

ET L'IMPUISSANCE DES LOIS

Cet ouvrage examine s'il n'y a pas, contre le droit du législateur et à côté de lui, un droit du juge et un droit des mœurs. Il convient d'apporter au moule dans lequel doit être coulée la pensée législative, certaines retouches ou corrections. Le législateur ne doit pas promettre ce qu'il ne saurait tenir. — Un vol.

EDMOND PICARD (*Avocat à la Cour de Cassation de Belgique*)

Le Droit pur

Ce livre est en quelque sorte un « Testament juridique », le legs d'un opulent patrimoine intellectuel accumulé au cours de l'existence prolongée de lutte et de travail du célèbre avocat et professeur à l'Université Nouvelle de Bruxelles. — Un vol.

ERNEST VAN BRUYSSEL (*Consul général de Belgique*)

La Vie Sociale. — Ses Évolutions

Ce livre expose dans son ensemble toute l'histoire de l'humanité. Il a pour but l'étude des idées sociales dès leur origine et à travers leurs évolutions, durant la succession des siècles. — Un vol.

HENRI LICHTENBERGER (*Maître de Conférences à la Sorbonne*)

L'Allemagne moderne. — Son Évolution

Dans cet ouvrage on a essayé de donner, en quatre livres, un tableau sommaire de l'évolution économique, politique, intellectuelle, artistique de l'Allemagne moderne. — Un vol.

ALFRED CROISET (*Membre de l'Institut, Doyen de la Faculté des Lettres de l'Université de Paris*)

Les Démocraties Antiques

Faire connaître, par un exposé rapide, non seulement les traits saillants des institutions démocratiques de l'antiquité, mais aussi les grandes lignes de leur évolution et, autant que possible, les causes économiques, politiques, morales qui en ont réglé le développement ou déterminé le caractère, tel est l'objet du présent ouvrage. — Un vol.

LUDOVIC NAUDEAU. — Le Japon moderne, son Évolution

L'auteur, capturé sur le champ de bataille de Moukden, par les vainqueurs, et amené par eux au Japon s'y attarda plus d'un an, car il sentait le désir intense de pénétrer leur mentalité. Aussi doit-on lire cet ouvrage si l'on veut connaître le Japon. — Un vol.

Dr PIERRE JANET (*Professeur de Psychologie au Collège de France*)

Les Névroses

Cet ouvrage présente un résumé rapide d'un grand nombre d'études que l'auteur a publiées depuis vingt ans sur la plupart des troubles névropathiques. — Un vol.

GEORGES BOHN
La Naissance de l'Intelligence

Ce volume est un exposé de l'état actuel des problèmes de la psychologie animale. — Un vol.

G. MAXWELL (*Docteur en médecine, Substitut du Procureur général près la Cour d'appel de Paris*)

Le Crime et la Société

M. Maxwell expose dans cet ouvrage les idées actuelles sur la nature et les causes de la criminalité qui lui paraît être un phénomène social normal. Il analyse l'acte criminel et son auteur dans les différentes variétés; la responsabilité pénale, l'aliéné criminel, la classification des criminels, l'évolution contemporaine de la criminalité politique, sont ensuite étudiés.

Paris. — Imp. Hemmerlé et Cie.